高等学校"十二五"规划教材

# 物理化学实验

张玉军　闫向阳　主编

化学工业出版社

·北京·

本书共分四部分：绪论、实验、物理化学实验仪器及使用方法、物理化学实验常用数据。绪论部分包括物理化学实验的目的和要求，实验的数据处理和误差问题。实验部分包括热力学、化学动力学、电化学、表面化学和胶体化学等内容，共24个项目。每一实验分为实验目的、实验原理、仪器及试剂、实验步骤、数据处理、注意事项、思考题等。这部分是全书的主要内容。实验仪器及使用单独成章，其好处是不但可以突出仪器的使用和操作在物理化学实验中的作用，而且可以使物理化学实验部分的叙述更突出"三基"（基本原理、基本操作和基本技能）的要求，而不必对仪器作具体介绍。第四部分给出了我国的法定计量单位及一些常用的物理化学数据表，供实验准备人员、教师和学生在教学活动和学习过程中参考。

　　本书可作为化学、化工、轻工、粮油食品、环境、生物、材料等专业的教材。

**图书在版编目（CIP）数据**

物理化学实验/张玉军，闫向阳主编 . —北京：
化学工业出版社，2014.1（2019.8重印）
高等学校"十二五"规划教材
ISBN 978-7-122-19074-1

Ⅰ.①物… Ⅱ.①张…②闫… Ⅲ.①物理化学-化学实验-高等学校-教材 Ⅳ.①O64-33

中国版本图书馆 CIP 数据核字（2013）第 278243 号

---

责任编辑：宋林青　　　　　　　　　　文字编辑：刘志茹
责任校对：边涛　　　　　　　　　　　装帧设计：史利平

---

出版发行：化学工业出版社（北京市东城区青年湖南街 13 号　邮政编码 100011）
印　　刷：北京市振南印刷有限责任公司
装　　订：北京国马印刷厂
787mm×1092mm　1/16　印张 10¾　字数 262 千字　2019 年 8 月北京第 1 版第 2 次印刷

---

购书咨询：010-64518888　　　　　　售后服务：010-64518899
网　　址：http：//www.cip.com.cn
凡购买本书，如有缺损质量问题，本社销售中心负责调换。

---

定　　价：30.00 元

# 前　言

为了更好地适应 21 世纪化学化工、轻工、粮油食品、生物和材料类各专业物理化学实验教学改革的需要和发展，结合目前教学设备更新状况，并根据国内外物理化学实验教材的发展趋势，我们编写了这本《物理化学实验》教材。

本书以河南工业大学的《物理化学实验讲义》为基础，总结了几十年来物理化学实验教学的经验，参考国内一些著名高校的物理化学实验教材，由多年来从事物理化学实验教学且经验丰富的教师共同编写。

本书共分四部分：绪论、实验、物理化学实验仪器及使用方法、物理化学实验常用数据。绪论部分包括物理化学实验的目的和要求，实验的数据处理和误差问题。该部分较全面地讲述了对物理化学实验进行数据处理、误差分析和书面报告的基本要求和必须具备的基本技能。多年的实践证明，这些内容对提高学生物理化学实验的整体素质起着十分重要的作用。这部分内容应在实验开始前集中讲授，并在实验开始后严格要求，贯彻始终。实验部分包括热力学、化学动力学、电化学、表面化学和胶体化学等内容，共 24 个项目。每一实验分为实验目的、实验原理、仪器及试剂、实验步骤、数据处理、注意事项、思考题等。这部分是全书的主要内容。所选实验都是经过精选的有代表性的，同时照顾到了化学、化工、轻工、粮油食品、环境、生物和材料等不同专业的需要。物理化学实验技术及仪器使用单独成章，其好处是不但可以突出仪器的使用和操作在物理化学实验中的作用，而且可以使物理化学实验部分的叙述更突出"三基"（基本原理、基本操作和基本技能）的要求，而不必对仪器作具体介绍。该部分对每一种仪器都给出了仪器原理和使用方法，供师生在教学中应用。最后给出了我国的法定计量单位及一些常用的物理化学数据表，供实验准备人员、教师和学生在教学活动和学习过程中参考。

本书由张玉军、闫向阳主编，杨喜平、曹晓雨、尹春玲、许元栋、杨新丽、刘建平、苗永霞等参编，张玉军负责统稿和定稿。

河南工业大学物理化学教研室的许多教师多年来在物理化学实验教学中，对改进实验教学、提高教学质量作出了重大努力，在教学工作中积累了丰富的教学资料和教学经验，使《物理化学实验讲义》逐步得到完善，为本书的编写奠定了基础，在此我们表示衷心感谢。同时还要感谢河南工业大学教务部门的大力支持，本书出版得到了河南工业大学应用化学优培专业建设项目的资助。

本书编写时虽然作了很大努力，但限于水平，难免有疏漏之处，敬请读者批评指正。

编者

2013 年 8 月于郑州

# 目　录

# 第1章 绪论

## 1.1 物理化学实验的目的、要求和注意事项

### 1.1.1 物理化学实验的目的

物理化学和无机化学、分析化学、有机化学一样，也是建立在实验基础上的科学。进行物理化学实验的目的如下：

① 巩固、加深对物理化学课程中某些理论和概念的理解；

② 训练学生使用仪器的操作技能；

③ 培养学生观察现象、正确记录数据、处理数据和归纳分析实验数据的能力；

④ 培养学生勤奋学习、求真、求实、勤俭节约的优良品德和科学精神。

### 1.1.2 实验前的准备

在进行实验之前，必须充分准备，明确实验中每一步如何进行，以及为什么要这样做。只有这样才能较好地完成实验课程的任务，防止原理上、方法上的错误，因为这些错误有时甚至可以导致整个实验失败。另外，根据物理化学实验的特点，往往采取循环安排，许多实验在理论课讲授该内容之前就要进行。因此，实验前充分预习，对于做好物理化学实验来说，尤为重要。

预习时一般应做到仔细阅读实验教材，以及教科书中的有关内容，了解本实验的目的和基本理论，明确需要进行哪些测量，记录哪些数据，了解仪器的构造及操作。并应写出预习报告，其中应扼要写出实验目的，列出原始数据表。

### 1.1.3 实验注意事项

① 进入实验室后，应按指定位置进入实验台，首先按照仪器使用登记表核对仪器，如有短缺或损坏，应立即提出，以便及时补充或修理。

② 在不了解仪器性能及使用方法之前，不得随意乱试，不得擅自拆卸仪器。仪器装置和线路安装好后，必须经指导教师检查无误后，方可接通电源进行实验。

③ 严格按照实验教材操作步骤进行实验操作，未经允许，不得随意改变实验内容和实验条件。

④ 具体实验操作时，要求严格控制实验条件，仔细观察实验现象，详细记录原始实验数据和实验条件，分析和思考可能出现的问题。如遇异常现象，应立即找指导教师一起分析研究，查明原因。

⑤ 实验室内应保持安静，不得高声说话及任意走动，严格遵守实验室安全守则，以保证实验顺利进行。

⑥ 要保持实验仪器、实验台及实验室的整齐；要节约实验药品；实验结束后，仔细清洗仪器、打扫清洁卫生。

### 1.1.4 实验数据的记录

实验记录是完成实验报告和供今后查阅原始资料的依据，必须认真填写。掌握正确的记录方法，养成良好的记录习惯，是培养学生从事科学研究工作的重要环节。因此，学生应按

下列要求做好记录。

① 准备实验记录本。要求记录本扉页上编有目录，其中包括实验日期、实验程序、实验题目、记录页数等。

② 每次实验均应注明实验者、同组者、日期、实验题目、室内温度、湿度、大气压、所用仪器的型号、化学药品的名称和级别、化学试剂的浓度等。

③ 要完整、准确、整齐、清楚地记录全部实验数据。不得随意改动数据，如需改正或舍弃数据，应在该数据上画一条细线，然后在上面或旁边写上正确的数据，不能用橡皮擦数据。

### 1.1.5 对实验报告的撰写要求

实验做完以后，必须撰写实验报告。认真撰写实验报告是每个进行科学实验的人员都必须做的一项重要工作，也是培养学生独立工作能力的一个重要环节，要求学生独立完成。

实验报告内容应包括：实验题目，姓名，日期，实验目的和要求，简明原理，实验条件，药品规格，仪器型号及测量装置示意图，实验操作步骤与方法，实验数据及其处理方法（包括正确列表与作图），实验结果及其讨论，并列出参考资料等。对于结果的讨论，应从自己的实验实际情况出发，通过误差计算，对实验结果的可靠程度、实验现象恰如其分地加以分析和解释。

实验报告的书写，必须准确、清楚，不可粗枝大叶，字迹潦草，如不符合要求应重写。

# 1.2 物理化学实验中的误差问题

## 1.2.1 误差种类及其产生的原因

在物理化学实验中，即使是同一实验者，使用同样的仪器，按照同一实验方法进行实验，连续测定几次，所得的结果往往或多或少有些差别。一般取相近结果的平均值作为测定值，但此测定值不一定是真实值，测定值与真实值之间的差值，称为误差。误差的大小可以用来表示实验结果的可靠性。误差一般可以分为三种。

### 1.2.1.1 系统误差

在指定测量条件下，多次测量同一量时，如果测量误差的绝对值和符号总是保持恒定，使测量结果永远朝一个方向偏离（偏正或偏负），那么这种测量误差称为系统误差或恒定误差。系统误差的产生与下列因素有关。

① 仪器、装置本身的精确度有限。如仪器零位未调好，引进零位误差；指示的数值不准确，如温度计、移液管、滴定管的刻度不准确，天平砝码不准，仪器系统漏气等。

② 仪器使用时的环境因素（如温度、湿度、大气压……）发生定向变化所引起的误差属环境误差。

③ 测量方法本身的限制：如应用固-液界面吸附测定溶质分子的横截面积，因为实验原理中没有考虑溶剂的吸附，所以测定结果必然出现系统误差。

④ 所用化学试剂或样品的纯度不符合要求。

⑤ 实验者本人习惯性的误差：如滴定时，对溶液颜色的变化不敏感；读取仪表读数时头总偏于一边；使用秒表时，总是按得较快或较慢等。

系统误差是恒差，因此增加测量次数是不能消除它的。通常采用几种不同的实验技术，或采用不同的实验方法，或改变实验条件，调换仪器，提高试剂的纯度等手段以确定有无系统误差存在，并确定其性质，然后设法消除或者减少，以提高测量的准确度。

### 1.2.1.2 过失误差

这是由于实验中犯了某种不应该犯的错误所引起的误差，例如实验者读错了数据；写错了记录或看错了仪器的刻度等。显然实验中是不允许出现此类错误的。只要专心致志、细心地进行实验，完全可以避免这类误差的产生。

### 1.2.1.3 偶然误差

在同一实验条件下测定某一量时，从单次测量值看，误差的绝对值和符号的变化，时大时小，时正时负，呈现随机性，但是经多次测量，它们的误差具有抵偿性，这类误差称为偶然误差。例如：同一实验者采用了完善的仪器，选择了恰当的方法，很细致地进行实验，但是在多次测量同一物理量时，仍然发现测量值之间存在着微小的差异。这就是偶然误差。

产生偶然误差的原因，大致有下列几方面。

① 估计仪表所示的最小读数时，有时偏大，有时偏小。

② 控制滴定终点时，对指示剂颜色的鉴别，时深时浅。

③ 实验往往要多次重复测定，要求尽可能在同样的外界条件下进行，可是目前尚难以控制外界条件完全恒定不变，因此也会产生偶然误差。

从产生偶然误差的原因来看，在任何测量中，它总是存在的。它不能通过校正的方法来消除，只能通过概率的计算，求得多次实验结果的最可能值。偶然误差的数值既能时正时负，就存在正负相消的机会；测定的次数越多，偶然误差的平均值应该越小。多次测量的平均值的偶然误差，比单个测量的误差要小，这种性质称为抵偿性。所以增加测定次数，能减少偶然误差。

## 1.2.2 误差的表示方法

### 1.2.2.1 测量的准确度与精密度

准确度是指测量值与真实值的符合程度。测量的系统误差和偶然误差都小时，则测量值的准确度就高。

测量的准确度定义为

$$b = \frac{1}{n} \sum_{i=1}^{n} |x_i - x_{真}| \qquad (1\text{-}2\text{-}1)$$

式中，$n$ 为测量的次数、$x_i$ 为第 $i$ 次的测量值；$x_{真}$ 为真值。

由于大多数的物理化学实验中真值 $x_{真}$ 正是我们要求测定的结果，因此 $b$ 值很难算出，但一般可近似地用标准值 $x_{标}$ 来代替 $x_{真}$（$x_{标}$ 是用其他更可靠的方法测出的值，也可用文献手册上查出的公认值代替）。在此时测量的准确度可近似地表示为

$$b = \frac{1}{n} \sum_{i=1}^{n} |x_i - x_{标}| \qquad (1\text{-}2\text{-}2)$$

精密度（准确度）又称再现性或重现性，它表示多次测量的重复程度，由试验的偶然误差所决定，偶然误差小，数据的重复性就好，测量值的精密度就高。考察一个试验方法的好坏，不仅应看它的精密度，更要看它的准确度。如果两个条件都能满足，则几次测量值的平均值，就应当和真实值相接近。若此方法存在着系统误差，尽管也能取得一系列相近的结果，重复性良好，但如果系统误差不校正，则该方法的意义就不大。这可用射手打靶的情况作比喻，如图 1-2-1 所示。（a）表示精密度和准确度都很好；（b）表示精密度很高，但准确

度不高；(c) 表示准确度、精密度都不高。因此，可以这样说，高精密度不一定能保证有高准确度，但高准确度必须有高精密度来保证。

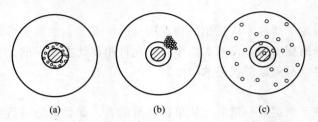

$$(a) \qquad (b) \qquad (c)$$

图 1-2-1　准确度和精密度示意

### 1.2.2.2　误差与偏差

测量值与真实值的差异，称为绝对误差。绝对误差与真值的比值，称为相对误差。即

$$绝对误差 = 测量值 - 真值 \qquad (1\text{-}2\text{-}3)$$

$$相对误差 = \frac{绝对误差}{真值} \times 100\% \qquad (1\text{-}2\text{-}4)$$

在进行物理化学实验中，实际测定的次数总是有限的，因此不得不以较少的测定次数所得的平均值，代替真值或最可能值，用来计算实验的误差。严格地说，以平均值代替真值计算的误差应称为偏差。这样相应有：

$$绝对偏差 = 测量值 - 平均值 \qquad (1\text{-}2\text{-}5)$$

$$相对偏差 = \frac{绝对偏差}{真值} \times 100\% \qquad (1\text{-}2\text{-}6)$$

### 1.2.2.3　偶然误差的表示法

偶然误差的表示方法通常有三种：平均误差、标准误差和或然误差。

平均误差：平均误差即算术平均误差，其定义为

$$a = \frac{1}{n} \sum_{i=1}^{n} |x_i - \overline{x}| = \frac{1}{n} \sum_{i=1}^{n} |\Delta_i| \qquad (1\text{-}2\text{-}7)$$

式中，$a$ 为平均误差；$n$ 为测量次数；$\overline{x}$ 为一组测量值的平均值；$\Delta_i$ 为测量值 $x_i$ 与平均值 $\overline{x}$ 的偏差。平均误差的优点是计算简便，缺点是无法表示出各次测量间彼此符合的情况，可能会把质量不高的测量掩盖住。

标准误差：标准误差 $\sigma$ 又称均方根误差，其定义为

$$\sigma = \sqrt{\frac{\sum\limits_{i=1}^{n} \Delta_i^2}{n-1}} = \sqrt{\frac{\sum\limits_{i=1}^{n} (x_i - \overline{x})^2}{n-1}} \qquad (1\text{-}2\text{-}8)$$

标准误差不仅是一组测量中各个观测值的函数，而且对一组测量中的较大误差或较小误差比较敏感，能较好地反映各次观测值的符合程度，因此它是表示精密度的较好方法，在近代科学中已广泛采用。

或然误差：或然误差常用 $p$ 表示。其意义是：在一组测量中，若不计正负号，误差大于与小于 $p$ 的测量值将各占总测量次数的一半，即误差落在 $+p$ 与 $-p$ 之间的测量次数占总测量次数的 50%。以上三种误差之间的关系为

$$p : a : \sigma = 0.675 : 0.799 : 1.00$$

测量结果的精密度可用平均误差和标准误差表示为：$\overline{x} \pm a$ 或 $\overline{x} \pm \sigma$。$a$、$\sigma$ 值越小，测

量的精密度越高。也可用相对误差来表示

$$a_{相对} = \frac{a}{x} \times 100\% \tag{1-2-9a}$$

或

$$\sigma_{相对} = \frac{\sigma}{x} \times 100\% \tag{1-2-9b}$$

### 1.2.3 偶然误差的统计规律

#### 1.2.3.1 偶然误差的正态分布曲线

如果用多次重复测量的数值作图，以横坐标表示偶然误差 $\sigma$，以纵坐标表示各偶然误差出现的次数 $n$，则可得到如图 1-2-2 所示的曲线，这种曲线称为偶然误差正态分布曲线。图中各条曲线代表用同一方法在相同条件下的测量结果。当测量条件改变后，测量的误差亦随之改变，此时曲线的形状也就不同。由图还可以看出，误差越小，误差分布曲线越尖锐，说明测量的精密度越高；反之，误差越大，误差分布曲线越平缓，测量的精密度越低。

#### 1.2.3.2 可疑观测值的舍弃

在一组实验中，常会发现个别观测值与其余观测值差异很大，初学者常欲随意舍弃这些数据，以获得实验结果的一致性，这是不科学的。在实验中，只有充分理由证明这些数据是由过失引起（如砝码加减有误、读数有误等）时，方可舍弃。根据误差理论来决定数据的取舍才是正确的。

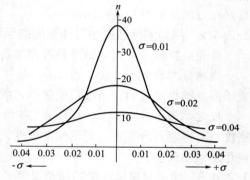

对 $\geq 3\sigma$ 的误差称为最大可能误差或极限误差。由误差理论可知，误差 $\geq 3\sigma$ 的观测值出现的概率只有 $0.3\%$，即有 $99.7\%$ 的把握可以认为这个观测值是不合理的，应当舍弃不用。将最大误差的数据舍弃后求出新的平均值。根据某数据单次偏差 $\geq 3\sigma$ 而决定弃留的规则称为 $3\sigma$ 规则。观测值落在 $\bar{x} \pm 3\sigma$ 范围内是可靠的，其可靠性称为置信度，它随着测量次数的不同而异，见表 1-2-1。

图 1-2-2 偶然误差正态分布曲线

表 1-2-1 不同测量次数时的置信度

| 测量次数($n$) | 2 | 4 | 8 | 14 | $\infty$ |
|---|---|---|---|---|---|
| 置信度 | 0.8 | 0.95 | 0.98 | 0.99 | 0.9973 |

从表 1-2-1 可以看出，当测量次数为 14 时，用 $3\sigma$ 作极限误差置信度只有 0.99，而不是 0.9973，随着测量次数减少，置信度下降到 0.95~0.8。

### 1.2.4 怎样使测量结果达到要求的准确度

在测定某一物理量 $X$ 时，一般依照下列顺序进行。

#### 1.2.4.1 正确选择仪器

按照实验要求确定所用仪器的类型和规格。仪器的精密度不能劣于实验要求的精密度，但也不必过分优于实验要求的精密度。物理化学实验常用仪器的精密度可按下列方法估计（见表 1-2-2 和表 1-2-3）。

表 1-2-2 容量仪器(用平均误差表示)

| 移 液 管 | | | 容 量 瓶 | | |
|---|---|---|---|---|---|
| 规格/mL | 一等/mL | 二等/mL | 规格/mL | 一等/mL | 二等/mL |
| 50 | ±0.05 | ±0.12 | 1000 | ±0.30 | ±0.60 |
| 25 | ±0.04 | ±0.10 | 500 | ±0.15 | ±0.30 |
| 10 | ±0.02 | ±0.04 | 250 | ±0.10 | ±0.20 |
| 5 | ±0.01 | ±0.03 | 100 | ±0.10 | ±0.20 |
| 2 | ±0.006 | ±0.015 | 50 | ±0.05 | ±0.10 |
| | | | 25 | ±0.03 | ±0.06 |

表 1-2-3 重量仪器 (用平均误差表示)

| 分析天平 | | 工业天平(或称物理天平) | 台秤 | |
|---|---|---|---|---|
| 一等 | 二等 | | 称量 1000g | 称量 100g |
| 0.0001g | 0.0004g | 0.001g | 0.1g | 0.01g |

① 温度计 一般取其最小分度值的 1/10 或 1/5 作为其精密度。例如 1/10 刻度的温度计估读到 0.02℃。

② 电表 新的电表,可按其说明书中所述准确度来估计,例如 1.0 级电表的准确度为其最大量程值的 1%;0.5 级电表的准确度为其最大量程值的 0.5%。不可贸然认为电表的精密度就等于其最小分度值的 1/5 或 1/10。电表的新旧程度对电表精密度的影响也较大,最好在每次测量时均进行标定。

### 1.2.4.2 尽量消除或减小可能引起的系统误差

首先应判断一下测量结果是否存在系统误差,一般可采取以下方法来判断:

当测量次数 $n \geqslant 15$ 时,若 $|\bar{x} - x_标| < a$,或当测量次数 $n \geqslant 5$ 时,$|\bar{x} - x_标| < 1.73a$,表明测量结果是对的,系统误差很小,或者说原则上可不考虑其系统误差。

反之,若 $|\bar{x} - x_标| > a$($n \geqslant 15$ 时)或 $|\bar{x} - x_标| > 1.73a$($n \geqslant 5$ 时),此时测量的精密度也有可能符合要求,但测量准确度差,说明测量过程中存在着系统误差。必须设法消除或尽量减小误差。

### 1.2.4.3 缩小测量过程中的偶然误差

可在相同条件下,连续重复测量多次,直至发现这些数值 $x_i$ 围绕某一数值上下不规则地变动时,取这种情况下的一组数据的算术平均值 $\bar{x}$,作为初步的测量结果。

## 1.2.5 间接测量中的误差传递

前面几节中所谈的主要是直接测定物理量时的情况。但在大多数物理化学实验中是要对几个物理量进行测量,代入某种函数关系式,然后加以运算,才能得到所需的结果的,这就称为间接测量。那么,每一步的测量误差对最终测量结果有何影响呢?这就需要分析误差的传递问题。

### 1.2.5.1 平均误差和相对平均误差的传递

设某量 $y$ 是从测量 $u_1$,$u_2$,$u_3$,…,$u_n$ 各直接测量值求得的,即 $y$ 为 $u_1$,$u_2$,$u_3$,…,$u_n$ 的函数,写作

$$y = f(u_1, u_2, u_3, \cdots, u_n) \tag{1-2-10}$$

现已知测定 $u_1$,$u_2$,$u_3$,…,$u_n$ 时的平均误差分别为 $\Delta u_1$,$\Delta u_2$,$\Delta u_3$,…,$\Delta u_n$,如何求 $y$ 的平均误差 $\Delta y$ 为多少?

将式(1-2-10)全微分得

$$dy = \left(\frac{\partial y}{\partial u_1}\right)_{u_2, u_3 \cdots} du_1 + \left(\frac{\partial y}{\partial u_2}\right)_{u_1, u_3 \cdots} du_2 + \cdots + \left(\frac{\partial y}{\partial u_n}\right)_{u_1, u_2 \cdots} du_n \qquad (1\text{-}2\text{-}11)$$

设备自变量的平均误差 $\Delta u_1$，$\Delta u_2$，$\Delta u_3$，$\cdots$，$\Delta u_n$ 足够小时，可代替它们的微分 $du_1$，$du_2$，$du_3$，$\cdots$，$du_n$，并考虑到在最不利的情况下，直接测量的正负误差不能对消而引起误差积累，故取其绝对值，则式（1-2-11）可改写为

$$\Delta y = \left|\frac{\partial y}{\partial u_1}\right| |\Delta u_1| + \left|\frac{\partial y}{\partial u_2}\right| |\Delta u_2| + \cdots + \left|\frac{\partial y}{\partial u_n}\right| |\Delta u_n| \qquad (1\text{-}2\text{-}12)$$

这就是间接测量中计算最终结果的平均误差的普遍公式。

如果将式（1-2-10）两边取对数，再求微分，然后将 $du_1$，$du_2$，$du_3$，$\cdots$，$du_n$ 分别换成 $\Delta u_1$，$\Delta u_2$，$\Delta u_3$，$\cdots$，$\Delta u_n$，且 $dy$ 换成 $\Delta y$，则得

$$\frac{\Delta y}{y} = \frac{1}{f(u_1, u_2, \cdots, u_n)} \left[ \left|\frac{\partial y}{\partial u_1}\right| |\Delta u_1| + \left|\frac{\partial y}{\partial u_2}\right| |\Delta u_2| + \cdots + \left|\frac{\partial y}{\partial u_n}\right| |\Delta u_n| \right]$$

$$(1\text{-}2\text{-}13)$$

这就是间接测量中计算最终结果的相对平均误差的普遍公式。

**例 1-2-1**　以苯为溶剂，用凝固点降低法测定萘的摩尔质量，按下式计算：

$$M = K_f \frac{1000m}{m_0(T_0 - T)} \qquad (1\text{-}2\text{-}14)$$

式中，$K_f$ 为凝固点降低常数，其值为 5.07；$m$ 为溶质质量；$m_0$ 为溶剂质量；$T_0$ 为溶剂的凝固点；$T$ 为溶液的凝固点。

测量时溶质质量是用分析天平称得的，$m = 0.2352\text{g} \pm 0.0002\text{g}$，溶剂质量 $m_0$ 为 $(25.0 \pm 0.1) \times 0.879\text{g}$，用 25mL 移液管移取纯苯，其相对密度为 0.879。若用贝克曼温度计测量凝固点其精密度为 0.002℃，三次测得纯苯的凝固点为 $T_0$（℃）：3.596、3.570、3.571；溶液的凝固点为 $T$（℃）等于 3.130、3.128、3.121。

试计算实验测定的萘的摩尔质量及其相对误差，并说明实验是否存在系统误差？

**解：**
$$\overline{T}_0 = \frac{3.569 + 3.570 + 3.571}{3} = 3.570℃$$

各次测量偏差：
$$\Delta T_{01} = 3.570 - 3.569 = +0.001$$
$$\Delta T_{02} = 3.570 - 3.570 = 0.000$$
$$\Delta T_{03} = 3.570 - 3.571 = -0.001$$

平均绝对误差：
$$\Delta \overline{T}_0 = \pm\frac{0.001 + 0.000 + 0.001}{3} = \pm 0.001$$

同理求得：
$$\overline{T} = 3.126℃ \qquad \Delta T = \pm 0.004℃$$

对于 $\Delta m_0$ 和 $\Delta m$ 的确定，可由仪器的精密度计算：
$$\Delta m_0 = \pm 0.1 \times 0.879 = \pm 0.09(\text{g})$$
$$\Delta m = \pm 0.0002(\text{g})$$

将计算公式取对数，再微分，然后将 $dm$、$dm_0$、$dT_0$、$dT$ 换成 $\Delta m$、$\Delta m_0$、$\Delta T_0$、$\Delta T$，可得摩尔质量 $M$ 的相对误差：

$$\frac{\Delta M}{M} = \frac{\Delta m}{m} + \frac{\Delta m_0}{m_0} + \frac{\Delta \overline{T}_0 + \Delta \overline{T}}{(\overline{T}_0 + \overline{T})}$$

$$= \pm\left(\frac{0.0002}{0.2352} + \frac{0.09}{25.0 \times 0.879} + \frac{0.001 + 0.004}{3.570 - 3.126}\right)$$

$$= \pm 1.6\%$$

故有

$$M=\frac{1000\times0.2352\times5.07}{25.0\times0.879\times(3.570-3.126)}=122\text{g}\cdot\text{mol}^{-1}$$

$$\Delta M=\pm122\times1.6\%=\pm2$$

最终结果为　　　　$M=(122\pm2)\text{g}\cdot\text{mol}^{-1}(M_{标}=128\text{g}\cdot\text{mol}^{-1})$

又因 |122-128|=6>2，故该实验存在系统误差。

### 1.2.5.2　标准误差的传递

设函数 $y=f(u_1,u_2,u_3,\cdots,u_n)$，$u_1,u_2,u_3,\cdots,u_n$ 的标准误差分别为 $\sigma_{u_1}$，$\sigma_{u_2}$，$\cdots$，$\sigma_{u_n}$，则 $y$ 的标准误差为：

$$\sigma_y=\left(\frac{\partial y}{\partial u_1}\right)^2\sigma_{u_1}^2+\left(\frac{\partial y}{\partial u_2}\right)^2\sigma_{u_2}^2+\cdots+\left(\frac{\partial y}{\partial u_n}\right)^2\sigma_{u_n}^2 \tag{1-2-15}$$

此式是计算最终结果的标准误差的普遍公式（其证明从略）。

## 1.2.6　测量结果的正确记录和有效数字

能否正确记录测量结果直接影响着测量误差。一般采用有效数字来正确记录表示测量和计算的结果。所谓有效数字，就是测量的准确度所达到的数字，它包括测量中可靠的位数和最后估计的一位。例如：若以 1/1000 天平称量一样品为 0.316g，其中 3、1 为可靠数字，而 6 为估计数字；若以 1/10000 天平称量一样品为 0.3165g，其中 3、1、6 为可靠数字，而 5 为估计数字。由此可见，一个物理量的数值不仅反映出量的大小，而且还反映了数据的可靠程度，反映了实验方法和采用仪器的精确程度。下面介绍一些关于有效数字的规则。

### 1.2.6.1　有效数字的表示方法

① 误差（指绝对误差和相对误差）的有效数字，一般只有一位，至多不超过两位。

② 任何一个物理量的数据，其有效数字的最后一位，在位数上应与误差的最后一位相一致。例如，用 1/10000 分析天平称量其误差为 0.0001，如将称量结果表示为：

　　　　(7.4321±0.0001)g，正确

　　　　(7.43215±0.0001)g，不正确，夸大了结果的精确度

　　　　(7.432±0.0001)g，不正确，缩小了结果的精确度

③ 有效数字的位数越多，数值的精确度就越高，相对误差也就越小。如：

　　　　(2.00±0.02)cm，三位有效数字，相对误差 1%

　　　　(2.000±0.002)cm，四位有效数字，相对误差 0.1%

④ 有效数字的位数与所用单位无关，与小数点的位数无关。如 10.3mL 与 0.0103mL，其有效数字都是三位，反映了同一实际情况。紧接小数点后的"0"，不算有效数字；而在数字中的"0"，应包括在有效数字中。至于四位有效数字，可写成 $1.306\times10^6$，若为五位有效数字，则可写成 $1.3060\times10^6$。又如 0.000000216，只有三位有效数字，则可写成 $2.16\times10^{-7}$。所以指数表示法不仅明确表示了有效数字，而且简化了数值的写法，便于计算。

⑤ 任何一次直接测量值，都应该读到仪器刻度的最小估计读数。如进行滴定实验时，滴定管的最小估计读数为 0.01，每次读数的最后一位要读到 0.01。

### 1.2.6.2　有效数字的运算规则

① 数值的首位大于 8，就可多算一位有效数字，例如 8.47 虽然只有三位，但在运算时可以当作四位有效数字。

② 在有效数字位数确定之后，其余数字应一律舍去。舍弃时应使用"4 舍 6 入，逢 5 尾

留双"的法则，即末位有效数字后边的第一位数大于 5，则在其前一位上增加 1，小于 5，则弃去不计，等于 5 时，如前一位为奇数，则增加 1，如前一位为偶数，则弃去不计。例如，对 32.0249 取四位有效数字时，结果时 32.02，取 5 位有效数字时，结果是 32.025。若将 32.02 和 32.035 各取四位有效数字时，则分别为 32.02 于 32.04。

③ 在加减运算时，各数值小数点后所取的位数与其中最少者相同。例如：

$$
\begin{array}{llll}
0.23 & & & 0.23 \\
12.245 & \text{舍弃后改写为} & & 12.24 \\
1.5683 & & & \underline{+)1.57} \\
& & & 14.04
\end{array}
$$

④ 在乘除运算中，保留各数的有效数字位数应以其中有效数字最少者为准。例如：

$$1.578 \times 0.00182 \div 81$$

其中 81 的有效数字位数最少，但由于首位是 8，所以把它看成三位有效数字，其余各数也应保留到三位有效数字，最后结果也只保留三位有效数字，即：

$$1.578 \times 0.00182 \div 81 = 3.56 \times 10^{-3}$$

⑤ 对于复杂的计算，应先算加减，后算乘除。在运算未达到最后结果之前的中间各步，可多保留一位有效数字，以免多次使用取舍规则造成误差积累。但最后结果仍只保留应有的位数。

⑥ 在对数及指数运算中，对数中首数不是有效数字，对数尾数的有效数字位数应与真数的有效数字位数相同。例如：

$$\lg 401.2 = 2.6032 \qquad e^{32.46} = 1.3 \times 10^{14}$$

⑦ 计算平均值时，参加平均的数在四个或四个以上者，平均值的有效数字多取一位。

⑧ 计算式中的常数，如 $\pi$、$e$、$R$、$L$ 及 $\sqrt{2}$ 和一些取自手册的常数或单位换算系数等，取得有效数字位数应较式中各物理量测量值的有效数字位数多一位以上，以减少由于常数取值不当带来的误差。

⑨ 表示误差的数值有效数字最多两位，一般只需一位。测量值的末位数与绝对误差的末尾数要对应。例如可表示为：

$$237.46 \pm 0.13 \qquad (1.234 \pm 0.009) \times 10^5$$

# 1.3　物理化学实验数据的表达方式

物理化学实验结果的表达方式主要由三种：列表法、作图法和数学方程式法。下面分别叙述这三种方法的应用及注意事项。

## 1.3.1　列表法

### 1.3.1.1　列表

在物理化学实验中，多数测量至少包括两个变量，在实验数据中，选出自变量和因变量，将两者的对应值列成表格。

数据表简单易作，无需特殊工具，而且由于在表中所列的数据已经过科学整理，有利于分析和阐明某些实验结果的规律性，便于对实验结果进行比较。

### 1.3.1.2　列表时应注意的事项

① 每一个表开头都应写出表的序号及表的名称。

② 在表的每一行或每一列应正确写出栏头。由于在表中列出的常常是一些纯数（数值），因此在置于这些纯数之前或之首的表示也应该是一纯数。这就是说，应当是量的符号 $A$ 除以单位的符号 $[A]$，即 $A/[A]$。例如 $p/MPa$；或者应该是一个数的量，例如 $K$；或者是这些纯数的数学函数，例如 $\ln(p/MPa)$。

③ 表中的数值应化为最简单的形式表示，公共的乘方因子应放在栏头注明。

④ 在每一行中的数字要排列整齐，小数点应对齐。

⑤ 直接测量的数值可与处理的结果并列在一张表上，必要时应在表的下面注明数据的处理方法或数据的来源。

⑥ 表中所有数值的填写都必须遵守有效数字规则。

下面是 $CO_2$ 的平衡性质，其形式可作为一般参考。

表 1-3-1  $CO_2$ 的平衡性质

| $T/℃$ | $T/K$ | $\dfrac{10^3}{T}/K^{-1}$ | $p/MPa$ | $\ln(p/MPa)$ | $V_m^g/mL \cdot mol^{-1}$ | $pV_m^g/RT$ |
|---|---|---|---|---|---|---|
| −56.60 | 216.55 | 4.6179 | 0.5180 | −0.6578 | 3177.6 | 0.9142 |
| 0.00 | 273.15 | 3.6610 | 3.4853 | 1.2485 | 456.92 | 0.7013 |
| 31.04 | 304.19 | 3.2874 | 7.3820 | 1.9990 | 94.060 | 0.2745 |

有时可以将长的组合单位用一个简单符号来代表，而在表外面说明符号的意义。

## 1.3.2 图解法

### 1.3.2.1 图解法在物理化学实验中的作用

图解法表达实验数据，能直观地显示出所研究的变量的变化规律，如极大值、极小值、转折点、周期性和变化速率等重要特性，并可从图上简便地找出各变量中间值，还便于数据的分析比较，确定经验方程式中的常数等，其用处极为广泛，其中最重要的有如下几种。

（1）表达变量间的定量依赖关系

以自变量为横坐标、因变量为纵坐标，在坐标上标绘出数据点 $(x_i, y_i)$，然后按作图技术画出曲线，此曲线便可表示出两变量的定量关系。在曲线所示的范围内，欲求对应于任意自变量数值的应变量数值。

（2）求极值或转折点

函数的极大值、极小值或转折点，在图上表现得很直观。例如正己烷-乙醇双液系相图中确定最低恒沸点（极小值）和凝固点下降法测摩尔质量实验中从步冷曲线上确定凝固点（转折点）等。

（3）求外推值

当需要的数据不能或不易直接测定时，在适当的条件下，常用作图外推法求得。所谓外推法，就是根据变量间的函数关系，将实验数据描绘的图像延伸至测量范围以外，求得该函数的极限值。例如用黏度法测定高聚物的分子量实验中，首先必须用外推法求得溶液的浓度趋于零时的黏度（即特性黏度）值，才能算出分子量。

必须指出，使用外推法必须满足以下条件：

① 外推的区间离实际测量区间不能太远；

② 在外推的那段范围及其邻近，测量数据间的函数关系是线性关系或可认为是线性关系；

③ 外推所得结果不能有悖于已有的正确经验。

（4）求函数的微商

其方法是在所得的曲线上选定若干点，然后采用几何作图法，做出各切线并计算切线的斜率，即为该点函数的微商值。例如在"最大泡压法测定溶液的表面张力"中，需要求出在某一温度时单位表面积上被吸附物质的量（即吸附量$\Gamma$），而溶液中浓度变化（$dc$）和表面张力变化（$d\gamma$）即吸附量的关系式如下：

$$\Gamma = -\frac{c}{RT}\left(\frac{d\gamma}{dc}\right)_T \tag{1-3-1}$$

在相同温度下测量不同溶液浓度的表面张力得图 1-3-1。可以在$\gamma$-$c$曲线上取点$E$（$c_1$，$\gamma_1$），作切线并求出斜率$b$，即为$E$点的微商值$\left(\frac{d\gamma}{dc}\right)_T$，同法可做出曲线上其他点的微商值。代入上式即可求出一定温度（$T$）、某一浓度（$c$）时的$\Gamma$值。

（5）求导数函数的积分值

设图形中的因变量是自变量的导数函数，则在不知道该导数函数解析表示式的情况下亦能利用图形求出定积分值，称图解积分，通常求曲线下所包含的面积时常用此法。

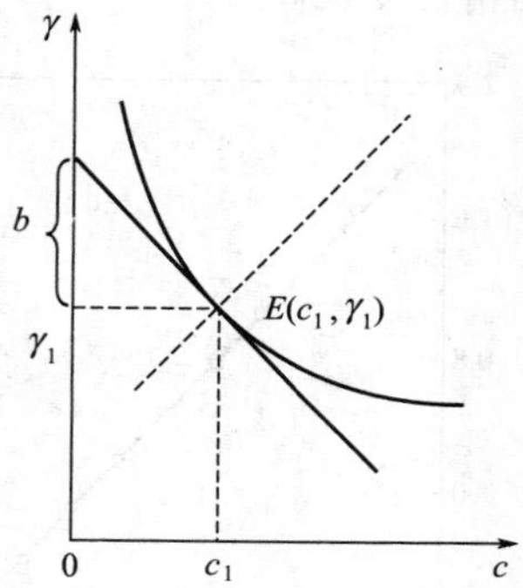

（6）求经验方程式

图解法更常用的是从直线图形求出斜率和截距，以确定理论公式或经验关系中的常数，从而求出函数关系的具体数学方程式。如反应速率常数与活化能的关系式为指数函数关系：

$$k = Ae^{-E_a/RT} \tag{1-3-2}$$

可两边取对数得到

$$\ln k = \ln A - \frac{E_a}{RT} \tag{1-3-3}$$

图 1-3-1  溶液浓度与表面
张力的关系

从而使指数函数关系变换为线性函数关系，可作$\ln k$-$1/T$图得一直线，从直线斜率和截距求得活化能$E_a$和碰撞频率因子$A$的数值。

### 1.3.2.2  用图解法处理数据时的注意事项

由于图解法应用广泛，掌握作图技术是不可或缺的。下面列出一般作图原则及注意事项。

（1）比例尺的选择

作图时应保持测量的精密度，因此选择各坐标的比例和分度必须恰当。原则上是作图精度应与原始数据的测量精密度相匹配，图线面最好能成为正方形，函数曲线刚好展现于整个图面。

（2）曲线的画法

图解法处理数据作图时，画得的曲线应代表原始数据的变动情况，应尽量通过但不一定全部通过各原始数据点。对未通过原始数据点能均匀地分布在平滑曲线的两邻侧。对于离开数据点较远的数据点，不要随意舍弃，遇上这种情况，应对该数据重新测量，以判断原数据是否正确，然后作适当处理。

（3）图名与图坐标的标注

曲线画好后，还应注上图名（包括图的序号），有时还应对测试条件等作简要的说明，这些一般都安置在图的下方（如书写实验报告可在图纸的空白地位写上实验名称、图名、日期）。

关于图上坐标的标注与上述列表的道理相同。曲线图坐标上的标注也应该是一纯数的式

11

子。图 1-3-2 是 $CO_2$ 的平衡性质 $\ln(p/MPa)$ 与 K/$T$ 的关系，其标注可以作为一般参考。

过去有一些栏头或标注在概念上是含糊的或不正确的。例如，将栏头或标注"$T/K$"写成"$T$，K"或"$TK$"；将栏头或标注"$\ln(p/MPa)$"写成"$\ln p$，MPa"或"$\ln p$(MPa)"。写成"$T$(K)"在概念上是含糊的。写成"$\ln p$，MPa"或"$\ln p$（MPa）"在概念上是错误的。

### 1.3.3　数学方程式法

实验数据用数学经验方程式表示，不但表达方式简单、记录方便，而且也便于求微分积分或内插值。

实验方程式是客观规律的一种近似描绘，它是理论探讨的线索和根据。而最小二乘法是数学方程式处理数据中最常用的方法，它能使原始数据与它的数学方程作最佳拟合，数值计算的精密度也高。

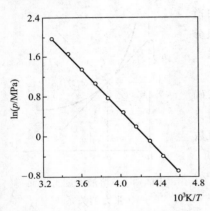

图 1-3-2　$CO_2$ 的平衡性质 $\ln(p/MPa)$ 与 K/$T$ 的关系

最小二乘法的基本思想是，最佳结果应能使标准误差最小，所以残差的平方和也是最小。

设实验测得 $n$ 组数据 $(x_1, y_1)$、$(x_2, y_2)$、$(x_3, y_3)$、…、$(x_n, y_n)$，它们适合直线方程：

$$y = ax + b \qquad i = 1, 2, \cdots, n \qquad (1\text{-}3\text{-}4)$$

其残差为

$$\delta_i = y_i - (ax_i + b) \qquad (1\text{-}3\text{-}5)$$

由最小二乘法，其残差的平方和最小，即

$$\Delta = \sum_{i=1}^{n} \delta_i^2 = 最小$$

或　　　$$\Delta = \sum_{i=1}^{n} [y_i - (ax_i + b)]^2 = 最小$$

式中，$y_i$、$x_i$ 均为已知值（测量中的原始数据），只有 $a$ 和 $b$ 是代定系数，当残差的平方和为最小时，根据数学上求极值的条件，则有

$$\frac{\partial \Delta}{\partial a} = 0, \quad \frac{\partial \Delta}{\partial b} = 0$$

由此可得

$$\frac{\partial \Delta}{\partial a} = -2x_1(y_1 - ax_1 - b) - 2x_2(y_2 - ax_2 - b) - \cdots - 2x_n(y_n - ax_n - b) = 0 \qquad (1\text{-}3\text{-}6)$$

$$\frac{\partial \Delta}{\partial b} = -(y_1 - ax_1 - b) - 2(y_2 - ax_2 - b) - \cdots - 2(y_n - ax_n - b) = 0 \qquad (1\text{-}3\text{-}7)$$

即有

$$\sum x_i y_i - a\sum x_i^2 - b\sum x_i = 0 \qquad (1\text{-}3\text{-}8)$$

$$\sum y_i - a\sum x_i - nb = 0 \qquad (1\text{-}3\text{-}9)$$

解联立方程可得

$$a = \frac{n\sum x_i y_i - \sum x_i \sum y_i}{n\sum x_i^2 - (\sum x_i)^2} \qquad (1\text{-}3\text{-}10)$$

$$b = \frac{n\sum x_i^2 \sum y_i - \sum x_i y_i \sum x_i}{n\sum x_i^2 - (\sum x_i)^2} \tag{1-3-11}$$

上面各式是根据直接测量数据用最小二乘法求直线方程中的常数 $a$ 和 $b$ 的一般公式。

**例 1-3-1** 已知物理量 $y$ 与另一物理量 $x$ 呈线性关系，今控制 $x$ 的数值，测量相应的 $y$ 值，共得 12 个数据对，列入下表，试确定对于这些实验点的最佳直线方程式。

| $i$ | $x_i$ | $y_i$ | $x_i^2$ | $x_i y_i$ |
|---|---|---|---|---|
| 1 | 0.00 | 0.65 | 0.00 | 0.00 |
| 2 | 1.00 | 0.86 | 1.00 | 0.86 |
| 3 | 2.00 | 1.11 | 4.00 | 2.22 |
| 4 | 3.00 | 1.02 | 9.00 | 3.06 |
| 5 | 4.00 | 1.28 | 16.00 | 5.12 |
| 6 | 5.00 | 1.44 | 25.00 | 7.20 |
| 7 | 6.00 | 1.41 | 36.00 | 8.46 |
| 8 | 7.00 | 1.81 | 49.00 | 12.67 |
| 9 | 8.00 | 1.60 | 64.00 | 12.80 |
| 10 | 9.00 | 1.98 | 81.00 | 17.82 |
| 11 | 10.00 | 1.92 | 100.0 | 19.20 |
| 12 | 11.00 | 2.15 | 121.0 | 23.65 |
| $\Sigma$ | 66 | 17.23 | 506 | 113.06 |

**解** 由式(1-3-9)和式(1-3-10)得

$$a = \frac{12 \times 113.06 - 1137.18}{12 \times 506 - 66^2} = 0.128$$

$$b = \frac{506 \times 17.23 - 113.06 \times 66}{12 \times 506 - 66^2} = 0.732$$

所以这些实验点的最佳直线方程为

$$y = 0.128x + 0.732$$

一般来说，求出方程式后，应选择一两个数据代入公式，加以核对验证。

# 第2章 实　验

# Ⅰ. 热　力　学
## 实验1　燃烧热的测定

【实验目的】

1. 用氧弹量热计测定萘（或蔗糖）的燃烧热；

2. 明确燃烧热的定义，了解等压燃烧热与等容燃烧热的差别；

3. 了解量热计中主要部分的作用，掌握氧弹量热计的实验技术；

4. 学会雷诺图解法校正温度改变值。

【实验原理】

1. 燃烧与量热

根据热化学的定义，1mol 物质完全氧化时的反应热称为燃烧热。所谓完全氧化，对燃烧产物有明确的规定。譬如，有机化合物中的碳氧化成一氧化碳不能认为是完全氧化，只有氧化成二氧化碳才可认为是完全氧化。

燃烧热的测定，除了有其实际应用价值外，还可以用于求算化合物的生成热、键能等。

量热法是热力学的一个基本实验方法。在等容或等压条件下，可以分别测得等容燃烧热 $Q_V$ 和等压燃烧热 $Q_p$。由热力学第二定律可知，$Q_V$ 等于系统热力学能变化（$\Delta U$）；$Q_p$ 等于其焓变化（$\Delta H$）。若把参加反应的气体和反应生成的气体都作为理想气体处理，则它们之间存在以下关系：

$$\Delta H = \Delta U + \Delta(pV) \tag{2-1-1a}$$

或
$$Q_p = Q_V + \Delta nRT \tag{2-1-1b}$$

式中，$\Delta n$ 为反应前后反应物和生成物中气体的物质的量之差；$R$ 为气体常数；$T$ 为反应时的热力学温度。

量热计的种类很多，本实验所用氧弹量热计是一种环境恒温式的量热计。其他类型的量热计可参阅有关文献。

氧弹量热计的安装如图 2-1-1 所示，图 2-1-2 是氧弹的剖面图。

2. 氧弹量热计

氧弹量热计的基本原理是能量守恒定律。样品完全燃烧所释放的能量使得氧弹本身及其周围的介质和量热计有关附件的温度升高。测量介质在燃烧前后温度的变化值，就可求算该样品的等容燃烧热。其关系式如下：

$$-\frac{m_样}{M}Q_V - lQ_l = (m_水 C_水 + C_计)\Delta T \tag{2-1-2}$$

式中，$m_样$ 和 $M$ 分别为样品的质量和摩尔质量；$Q_V$ 为样品的等容燃烧热；$l$ 和 $Q_l$ 是引燃用铁丝的长度和单位长度的燃烧热；$m_水$ 和 $C_水$ 是以水作为测量介质时，水的质量和比热容；$C_计$ 称为量热计的水当量，即除水之外，量热计升高 1℃所需的热量；$\Delta T$ 为样品燃烧前后水温的变化值。

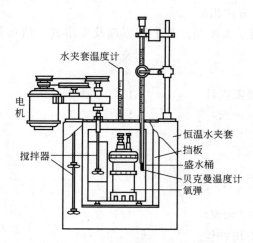

图 2-1-1　氧弹量热计安装示意

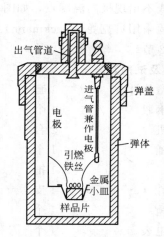

图 2-1-2　氧弹剖面图

为了保证样品完全燃烧，氧弹中需充以高压氧气或其他氧化剂。因此，氧弹应有很好的密封性能，耐高压且耐腐蚀。氧弹放在一个与室温一致的恒温套壳中。盛水桶与套壳之间有一个高度抛光的挡板，以减少热辐射和空气的对流。

**3. 雷诺温度校正图**

实际上，量热计与周围环境的热交换无法完全避免，它对温度测量值的影响可用雷诺（Renolds）温度校正图校正。具体方法为：称取适量待测物质，估计其燃烧后可使水温上升 $1.5 \sim 2.0℃$。预先调节水温低于室温 $1.0℃$ 左右，按操作步骤进行测定，将燃烧前后观察所得的一系列水的温度和时间关系作图，得一曲线如图 2-1-3。图中 $H$ 点意味着燃烧开始，热传入介质；$D$ 点为观察到的最高温度值；从相当于室温的 $J$ 点作水平线交曲线于 $I$，过 $I$ 点作垂线 $ab$，再将 $FH$ 线和 $GD$ 线延长并交 $ab$ 线于 $A$、$C$ 两点，其间的温度差值即为经过校正的 $\Delta T$。图中 $AA'$ 为开始燃烧到温度上升至室温这一段时间 $\Delta t_1$ 内，由环境辐射和搅拌引进的能量所造成的升温，故应予扣除。$CC'$ 为由室温升高到最高点 $D$ 这一段时间 $\Delta t_2$ 内，量热计向环境的热漏造成的温度降低，计算时必须考虑在内。故可认为，$AC$ 两点的差值较客观地表示了样品燃烧引起的升温数值。

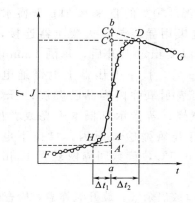

图 2-1-3　雷诺温度校正

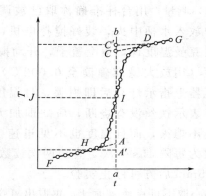

图 2-1-4　绝热良好情况下的雷诺校正

在某些情况下，量热计的绝热性能良好，热漏很小，而搅拌器功率较大，不断引进的能量使得曲线不出现极高温度点，如图 2-1-4。校正方法相似。

本实验采用贝克曼（Beckmann）温度计来测量温度差。其工作原理及使用方法请参考本书 3.1.2 节。

**【仪器及试剂】**

| | | | |
|---|---|---|---|
| 氧弹量热计 | 1 套 | 贝克曼温度计 | 1 支 |
| 氧气钢瓶 | 1 个 | 氧气减压阀 | 1 个 |
| 压片机 | 2 台 | 烧杯（1000mL） | 1 只 |
| 塑料桶 | 1 个 | 直尺 | 1 把 |
| 剪刀 | 1 把 | 台秤（10kg） | 1 台 |
| 温度计（0～50℃） | 1 支 | 秒表 | 1 个 |
| 放大镜 | 1 个 | 电炉（500W） | 1 个 |
| 万用电表 | 1 个 | 引燃专用铁丝 | |
| 苯甲酸（分析纯） | | 萘（分析纯） | |

**【实验步骤】**

1. 测定量热计的水当量

（1）样品制作　用台秤称取大约 1g 苯甲酸（切勿超过 1.1g），在压片机上压成圆片。样片压得太紧，点火时不易全部燃烧；压得太松，样品容易脱落。将样品在干净的玻璃板上轻击二、三次，再用分析天平精确称量。

（2）装样并充氧气　拧开氧弹盖，将氧弹内壁擦干净，特别是电极下端的不锈钢丝更应擦干净。搁上金属小皿，小心将样品片放置在小皿中部。剪取 18cm 长的引燃铁丝，在直径约 3mm 的玻璃棒上，将其中段绕成螺旋形 5～6 圈。将螺旋部分紧贴在样片的表面，两端如图 2-1-2 所示。固定在电极上。用万用电表检查两电极间电阻值，一般应不大于 20Ω。旋紧氧弹盖，卸下进气管口的螺栓，换接上导气管接头。导气管另一端与氧气钢瓶上的减压阀连接。打开钢瓶阀门，使氧弹中充入 2MPa 的氧气。钢瓶和气体减压阀的使用方法分别参见本书 3.3.4 节。

旋下导气管，关闭氧气瓶阀门，放掉氧气表中的余气。将氧弹的进气螺栓旋上，再次用万用表检查两电极间的电阻。如阻值过大或电极与弹壁短路，则应放出氧气，开盖检查。

（3）测量　用台秤准确称取已被调节到低于室温 1.0℃ 的自来水 3kg 于盛水桶内。将氧弹放入水桶中央，装好搅拌电机，把氧弹两电极用导线与点火变压器连接，细心安装贝克曼温度计，盖上盖子，开动搅拌电机，待温度稳定上升后，每隔 1min 读取一次温度（用放大镜准确读至 0.002℃）。10～15min 后，按下变压器上电键通电点火。若变压器上指示灯亮后即熄灭，且温度迅速上升，表示氧弹内样品已燃烧；若灯亮后不熄，表示铁丝没有烧断，应立即加大电流引发燃烧；若指示灯根本不亮或者虽加大电流也不熄灭，而且温度也不见迅速上升，则需打开氧弹检查原因。自按下电键后，读数改为每隔 15s 一次，直至两次读数差值小于 0.005℃，读数间隔恢复为 1min 一次，继续 15min 后方可停止实验。

小心取下贝克曼温度计，再取出氧弹，打开出气口放出余气。旋开氧弹盖，检查样品燃烧是否完全，氧弹中应没有明显的燃烧残渣。若发现黑色残渣，则应重做实验。测量燃烧后剩下的铁丝长度以计算铁丝实际燃烧长度。最后擦干氧弹和盛水桶。

样品点燃及燃烧完全与否，是本实验最重要的一步。

2．萘的燃烧热测量

称取 0.6g 左右的萘，同上述方法进行测定。

【数据处理】

1．苯甲酸的燃烧热为 $-26460J \cdot g^{-1}$；引燃铁丝的燃烧热值为 $-2.9J \cdot cm^{-1}$。

2．作苯甲酸和萘燃烧的雷诺温度校正图，由 $\Delta T$ 计算水当量和萘的等容燃烧热 $Q_V$，并计算其等压燃烧热 $Q_p$。

3．根据所用仪器的精度，正确表示测量结果，并指出最大测量误差所在。

4．文献值

| 等压燃烧热 | kcal·mol$^{-1}$ | kJ·mol$^{-1}$ | J·g$^{-1}$ | 测定条件 |
|---|---|---|---|---|
| 苯甲酸 | −771.24 | −3226.9 | −26410 | $p^{\ominus}$,20℃ |
| 萘 | −1231.8 | −5153.8 | −40205 | $p^{\ominus}$,20℃ |

【注意事项】

1．氧弹量热计是一种较为精确的经典实验仪器，在生产实际中仍广泛用于测定可燃物的热值。

有些精密的测定，需对氧弹中所含氮气的燃烧值作校正。为此，可预先在氧弹中加入 5mL 蒸馏水。燃烧以后，将所生成的稀 HNO₃ 溶剂倒出，再用少量蒸馏水洗涤氧弹内壁，一并收集到 150mL 锥形瓶中，煮沸片刻，用酚酞做指示剂，以 0.100mol·L$^{-1}$ 的 NaOH 溶液标定，每毫升碱液相当于 5.98J 的热值。这部分热能应从总的燃烧热中扣除。

2．本实验装置也可用来测定可燃烧样品的燃烧热，以药用胶囊为样品管，并用内径比胶囊外径大 0.5～1.0mm 的薄壁软玻璃管套住，装样示意如图 2-1-5。胶囊的平均燃烧热值应预先标定，以便扣除。

3．本实验是用贝克曼温度计测量温度，也可以用热电堆或其他热敏元件代替，用自动平衡记录仪自动记录温度及其变化情况。

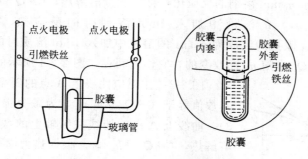

图 2-1-5　胶囊套玻璃管装样示意

【思考题】

1．固体样品为什么要压成片状？

2．在量热学测定中，还有哪些情况可能需要用到雷诺温度校正方法？

3．如何用萘的燃烧热数据来计算萘的标准生成热？

# 实验 2　溶解热的测定

## 【实验目的】

1. 掌握用量热法测定固态物质及液态物质的溶解热及稀释热的方法，以及在溶解、稀释过程中微分反应热与积分反应热的计算方法；

2. 考察各类电解质及非电解质溶解热的差异及变化规律。

## 【实验原理】

各类物质的溶解过程常包括了晶体点阵的破坏、分子电离（对电解质而言）、离子或分子的溶剂化等过程。这些过程反应热的代数和决定了溶解过程中总的反应热。由于不同浓度溶液中电离度、溶质的溶剂化程度以及质点间作用力的不同，造成了稀释过程的反应热产生差异。这种反应热与溶质、溶剂本性、温度及溶液的始末浓度有关。

若有 $n_2$ mol 溶质溶解到 $n_1$ mol 溶剂中，过程在等温、等压条件下进行，其反应热为 $Q$。则 $Q$ 为 $n_1$、$n_2$ 的函数，$Q = f(n_1, n_2)$，其全微分形式为

$$\mathrm{d}Q = \left(\frac{\partial Q}{\partial n_1}\right)_{n_2} \mathrm{d}n_1 + \left(\frac{\partial Q}{\partial n_2}\right)_{n_1} \mathrm{d}n_2 \qquad (2\text{-}2\text{-}1)$$

若过程是在维持 $n_1/n_2$ 一定的条件下，使两个组分的物质的量分别由零增至 $n_1$、$n_2$，按此条件积分上式，得

$$Q = \left(\frac{\partial Q}{\partial n_1}\right)_{n_2} n_1 + \left(\frac{\partial Q}{\partial n_2}\right)_{n_1} n_2 \qquad (2\text{-}2\text{-}2)$$

式（2-2-2）除以 $n_2$ 则得

$$Q_s = \left(\frac{\partial Q}{\partial n_1}\right)_{n_2} n_0 + \left(\frac{\partial Q}{\partial n_2}\right)_{n_1} \qquad (2\text{-}2\text{-}3)$$

式中，$Q_s = Q/n_2$，$n_0 = n_1/n_2$；$n_0$ 表示在含 1mol 溶质的溶液中所含溶剂的物质的量。$Q_s$ 表示 1mol 溶质溶于 $n_0$ mol 溶剂的反应热，称为积分溶解热；$(\partial Q/\partial n_1)_{n_2}$ 表示在无限量的组成为 $n_1/n_2$（$= n_0$）的溶液中加入 1mol 溶剂时的反应热，称为微分稀释热。$(\partial Q/\partial n_2)_{n_2}$ 表示在无限量的组成为 $n_1/n_2$ 的溶液中加入 1mol 溶质时的反应热，称为微分溶解热。积分溶解热 $Q_s$ 是随 $n_0$ 而改变的，它们之间存在图 2-2-1 所示的曲线关系。

图 2-2-1 中对应曲线上 $A$ 点的斜率为 $(\partial Q_s/\partial n_0)_{n_2}$，其数值等于 $(\partial Q/\partial n_1)_{n_2}$，为微分稀释热。根据式（2-2-3），曲线上 $A$ 点的切线在纵轴上的截距等于 $CO$，为微分溶解热，$(\partial Q/\partial n_2)_{n_1}$。根据热力学可以证明，对应组成为 $n_{01}$ 的溶液的积分溶解热 $Q_{s2}$ 与对应组成为 $n_{02}$ 的溶液的积分溶解热 $Q_{s1}$ 之差，等于将组成为 $n_{02}$ 的溶液冲淡到组成为 $n_{01}$ 的稀溶液的稀释过程热 $Q_d$。它们存在以下关系：

$$Q_d = Q_{s2} - Q_{s1} \qquad (2\text{-}2\text{-}4)$$

式中，$Q_d$ 称为积分稀释热。

积分溶解热可用量热法测定。测定装置如图 2-2-2 所

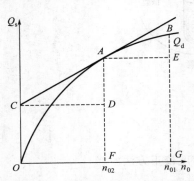

图 2-2-1　积分溶解热与 $n_0$ 的关系

示，测定原理与中和热测定原理基本相同。用热敏电阻配合自动平衡仪记录量热计温度变化，用电热法测定量热计热容。图 2-2-2 中小漏斗为加固体溶质用，若溶质为液态，则可用如碱吹出管一样的方法加入。

**【仪器及试剂】**

定点式温差报警仪　　　　1 台

数字直流稳流电源　　　　1 台

直流伏特计　　　　　　　1 台

量热计(包括杜瓦瓶、搅拌器、加热器)　1 套

秒表　　　　　　　　　　1 只

称量瓶(φ20mm×40mm)　　8 只

硝酸钾(分析纯)

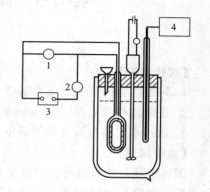

图 2-2-2　溶解量热计

1—直流电压表；2—直流电流表；

3—稳流电源；4—温差报警仪

**【实验步骤】**

(1) 溶质样品的准备　纯固体溶质在烘箱中烘干或真空干燥。液体溶质用高纯度药品。

(2) 粗测溶解热，选择溶质加入量　在保温瓶中放 200～300mL 蒸馏水。加入预计最大溶质量，选择记录仪量程范围，确定实验测定的最大溶质加入量。

(3) 溶解温升的测定　固体溶质可分次加入，测出每次加入溶质后溶解温升及累计温升。液体溶质可分次测定。

**【数据处理】**

1. 计算每次溶解的 $n_0$ 及 $Q_s$。

2. 作出各种溶质的 $Q_s$-$n_0$ 图。

3. 计算两个同样 $n_0$ 时，各种溶质微分稀释热及微分溶解热，以及两个溶液间的积分稀释热。

4. 以经验方程 $Q_s=Q_0\dfrac{an_0}{1+an_0}$ 回归拟合实验数据，求出常数 $Q_0$、$a$，考察拟合质量。

**【注意事项】**

1. 在实验过程中要求 $I$、$V$ 保持稳定，如有不稳需随时校正。

2. 本实验应确保样品充分溶解，因此实验前要加以研磨，实验时需有合适的搅拌速度，加入样品时速度要加以注意，防止样品进入杜瓦瓶过速，致使磁子卡住不能正常搅拌，但样品如加得太慢也会引起实验故障。搅拌速度不适宜时，还会因水的传热性差而导致 $Q_s$ 值偏低，甚至会使 $Q_s$-$n_0$ 图变形。

3. 实验过程中加热时间与样品的量是累计的，因而秒表的读数也是累计的，切不可在中途把秒表按停。

4. 实验结束后，杜瓦瓶中不应存在硝酸钾固体，否则需重做实验。

**【思考题】**

1. 讨论各种溶质溶解热、稀释热的差异及产生差异的可能原因。

2. 分析本实验方法及仪器设备的优缺点，提出改进意见。

# 实验 3　凝固点降低法测摩尔质量

【实验目的】

1. 用凝固点降低法测定萘的摩尔质量；
2. 正确使用贝克曼（Beckmann）温度计，掌握溶液凝固点的测量技术；
3. 通过本实验加深对稀溶液依数性质的理解。

【实验原理】

固体溶剂与溶液成平衡的温度称为溶液的凝固点。含非挥发性溶质的二组分稀溶液的凝固点低于纯溶剂的凝固点。凝固点降低是稀溶液依数性质的一种表现。当确定了溶剂的种类和数量后，溶剂凝固点降低值仅取决于所含溶质分子的数目。对于理想溶液，根据相平衡条件，稀溶液的凝固点降低与溶液组成之间的关系由范特霍夫（van't Hoff）凝固点降低公式给出

$$\Delta T_f = \frac{R(T_f^*)^2}{\Delta_f H_m(A)} \times \frac{n_B}{n_A + n_B} \tag{2-3-1}$$

式中，$\Delta T_f$ 为溶液凝固点降低值；$T_f^*$ 为纯溶剂的凝固点；$\Delta_f H_m(A)$ 为摩尔凝固热；$n_A$ 和 $n_B$ 分别为溶剂和溶质的物质的量。当溶液浓度很稀时，$n_B \ll n_A$，则

$$\Delta T_f = \frac{R(T_f^*)^2}{\Delta_f H_m(A)} \times \frac{n_B}{n_A} = \frac{R(T_f^*)^2}{\Delta_f H_m(A)} \times \frac{n_B}{m_A/M_A} = \frac{R(T_f^*)^2}{\Delta_f H_m(A)} \times M_A b_B = K_f b_B \tag{2-3-2}$$

式中，$M_A$ 为溶剂的摩尔质量；$b_B$ 为溶质的物质的量浓度；$K_f$ 即称为凝固点降低常数。

如果已知溶剂的凝固点降低常数 $K_f$，并测得此溶液的凝固点降低值 $\Delta T_f$ 以及溶剂和溶质的质量 $m_A$、$m_B$，则溶质的摩尔质量由下式求得

$$M_B = K_f \frac{m_B}{\Delta T_f m_A} \tag{2-3-3}$$

应该注意，如溶质在溶液中有解离、缔合、溶剂化和配合物形成等情况时，不能简单地运用式（2-3-3）计算溶质的摩尔质量。显然，凝固点降低法可用于溶液热力学性质的研究，例如电解质的电离度、溶质的缔合度、溶剂的渗透系数和活度系数等。

纯溶剂的凝固点是它的液相和固相共存的平衡温度。若将纯溶剂逐步冷却，理论上其冷却曲线（或称步冷曲线）应如图 2-3-1(a) 所示。但实际过程中往往发生过冷现象，即在过冷而开始析出固体时，放出的凝固热才使系统的温度回升到平衡温度，待液体全部凝固后，温度再逐渐下降，其步冷曲线呈图 2-3-1(b) 形状。过冷太甚，会出现如图 2-3-1(c) 的形状。

溶液凝固点的精确测量，难度较大。当将溶液逐步冷却时，其步冷曲线与纯溶剂不同，见图 2-3-1(d)～(f)。由于溶液冷却时有部分溶剂凝固而析出，使剩余溶液的浓度逐渐增大，因而剩余溶液与溶剂固相的平衡温度也在逐渐下降，出现如图 2-3-1(d) 的形状。通常发生稍有过冷现象，则出现如图 2-3-1(e) 的形状，此时可将温度回升的最

高值近似地作为溶液的凝固点。若过冷太甚，凝固的溶剂过多，溶液的浓度变化过大，则出现图 2-3-1（f）的形状，则测得的凝固点将偏低，必然会影响溶质摩尔质量的测定结果。因此在测量过程中应该设法控制适当的过冷程度，一般可通过控制寒剂的温度、搅拌速度等方法来达到。

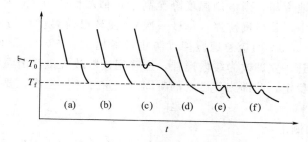

图 2-3-1　步冷曲线示意

严格地说，纯溶剂和溶液的冷却曲线，均应通过外推法求得凝固点 $T_f^*$ 和 $T_f$。如图 2-3-1（c）曲线应以平台段温度为准。曲线（f）则可以将凝固后固相的冷却曲线向上外推至与液相段相交，并以此交点温度作为凝固点。

**【仪器及试剂】**

| | | | |
|---|---|---|---|
| 凝固点测定仪 | 1 套 | 贝克曼温度计 | 1 支 |
| 水银温度计（分度值 0.1℃） | 1 支 | 乙醇温度计 | 1 支 |
| 读数放大镜 | 1 只 | 移液管（25mL） | 1 支 |
| 烧杯（1000mL） | 1 只 | 压片机 | 1 台 |
| 称量瓶 | | 环己烷（分析纯） | |
| 萘（分析纯） | | 碎冰 | |

**【实验步骤】**

1. 仪器的安装

按图 2-3-2 将凝固点测定仪安装好。凝固点管、贝克曼温度计及搅棒均须清洁和干燥，防止搅拌时搅棒与管壁或温度计相摩擦。

2. 调节贝克曼温度计

在环己烷的凝固点时，使水银柱高度距离顶端刻度 1～2℃。贝克曼温度计的调节方法见本书 3.1.2 节。

3. 调节寒剂的温度

调节冰水的量使寒剂的温度为 3.5℃左右（寒剂的温度以不低于所测溶液凝固 3℃为宜）。实验时寒剂应经常搅拌并间断地补充少量的碎冰，使寒剂温度基本保持不变。

4. 溶剂凝固点的测定

用移液管准确吸取 25mL 环己烷，加入凝固点管，加入的环己烷要足够浸没贝克曼温度计的水银球，但也不要太多，注意不要使环己烷溅在管壁上。塞紧软木塞，以避免环己烷挥发，并记下溶剂温度。

先将盛有环己烷的凝固点管直接插入寒剂中，上下移动搅拌

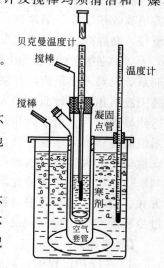

图 2-3-2　凝固点测定仪

棒，使溶剂逐步冷却，当有固体析出时，将凝固点管自寒剂中取出，将管外冰水擦干，插入空气套管中，缓慢而均匀地搅拌（约每秒一次）。观察贝克曼温度计读数，直至温度稳定，此乃环己烷的近似凝固点。

取出凝固点管，用手温热之，使管中的固体完全熔化。再将凝固点管直接插入寒剂中缓慢搅拌，使溶剂较快地冷却。当溶剂温度降至高于近似凝固点 0.5℃时迅速取出凝固点管，擦干后插入空气套管中，并缓慢搅拌（每秒一次），使环己烷温度均匀地逐渐降低。当温度低于近似凝固点 0.2～0.3℃时应急速搅拌（防止过冷超过 0.5℃），促使固体析出。当固体析出时，温度开始上升，立即改为缓慢搅拌，连续用读数放大镜读出温度回升后在贝克曼温度计上的读数，直至稳定。此即为环己烷的凝固点。重复测定三次，要求溶剂凝固点的绝对平均误差小于±0.003℃。

5. 溶液凝固点的测定

取出凝固点管，使管中的环己烷熔化。自凝固点的支管加入事先压成片状、并已精确称量的萘（所加的量约使溶液的凝固点降低 0.5℃）。测定溶液凝固点的方法与纯溶剂相同，先测近似凝固点，再精确测定。但溶液的凝固点是取过冷后温度回升所达到的最高温度。重复测定三次，要求其绝对平均误差小于±0.003℃。

**【数据处理】**

1. 用 $\rho_t/\text{g}\cdot\text{mL}^{-1}=0.7971-0.8879\times10^{-3}t/℃$ 计算室温 $t$ 时环己烷密度，然后算出所取的环己烷的质量 $m_A$。

2. 由测定的纯溶剂、溶液凝固点 $T_f^*$、$T_f$，计算萘的摩尔质量，并判断萘在环己烷中的存在形式。

**【注意事项】**

1. 严格而论，由于测量仪器的精密度限制，被测溶液的浓度并非符合假定的要求，此时所测得的溶质摩尔质量将随溶液浓度的不同而变化。为了获得比较准确的摩尔质量数据，常用外推法，即以所测的摩尔质量为纵坐标，以溶液浓度为横坐标，外推至溶液浓度为零时，从而得到比较准确的摩尔质量数值。

2. 市售的分析纯环己烷一般会吸收空气中的水蒸气，并含有微量的杂质，因此实验前需用高效精馏柱蒸馏精制，并用 5A 分子筛进行干燥。否则会使纯溶剂凝固点测量值偏低。而且，高温高湿季节不宜安排本实验，因水蒸气容易进入测量系统，影响测量结果。

3. 本实验测量的成败关键是控制过冷程度和搅拌速度。理论上，在等压条件下，纯溶剂系统只要两相平衡共存就可达到平衡温度。但实际上，只有固相充分分散到液相中，也就是固液两相的接触面相当大时，平衡才能达到。如凝固点管置于空气套管中，温度不断降低达到凝固点后，由于固相是逐渐析出的，此时若凝固热放出速度小于冷却所吸收的热量，则系统温度将继续不断降低，产生过冷现象。这时应控制过冷程度，采取突然搅拌的方式，使骤然析出的大量微小结晶得以保证两相的充分接触，从而测得固液两相共存的平衡温度。为判断过冷程度，本实验先测近似凝固点；为使过冷状况下大量微晶析出，本实验规定了搅拌方式。对于二组分的溶液系统，由于凝固的溶剂量多少将会直接影响溶液的浓度，因此控制过冷程度和确定搅拌速度就更为重要。

**【思考题】**

1. 在冷却过程中，凝固点管内液体有哪些热交换存在？它们对凝固点的测定有何影响？

2. 当溶质在溶液中有解离、缔合、溶剂化和形成配合物时，测定的结果有何意义？

3．加入溶剂中的溶质量应如何确定？加入量过多或过少将会有何影响？

4．估算实验测量结果的误差，说明影响测量结果的主要因素。

# 实验 4　双液系气-液平衡相图

【实验目的】

1．绘制在 $p^{\ominus}$ 下环己烷-乙醇双液系的气-液平衡相图，了解相图和相律的基本概念；

2．掌握测定二组分液体的沸点及正常沸点的方法；

3．掌握用折射率确定二元液体组成的方法。

【实验原理】

1．气-液平衡相图

两种液态物质混合而成的二组分系统称为双液系。两个组分若能按任意比例互相溶解，称完全互溶双液系；若只能在一定比例范围内溶解，称为部分互溶双液系。环己烷-乙醇二元系统就是完全互溶双液系。

液体的沸点是指液体的蒸气压与外界压力相等时的温度。在一定外压下，纯液体的沸点有其确定值。但双液系的沸点不仅与外压有关，而且还与两种液体的相对含量有关。

双液系在蒸馏时的另一特点是：在一般情况下，双液系蒸馏时的气相组成和液相组成并不相同。通常用几何作图的方法将双液系的沸点对其气相和液相的组成作图，所得的图形叫双液系沸点($T$)-组成($x$)图，即 $T$-$x$ 相图。它表明了在沸点时的液相组成和与之平衡的气相组成之间的关系。

双液系的 $T$-$x$ 相图有三种情况。

① 理想溶液的 $T$-$x$ 相图 ［见图 2-4-1(a)］，它表示混合溶液的沸点介于 A、B 二纯组分沸点之间。这类双液系可用分馏法从溶液中分离出两个纯组分。

② 有最低恒沸点系统的 $T$-$x$ 相图 ［见图 2-4-1(b)］和有最高恒沸点的 $T$-$x$ 相图 ［见图 2-4-1(c)］。

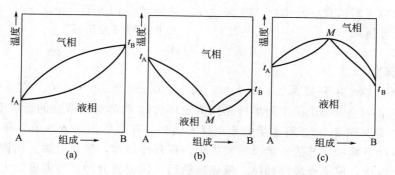

图 2-4-1　双液系的 $T$-$x$ 相图

这类系统的 $T$-$x$ 相图上有一个最低点和一个最高点，在此点相互平衡的液相和气相具有相同的组成，分别叫最低恒沸组成和最高恒沸组成，相应的最低点和最高点分别叫最低恒沸点和最高恒沸点。对于这类双液系，用分馏的方法不能从溶液中分离出两个纯组分，只能得到一纯组分和一个恒沸混合物。

本实验选择一个具有最低恒沸点的环己烷-乙醇系统，在 100kPa 下测定一系列不同组成的混合溶液的沸点和在沸点时呈平衡的气液两相的组成，绘制 $T$-$x$ 相图，并从相图中确定恒沸点的温度和组成。

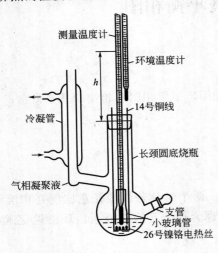

图 2-4-2　沸点测定仪

压力不同时，双液系的相图将有差异。本实验要求将外压校正到标准压力。

2. 沸点测定仪

各种沸点仪的具体构造虽各有特点，但其设计思想则都集中于如何正确测定沸点、便于取样分析、防止过热及避免分馏等方面。本实验所用沸点仪如图 2-4-2 所示。这是一只带回流冷凝管的长颈圆底烧瓶。冷凝管底部有一半球形小室，用于收集冷凝下来的气相样品。电流经变压器和粗导线通过浸入溶液中的电热丝。这样既可减少溶液沸腾时的过热现象，还能防止暴沸。小玻璃管有利于降低周围环境对温度计读数可能造成的波动。

3. 组成分析

本实验选用的环己烷和乙醇，两者折射率相差颇大，而折射率测定又只需要少量的样品，所以，可用折射率-组成工作曲线来测得平衡系统的两相组成。阿贝（Abbe）折光仪的原理及使用方法详见本书 3.4.4 节。

**【仪器及试剂】**

| | |
|---|---|
| 沸点测定仪 | 1 套 |
| 玻璃水银温度计（50～100℃，分度值 0.1℃） | 1 支 |
| 玻璃水银温度计（0～100℃，分度值 1℃） | 1 支 |

| | | | |
|---|---|---|---|
| 调压变压器（0.5kV·A） | 1 台 | 阿贝折光仪（棱镜恒温） | 1 台 |
| 超级恒温水浴 | 1 台 | 玻璃漏斗（直径 5cm） | 1 只 |
| 称量瓶（高型） | 10 只 | 长滴管 | 10 支 |
| 带玻璃磨口塞的试管（5mL） | 4 支 | 烧杯（50mL、250mL） | 各 1 只 |
| 环己烷（分析纯） | | 无水乙醇（分析纯） | |
| 重蒸馏水 | | 冰 | |

**【实验步骤】**

1. 配制环己烷摩尔分数为 0.10、0.20、0.30、0.40、0.50、0.60、0.70、0.80 和 0.90 的环己烷-乙醇溶液各 10mL。用阿贝折光仪测定环己烷-乙醇标准溶液的折射率。

2. 实验装置见图 2-4-2。将干燥的沸点仪安装好。在烧瓶内加入 30mL 环己烷和几粒沸石，并使温度计下部水银球的一半没在液体中。打开冷却水，接通电源。用调压变压器由零开始逐渐加大电压，使溶液缓慢加热。液体沸腾后，回流数分钟。待温度恒定时记下沸腾温度，即为环己烷的沸点。停止加热。

3. 蒸馏烧瓶中再加入 0.8mL 乙醇，加热至沸，回流数分钟。待温度恒定时记下沸腾温度，停止加热。冷却后，用一支移液管取出少许气相冷凝液，测其折射率。用另一支移液管

图中标注：测量温度计、环境温度计、$h$、冷凝管、14号铜线、长颈圆底烧瓶、气相凝聚液、支管、小玻璃管、26号镍铬电热丝

取出少许液相样品，测其折射率。

4．依次再加入 1.8mL、10.4mL 乙醇，分别测定它们的沸点和气、液两相的折射率。方法同 3。

5．将蒸馏烧瓶中的溶液倒入回收瓶，用乙醇清洗后，加入 30mL 乙醇和几粒沸石，以后依次加入 3.4mL、10mL、20mL 环己烷，依前述方法测乙醇沸点及气、液两相的折射率。

【数据处理】

1．将实验数据列表

将实验数据列表，分别见表 2-4-1 和表 2-4-2。

　　　　　　　　室温：　　　　　　　　　　　大气压：

记录 1

**表 2-4-1　环己烷-乙醇溶液的折射率**

| 环己烷的质量分数 | 0 | 0.10 | 0.20 | 0.30 | 0.40 | 0.50 | 0.60 | 0.70 | 0.80 | 0.90 | 1.00 |
|---|---|---|---|---|---|---|---|---|---|---|---|
| 折射率 | | | | | | | | | | | |

记录 2

**表 2-4-2　不同组成的环己烷-乙醇溶液的折射率**

| 溶液的大约组成 | 沸点/℃ | 折射率 | | | | | | | | 组成 | |
|---|---|---|---|---|---|---|---|---|---|---|---|
| | | 气相 | | | | 液相 | | | | 气相 | 液相 |
| | | 1 | 2 | 3 | 平均 | 1 | 2 | 2 | 平均 | | |
| | | | | | | | | | | | |

2．绘制的折射率-组成工作曲线

根据实验数据绘制环己烷-乙醇溶液的折射率与组成之间的工作曲线。

3．绘制环己烷-乙醇系统的温度-组成相图

未知溶液的组成按折光仪工作温度，从对应的折射率-组成工作曲线上查得。将乙醇-环己烷以及系列溶液的沸点和气、液两相组成列表并绘制环己烷-乙醇的温度-组成相图；从图 2-4-3 上可知正确定的最低恒沸点和恒沸物组成。

4．文献值

（1）环己烷-乙醇系统的温度-组成相图和折射率-组成工作曲线见图 2-4-3 和图 2-4-4。

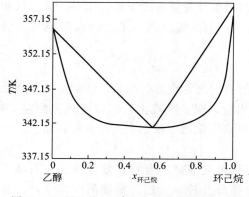

图 2-4-3　环己烷-乙醇系统的温度-组成相图

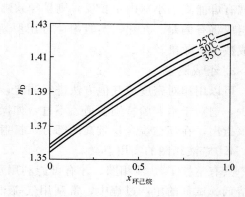

2-4-4　环己烷-乙醇系统的折射率-组成工作曲线

（2）标准压力下的恒沸点数据（见表 2-4-3）

**表 2-4-3　标准压力下环己烷-乙醇系统相图的恒沸点数据**

| 沸点/℃ | 乙醇的质量分数/% | $x_{环己烷}$ |
|---|---|---|
| 64.9 | 40 | — |
| 64.8 | 29.2 | 0.570 |
| 64.8 | 31.4 | 0.545 |
| 64.9 | 30.5 | 0.555 |

（3）环己烷-乙醇系统的折射率-组成关系（见表 2-4-4）

**表 2-4-4　25℃时环己烷-乙醇系统的折射率-组成关系**

| $x_{乙醇}$ | $x_{环己烷}$ | $n_D^{25}$ |
|---|---|---|
| 1.00 | 0.0 | 1.35935 |
| 0.8992 | 0.1008 | 1.36867 |
| 0.7948 | 0.2052 | 1.37766 |
| 0.7089 | 0.2911 | 1.38412 |
| 0.5941 | 0.4059 | 1.39216 |
| 0.4983 | 0.5017 | 1.39836 |
| 0.4016 | 0.5984 | 1.40342 |
| 0.2987 | 0.7013 | 1.40890 |
| 0.2050 | 0.7950 | 1.41356 |
| 0.1030 | 0.8970 | 1.41855 |
| 0.00 | 1.00 | 1.42338 |

**【注意事项】**

1. 被测系统的选择

本实验所选系统，沸点范围较为合适。由图 2-4-3 可见，该系统与拉乌尔定律比较存在严重正偏差。作为有最小值的 $T$-$x$ 相图，该系统有一定的典型意义。但相图的液相线较为平坦，在有限的学时内不可能将整个相图精确绘出。有些教学实验选用苯-乙醇系统，尽管其液相线有较佳极值，考虑到苯的毒性，未予选用。

2. 沸点测定仪

仪器的设计必须方便于沸点和气、液两相组成的测定。蒸气冷凝部分的设计是关键之一。若收集冷凝液的凹形半球容积过大，在客观上即造成溶液的分馏；而过小则会因取样量太少而给测定带来一定困难。连接冷凝管和圆底烧瓶之间的软管过短或位置过低，沸腾的液体就有可能溅入小球内；相反，则易导致沸点较高的组分先被冷凝下来，这样一来，气相样品组成将有偏差。在化工实验中，可用罗斯（Rose）平衡釜测得平衡时的温度及气、液相组成数据，效果较好。

3. 组成测定

可以用相对密度或其他方法进行测定，但折射率的测定快速、简单，特别是所需样品量较少，这对于本实验特别合适。不过，如操作不当时，误差比较大。通常需重复测定三次。应该指出，在环己烷含量较高的部分，折射率随组成的变化率较小，实验误差将略大。

4. 气-液相图的实用意义

只有掌握了气-液相图，才有可能利用蒸馏方法来使液体混合物有效分离。在石油工业和溶剂、试剂的生产过程中，常利用气-液相图来指导并控制分馏、精馏的操作条件。在一定压力下的恒沸物其组成恒定，利用恒沸点盐酸可以配制容量分析用的标准酸溶液。

【思考题】

1. 在测定沸点时，溶液过热或出现分馏现象，将使绘出的相图图形发生什么变化？

2. 为什么工业上常生产 95% 乙醇？只用精馏处理含水乙醇是否可能获得无水乙醇？

# 实验5　纯液体饱和蒸气压的测定

【实验目的】

1. 明确纯液体饱和蒸气压的定义和气液两相平衡的概念，深入了解纯液体饱和蒸气压和温度的关系——克劳修斯-克拉贝龙方程式；

2. 用等压计测定不同温度下环己烷（或正己烷）的饱和蒸气压。初步掌握真空实验技术；

3. 学会用图解法求被测液体在实验温度范围内的平均摩尔汽化热与正常沸点。

【实验原理】

在一定温度下，与纯液体处于平衡状态时的蒸气压力，称为该温度下的饱和蒸气压。这里的平衡状态是指动态平衡。在某一温度下，被测液体处于密闭真空容器中，液体分子从表面逃逸成蒸气，同时蒸气分子因碰撞而凝结成液相，当两者的速率相等时，就达到了动态平衡，此时气相中的蒸气密度不再改变，因而具有一定的饱和蒸气压。

纯液体的蒸气压是随温度变化而改变的，它们之间的关系可用克劳修斯-克拉贝龙（Clausius-Clapeyron）方程式来表示：

$$\frac{\mathrm{d}\ln p^*}{\mathrm{d}T} = \frac{\Delta_\mathrm{v}H_\mathrm{m}}{RT^2} \qquad (2\text{-}5\text{-}1)$$

式中，$p^*$ 为纯液体温度为 $T$ 时的饱和蒸气压；$T$ 为热力学温度；$\Delta_\mathrm{v}H_\mathrm{m}$ 为液体摩尔汽化热；$R$ 为气体常数。如果温度变化的范围不大，$\Delta_\mathrm{v}H_\mathrm{m}$ 视为常数，可当作平均摩尔汽化热。将式（2-5-1）积分得

$$\ln p^* = -\frac{\Delta_\mathrm{v}H_\mathrm{m}}{RT} + C \qquad (2\text{-}5\text{-}2)$$

式中，$C$ 为积分常数，此数与压力 $p^*$ 的单位有关。

由式（2-5-2）可知，在一定温度范围内，测定不同温度下的饱和蒸气压，以 $\ln p^*$ 对 $1/T$ 作图，可得一直线。由该直线的斜率可求得实验温度范围内液体的平均摩尔汽化热 $\Delta_\mathrm{v}\overline{H}_\mathrm{m}$。当外压为 101.325kPa 时，液体的蒸气压与外压相等时的温度称为该液体的正常沸点。从图中也可求得其正常沸点。

测定饱和蒸气压常用的方法有动态法、静态法和饱和气流法等。本实验采用静态法，即将被测物质放在一个密闭的系统中，在不同温度下直接测量其饱和蒸气压，在不同外压下测量相应的沸点。此法适用于蒸气压比较大的液体。

【仪器及试剂】

| | | | |
|---|---|---|---|
| 蒸气压测定装置 | 1套 | 抽气泵气压计 | 1台 |
| 气压计 | 1支 | 电加热器（300W） | 1只 |

温度计（分度值 0.1℃及 1℃）　　各 1 支　　　精密真空表（0.25 级）　1 只

磁力搅拌器　　　　　　　　　　　1 台　　　　正己烷（分析纯）

　　　　　　　　　　　　　　　　　　　　　　环己烷（分析纯）

**【实验步骤】**

1. 仪器装置

实验装置如图 2-5-1 所示。

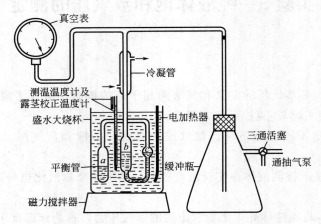

图 2-5-1　纯液体饱和蒸气压测定装置示意

　　所有接口必须严密封闭。平衡管由三根连通的玻璃管 $a$、$b$ 和 $c$ 组成，$a$ 管中储存被测液体，$b$ 和 $c$ 管中也有液体在底部相连。当 $a$、$c$ 管的上部纯粹是待测液体的蒸气，$b$ 与 $c$ 管中的液面在同一水平时，则表示在 $c$ 管液面上的蒸气压与加在 $b$ 管液面上的外压相等。此时液体的温度即为系统的气液平衡温度，亦即沸点。

　　平衡管中的液体可用下两方法装入：先将平衡管取下洗净，烘干，然后烤烘（可用煤气灯）$a$ 管，赶走管内空气，速将液体自 $b$ 管的管口灌入，冷却 $a$ 管，液体即被吸入。反复二、三次，使液体灌至 $a$ 管高度的 2/3 为宜，然后接在装置上。

2. 系统检漏

　　缓慢旋转三通活塞，使系统通大气。开启冷却水，接通电源，使抽气泵正常运转 4～5min 再关闭活塞。使系统减压（注意：旋转活塞必须用力均匀，缓慢，同时注视真空表）至余压大约为 $1×10^4$ Pa 后关闭活塞。如果在数分钟内真空表示值基本不变，表明系统不漏气。若系统漏气则应分段检查，直至不漏气为止，才可进行下一步实验。

3. 测定不同温度下液体的饱和蒸气压

　　转动三通活塞使系统与大气相通。开动搅拌器，并将水浴加热。随着温度逐渐上升，平衡管中有气泡逸出。继续加热至正常沸点之上大约 5℃。保持此温度数分钟，以便将平衡管中的空气赶净。

　　（1）测定大气压力下的沸点　测定前需正确读取大气压数据。有关气压计的使用及校正方法见本书 3.3.3 节。

　　系统空气被赶净后，停止加热。让温度缓慢下降，$c$ 管中的气泡将逐渐减少直至消失。$c$ 管液面开始上升而 $b$ 管液面下降。严密注视两管液面，一旦两液面处于同一水平时，记下此时的温度。细心而快速地转动三通活塞，使系统与泵略微连通。既要防止空气倒灌，也应避免系统突然减压。

重复测定三次。结果应在测量允许的误差范围内。

（2）测定不同温度下纯液体的饱和蒸气压　在大气压力下测定沸点之后，旋转三通活塞，使系统慢慢减压。减至压差约为 $4×10^3$ Pa（或约为 30mmHg），平衡管内液体又明显汽化，有气泡不断逸出。注意勿使液体沸腾。随着温度下降，气泡再次减少直至消失。同样等 $b$、$c$ 两管液面相平时，记下温度和真空表读数。再次转动三通活塞，缓慢减压。减压幅度同前，直至烧杯内水浴温度下降至 50℃ 左右。停止实验，再次读取大气压力。

**【数据处理】**

1. 设计实验数据记录表，正确记录全套原始数据并填入演算结果。数据记录的参考格式如下：

室温_____ K　　　　大气压_____ kPa

| 沸点/K | 辅助温度计读数/K | 校正后沸点/K | 压力差/Pa | 蒸气压/Pa | $\ln p$ | $\frac{1}{T}$/$K^{-1}$ |
|---|---|---|---|---|---|---|
|  |  |  |  |  |  |  |

2. 温度的正确测量是本实验的关键之一。温度计必须作露茎校正，详见本书 3.1.1.2 节。

3. 蒸气压 $p^*$ 对温度 $T$ 作图。

4. 由 $p^*$-$T$ 曲线均匀读取 10 个点，列出相应数据表，然后绘出 $\ln p^*$ 对 $1/T$ 的直线图，由直线斜率计算出被测液体在实验温度区间内的平均摩尔汽化热。

5. 由曲线求得样品的正常沸点，并与文献值比较。

**【注意事项】**

1. 测定前，必须将平衡管 $a$、$b$ 段的空气驱赶净。在常压下利用水浴加热被测液体，使其温度控制在高于该液体正常沸点 3～5℃，持续约 5min。让其自然冷却，读取大气压下的沸点。再次加热并进行测定。如果数据偏差在正常误差范围内，可认为空气已被赶净。注意切勿过分加热，否则蒸气来不及冷凝就进入抽气泵，或者会因冷凝在凸管中的液体过多，而影响下一步实验。

2. 冷却速度不宜太快，一般控制在每分钟下降 0.5℃ 左右。如果冷却太快，测得的温度将偏离平衡温度。因为被测气体内外以及水银温度计本身都存在着温度滞后效应。

3. 整个实验过程中，要严防空气倒灌，否则，实验要重做。为了防止空气倒灌，在每次读取平衡温度和平衡压力数据后，应立即加热同时缓慢减压。

4. 在停止实验时，应缓慢地先将三通活塞打开，使系统通大气，再使抽气泵通大气（防止泵中的油倒灌），然后切断电源，最后关闭冷却水，使实验装置复原。为使系统通入大气或使系统减压以缓慢速度进行，可将三通活塞通大气的管子拉成尖口，如图 2-5-2 所示。

**【思考题】**

1. 压力和温度的测量都有随机误差，试导出 $\Delta_v\overline{H}_m$ 的误差传递表达式。

2. 用此装置，可以很方便地研究各种液体，如苯、二氯乙烯、四氯化碳、水、正丙醇、异丙醇、丙酮和乙醇等，这些液体中很多是易燃的，在加热时应该注意什么问题？

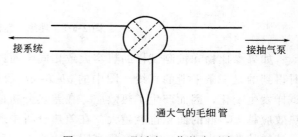

图 2-5-2　三通活塞工作状态示意

# 实验 6　差热分析

**【实验目的】**

1. 用差热分析仪对 $CuSO_4 \cdot 5H_2O$ 进行差热分析，并定性解释所得的差热谱图；
2. 掌握差热分析原理，了解差热分析仪的构造，学会操作技术；
3. 学会热电偶的制作，掌握绘制步冷曲线的实验方法。

**【实验原理】**

1. 差热分析

许多物质在加热或冷却过程中会发生熔化、凝固、晶型转变、分解、化合、吸附、脱附等物理化学变化。这些变化必将伴随有系统焓的改变，因而产生热效应。其表现为该物质与外界环境之间有温度差。选择一种对热稳定的物质作为参比物，将其与样品一起置于可按设定速率升温的电炉中，分别记录参比物的温度以及样品与参比物间的温度差。以温差对温度作图就可得到一条差热分析曲线，或称差热谱图。可以说，差热分析就是在程序控温条件下测定被测物质与参比物之间温度差对温度关系的一种技术。从差热曲线可以获得有关热力学和热动力学方面的信息。结合其他测试手段，还有可能对物质的组成、结构或产生反应热的变化过程的机理进行深入研究。

有些差热分析测定采用双笔记录仪分别记录温差和温度，而以时间作为横坐标。这样就得到 $\Delta T\text{-}t$ 和 $T\text{-}t$ 两条曲线。图 2-6-1 为理想条件下的差热分析曲线。显然，通过温度曲线可以很容易地确定差热分析曲线上各点的对应温度值。

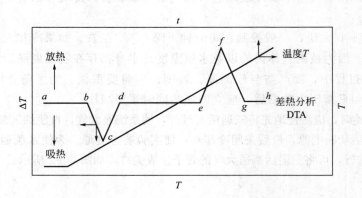

图 2-6-1　理想的差热分析曲线

如果参比物和被测试样的热容大致相同，而试样又无热效应，两者的温度基本相同，此时得到的是一条平滑的直线。图中的 *ab-de-gh* 段就表示这种状态，该直线称为基线。一旦试样发生变化，因而产生了热效应，在差热分析曲线上就会有峰出现，如 *bcd* 或 *efg* 即是。热效应越大，峰的面积也就越大。在差热分析中通常还规定，峰顶向上的峰为放热峰，它表示试样的焓变小于零，其温度将高于参比物。相反，峰顶向下的峰为吸热峰，则表示试样的温度低于参比物。

2．影响差热分析曲线的若干因素

一个热效应所对应的峰位置和方向反映了物质变化的本质；其宽度、高度和对称性，除与测定条件有关外，往往还取决于样品变化过程的各种动力学因素。实际上，一个峰的确切位置还受变温速率、样品量、粒度大小等因素影响。实验表明，峰的外推起始温度 $T_e$ 比峰顶温度 $T_p$ 所受影响要小得多，同时，它与其他方法求得的反应起始温度也较一致。因此，国际热分析会议决定，以 $T_e$ 作为反应的起始温度，并可用于表征某一特定物质。$T_e$ 的确定方法如图 2-6-2 所示。

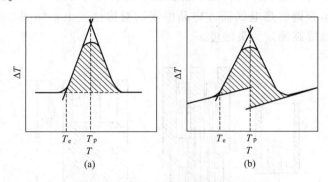

图 2-6-2　差热峰位置和面积的确定

图 2-6-2 中（a）为正常情况下测得的曲线，其 $T_e$ 由两曲线的外延交点确定，峰面积为基线以上的阴影部分。然而，由于样品与参比物以及中间产物的物理性质不尽相同，再加上样品在测定过程中可能发生的体积改变等，就往往使得基线发生漂移，甚至一个峰的前后基线也不在一条直线上。在这种情况下，$T_e$ 的确定需较细心，而峰面积可参照图（b）方法计算。

在完全相同的条件下，大部分物质的差热分析曲线具有特征性，因此就有可能通过与已知物谱图的比较来对样品进行鉴别。通常，在谱图上都要详尽标明实验操作条件。除特殊情况外，绝大部分差热分析曲线指的都是按程序控制升温方式测定的。至于具体实验条件的选择，一般可从以下几方面加以考虑。

（1）参比物是测量的基准　在整个测定温度范围内，参比物应保持良好的热稳定性，它自身不会因受热而产生任何热效应。另一方面，要得到平滑的基线，选用参比物的热容、导热率、粒度、装填疏密程度应尽可能与试样相近。常用的参比物有 $\alpha\text{-}Al_2O_3$、煅烧过的 MgO、石英砂或镍等。为了确保其对热稳定，使用前应先经较高温灼烧。

（2）升温速率对测定结果的影响十分明显　一般来说，速率过高时，基线漂移较明显，峰形比较尖锐，但分辨率较差，峰的位置会向高温方向偏移。通常升温速率为 $2\sim 20\ ℃\cdot min^{-1}$。

（3）差热分析结果也与样品所处气氛和压力有关　例如，碳酸钙、氧化银的分解温度分别受气氛中二氧化碳和氧气分压的影响；液体或溶液的沸点或泡点更是直接与外界压力有关；某些样品或其热分解产物还可能与周围的气体进行反应。因此，应根据情况选择适当的气氛和压力。常用的气氛为空气、氮气或是将系统抽真空。

（4）样品的预处理及用量　一般非金属固体样品均应经过研磨，使成为 200 目左右的微细颗粒。这样可以减少死空间、改善导热条件。但过度研磨将有可能破坏晶体的晶格。样品用量与仪器灵敏度有关，过多的样品必然存在温度梯度，从而使峰形变宽，甚至导致相邻峰互相重叠而无法分辨。如果样品量过少，或易烧结，可掺入一定量的参比物。

### 3. 样品保持器和加热电炉

样品保持器是仪器的关键部件，可用陶瓷或金属块制成。图 2-6-3 为较常见的样品保持器和样品坩埚剖面图。保持器的上端有两个相互平衡的粗孔，可以容纳坩埚，也可直接装上样品和参比物。底部的细孔与上端两个粗孔的中心位置相通，用于插入热电偶。如果在整个测量过程中，样品不与热电偶作用，也不会在热电偶上烧结熔融，可不必使用坩埚而直接将其装入粗孔中。本实验则将热电偶插入样品中间的对称位置上，如图 2-6-3（c）。热电偶直接与样品接触，可以提高测定的灵敏度。

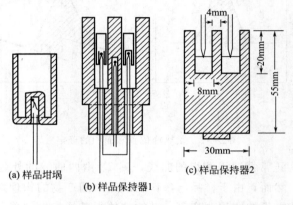

(a) 样品坩埚　　(b) 样品保持器1　　(c) 样品保持器2

图 2-6-3　样品坩埚及样品保持器剖面图

加热电炉要有较大的恒温区，通常采取立式装置。为便于更换样品，电炉可为升降式或为开启式结构。

### 4. 差热分析仪

差热分析仪原理示意如图 2-6-4 所示。取两支用同样材料制成的热电偶作为热端，分别插入样品和参比物中；再取一支同样的热电偶作为冷端，置于 0℃ 的冰水浴中。分别将三支热电偶中具有相同材料的线头连接在一起，另一种材料则分别接到记录仪的输入端。样品和参比物的热电偶按相反的极性串接。样品与参比物处在同一温度时，它们的热电势互相抵消，$\Delta T$ 记录笔得到一条平滑的基线。一旦样品发生变化，所产生的热效应将使样品自身温度偏离程序控制，这样两支热电偶的温差将产生温差热电势。至于参比物的温度则由另一记录笔记录，并用数字电压表显示。

其实际温度可从表 4-2-8 热电偶毫伏值与温度换算表查得。

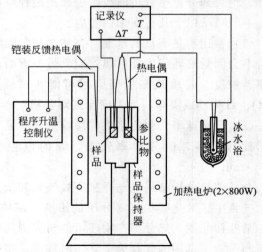

图 2-6-4　简单差热分析仪原理示意

**【仪器及试剂】**

| | | |
|---|---|---|
| 加热电炉 | 1 套 | 双孔绝缘小瓷管（孔径约 1mm） |
| 程序控温仪 | 1 台 | α-Al$_2$O$_3$（分析纯） |
| 双笔自动平衡记录仪 | 1 台 | CuSO$_4$·5H$_2$O（分析纯） |
| 沸点测定仪 | 1 套 | 铅（化学纯） |
| 镍铬-镍硅铠装热电偶（φ0.3mm） | 1 支 | 锡（化学纯） |
| 镍铬丝（φ0.5mm） | | 冰水浴 |
| 镍硅丝（φ0.5mm） | | |

**【实验步骤】**

1. 热电偶的制备和标定

（1）热电偶的制备方法　关于热电偶温度计的工作原理、种类与适用范围，可参阅本书 3.1.3.3 节。

热电偶的具体制作可参考以下步骤：取一段长约 60cm 的镍铬丝，用小瓷管穿好。在其两端大约 5mm 处分别与两段长各 50cm 的考铜丝紧密扭合在一起。把扭合的部分稍微加热立即蘸上少许硼砂粉。用小火加热，使硼砂熔化并形成玻璃态。然后放在电弧焰或其他高温焰上小心烧结至形成一个光滑的小珠（注意温度控制及操作安全）。将硼砂玻璃层除去并退火。为绝缘起见，使用时常将热电偶套在较细的硬质玻璃管中，管内再注入少量硅油，以改善导热性能。

（2）铅、锡凝固点的测定　将图 2-6-4 中的样品保持器用一个带宽肩的玻璃样品管替代。管中放入金属铅 100g 或金属锡 80g，并覆盖上一层石墨粉。将热电偶的一端确定为热端，将其置于硅油玻璃套管后插入带宽肩的样品管中。另一端如图插入冰水浴作为参考端。冷、热端的引出线接于记录温度 $T$ 的记录仪笔 2 输入端，量程置于 20mV，并校正好零点和满量程。控制炉温，使其比待测样品熔点高出 50℃ 左右，随即让加热炉缓慢冷却。冷却速度以 6～8℃·min$^{-1}$ 为宜，直至凝固点以下 50℃ 为止。记录纸上将完整地绘出温度随时间变化的全过程。冷却曲线的平台部分对应于样品的凝固点。

（3）水的沸点　沸点测定仪的构造和使用方法参见实验 4。将热电偶热端替代水银温度计插入气液两相汇合处，测定水的沸点。记录仪上将出现一条平滑直线，其热电势对应于水的沸点。

（4）水的凝固点　将热端与冷端同时置于 0℃ 的冰水浴中，在记录仪上同样将出现一直条线。这时的电势差为 0mV。

2. 差热分析曲线的绘制

（1）称取 CuSO$_4$·5H$_2$O 约 0.7g 和 α-Al$_2$O$_3$ 约 0.5g，混合均匀，装入样品保持器左侧孔中。右孔装入 1.2～1.4g 的 α-Al$_2$O$_3$，使参比物高度与样品高度大致相同。将热电偶洗净、烘干，直接插入样品和参比物中。注意两热电偶插入的位置和深度。按图 2-6-4 将仪器连接好。升温速率控制在 10℃·min$^{-1}$。最高温度可设定在 450℃。记录温度差的笔 1，量程为 2mV。打开电源，在记录仪上将出现温度和温差随时间变化的两条曲线。详细记录各测定条件。

（2）重复上述实验，加热电炉升温速率改为 5℃·min$^{-1}$。

（3）按操作规程关闭仪器。

**【数据处理】**

1. 绘制热电偶工作曲线。以铅、锡凝固点、水的沸点和冰点对其在记录纸上的相应读数作图，即得该热电偶的温度-读数工作曲线。

2. 试从原始记录纸上选取若干数据点，作出以 $\Delta T$ 对 $t$ 表示的差热分析曲线。

3. 指明样品脱水过程中出现热效应的次数，各峰的外推起始温度 $T_e$ 和峰顶温度 $T_p$。粗略估算各个峰的面积。从峰的重叠情况和 $T_e$、$T_p$ 数值讨论升温速率对差热分析曲线的影响。

4. 文献结果

(1) 图 2-6-5 为 $CuSO_4 \cdot 5H_2O$ 受热脱水过程的差热分析曲线。其实验操作条件如下：以 $\alpha\text{-}Al_2O_3$ 作为参比物，样品量 50mg，静态空气，升温速率为 $10\text{℃} \cdot min^{-1}$。

(2) 各个峰的温度，文献数据相差较大。有人报道，$CuSO_4 \cdot 5H_2O$ 样品在加热过程中，共有 7 个吸收峰，它们的外延起始温度及相应产物分别为：① 48℃，$CuSO_4 \cdot 3H_2O$；② 99℃，$CuSO_4 \cdot H_2O$；③ 218℃，$CuSO_4$；④ 685℃，$Cu_2OSO_4$；⑤ 753℃，$CuO$；⑥ 1032℃，$Cu_2O$；⑦ 1135℃，液体 $Cu_2O$。

(3) 工作曲线所需相变点温度见附录表 4-2-12。

【注意事项】

1. 差热分析已被广泛应用于材料的组成、结构和性能鉴定以及物质的热性质研究等方面。利用热能活化促使样品发生变化来对物质进行研究是热分析的特点之一。它可以在较宽的温度区间对一种物质进行快速的研究。尽管其实验条件与热力学平衡状态相去甚远，但在一定的操作条件下，它仍是一个有效而可靠的研究手段。热动力学方法的发展更为差热分析开辟了更加广阔的应用研究领域。差热分析技术较为简便，但在某些领域有被示差扫描量热法取代的趋势。

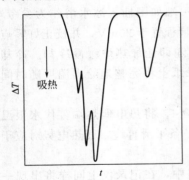

图 2-6-5　$CuSO_4 \cdot 5H_2O$
差热分析曲线

2. $CuSO_4 \cdot 5H_2O$ 的脱水过程具有典型意义，它包括了脱结晶水可能存在的各种特性：多步脱水；机理可能随实验条件而改变；可形成无定形的中间产物；原始样品和中间产物都可能有非化学比的组成。例如，存在着 5.07、5.00、4.88、3.02、2.98、1.01 等不同数目结晶水的化合物。

另一方面，$CuSO_4 \cdot 5H_2O$ 又有其特殊性，其脱水可分为三个步骤四个热效应。详见本书 3.6.3 节。

【思考题】

1. 试从物质的热容解释图 2-6-2(b)的基线漂移。

2. 根据无机化学知识和差热峰的面积讨论五个结晶水与 $CuSO_4$ 结合的可能形式。

# 实验 7　用分光光度法测定弱电解质的电离平衡常数

【实验目的】

1. 掌握一种测定弱电解质电离平衡常数的方法；

2．掌握分光光度计的测试原理和使用方法；

3．掌握 pH 计的原理和使用。

【实验原理】

根据朗伯-比耳（Lambert-Beer）定律，溶液对于单色光的吸收，遵循下列关系式：

$$A = \lg \frac{I_0}{I} = Klc \tag{2-7-1}$$

式中，$A$ 为吸光度；$I/I_0$ 为透光率；$K$ 为摩尔吸光系数，它是溶液的特性常数；$l$ 为被测溶液的厚度；$c$ 为溶液浓度。

在分光光度分析中，将每一种单色光分别依次地通过某一溶液，测定溶液对每一种光波的吸光度，以吸光度 $A$ 对波长 $\lambda$ 作图，就可以得到该物质的分光光度曲线，或吸收光谱曲线，如图 2-7-1 所示。由图可以看出，对应于某一波长有一个最大的吸收峰，用这一波长的入射光通过该溶液就有着最佳的灵敏度。

从式（2-7-1）可以看出。对于固定长度的吸收槽，在对应最大吸收峰的波长（$\lambda$）下测定不同浓度 $c$ 的吸光度，就可作出线性的 $A$-$c$ 线，这就是分光光度法的定量分析的基础。

以上讨论是对于单组分溶液的情况，对含有两种以上组分的溶液，情况就要复杂一些。

（1）若两种被测组分的吸收曲线彼此不相重合，这种情况很简单，就等于分别测定两种单组分溶液。

（2）若两种被测组分的吸收曲线相重合，且遵守朗伯-比耳定律，则可在两波长 $\lambda_1$ 及 $\lambda_2$ 时（$\lambda_1$、$\lambda_2$ 是两种组分单独存在时吸收曲线最大吸收峰波长）测定其总吸光度，然后换算成被测定物质的浓度。

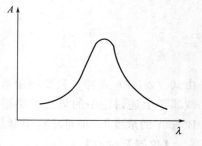

图 2-7-1　分光光度曲线

根据朗伯-比耳定律，假定吸收槽的长度一定，则

对于组分 A：　　　$A_\lambda^A = K_\lambda^A c_\lambda^A \tag{2-7-2a}$

对于组分 B：　　　$A_\lambda^B = K_\lambda^B c_\lambda^B \tag{2-7-2b}$

设 $A_{\lambda_1}^{A+B}$、$A_{\lambda_2}^{A+B}$ 分别代表 $\lambda_1$、$\lambda_2$ 时混合溶液的总吸光度，则

$$A_{\lambda_1}^{A+B} = A_{\lambda_1}^A + A_{\lambda_1}^B = K_{\lambda_1}^A c^A + K_{\lambda_1}^B c^B \tag{2-7-3}$$

$$A_{\lambda_2}^{A+B} = A_{\lambda_2}^A + A_{\lambda_2}^B = K_{\lambda_2}^A c^A + K_{\lambda_2}^B c^B \tag{2-7-4}$$

式中，$A_{\lambda_1}^A$、$A_{\lambda_1}^B$、$A_{\lambda_2}^A$、$A_{\lambda_2}^B$ 分别代表 $\lambda_1$ 及 $\lambda_2$ 时组分 A 和 B 的吸光度。由式（2-7-3）可得：

$$c^B = \frac{A_{\lambda_1}^{A+B} - K_{\lambda_1}^A c^A}{K_{\lambda_1}^B} \tag{2-7-5}$$

将式（2-7-5）代入式（2-7-4）得

$$c^A = \frac{K_{\lambda_1}^B A_{\lambda_2}^{A+B} - K_{\lambda_2}^B A_{\lambda_1}^{A+B}}{K_{\lambda_2}^A K_{\lambda_1}^B - K_{\lambda_2}^B K_{\lambda_1}^A} \tag{2-7-6}$$

这些不同的 $K$ 值均可由纯物质求得，也就是说，在纯物质的最大吸收峰的波长 $\lambda$ 时，测定吸光度 $A$ 和浓度 $c$ 的关系。如果在该波长处符合朗伯-比耳定律，那么 $A$-$c$ 为直线，直线的斜率为 $K$ 值，$A_{\lambda_1}^{A+B}$、$A_{\lambda_2}^{A+B}$ 是混合溶液在 $\lambda_1$、$\lambda_2$ 时测得的总吸光度，因此根据式（2-7-5）、式（2-7-6）即可计算混合溶液中组分 A 和组分 B 的浓度。

（3）若两种被测组分的吸收曲线相互重合，而又不遵守朗伯-比耳定律。

（4）混合溶液中含有未知组分的吸收曲线。

（3）与（4）两种情况，由于计算及处理比较复杂，此处不讨论。

本实验是用分光光度法测定弱电解质（甲基红）的电离平衡常数，由于甲基红本身带有颜色，而且在有机溶剂中电离度很小，所以用一般的化学分析法或其他物理化学方法进行测定都有困难，但用分光光度法可不必将其分离，且同时能测定两组分的浓度。甲基红在有机溶剂中形成下列平衡：

甲基橙的电离平衡常数为

$$K = \frac{c_{H^+} c_B}{c_A}$$

或

$$pK = pH - \lg \frac{c_B}{c_A} \tag{2-7-7}$$

由式（2-7-7）可知，只要测定溶液中：B 与 A 的浓度及溶液的 pH 值［由于本系统的吸收曲线属于上述讨论中的第二种类型，因此可用分光光度法通过式（2-7-5）和式（2-7-6）求出 B 与 A 的浓度］，即可求得甲基红的电离平衡常数。

**【仪器及试剂】**

| | | | |
|---|---|---|---|
| 752 型分光光度计 | 1 台 | pHS-3D 型酸度计 | 1 台 |
| 容量瓶（100mL） | 7 只 | 量筒（100mL） | 1 只 |
| 烧杯（100mL） | 4 只 | 移液管（25mL，胖肚） | 2 支 |
| 移液管（10mL，刻度） | 2 支 | 洗耳球 | 1 只 |
| 乙醇（95％，化学纯） | | 盐酸（0.1mol·L$^{-1}$） | |
| 盐酸（0.01mol·L$^{-1}$） | | 醋酸钠（0.01mol·L$^{-1}$） | |
| 醋酸钠（0.04mol·L$^{-1}$） | | 醋酸（0.02mol·L$^{-1}$） | |
| 甲基红（固体） | | | |

**【实验步骤】**

1. 溶液的制备

（1）甲基红溶液　将 1g 晶体甲基红加入 300mL 95％乙醇中，用蒸馏水稀释到 500mL。

（2）标准溶液　取 10mL 上述配好的溶液加入 50mL 95％乙醇中，用蒸馏水稀释到 100mL。

（3）溶液 A　将 10mL 标准溶液加入 10mL 0.1 mol·L$^{-1}$ HCl 中，用蒸馏水稀释至 100mL。

（4）溶液 B　将 10mL 标准溶液加 25mL 0.04mol·L$^{-1}$ CH$_3$COONa。用蒸馏水稀释至 100mL。

溶液 A 的 pH 值约为 2，甲基红以酸式存在。溶液 B 的 pH 值约为 8，甲基红以碱式存在。把溶液 A、溶液 B 和空白溶液（蒸馏水）分别放入三个洁净的比色槽内。

2. 测定溶液吸光度

（1）用 752 型分光光度计测定溶液 A 和溶液 B 的吸光度，求出最大吸收峰的波长。波长从 360nm 开始，每隔 20nm 测定一次（每改变一次波长，都要先用空白溶液校正），直至 620nm 为止。由所得的吸光度 $A$ 与 $\lambda$ 绘制 $A$-$\lambda$ 曲线，从而求得溶液 A 和溶液 B 的最大吸收峰波长 $\lambda_1$ 和 $\lambda_2$。

（2）求 $K_{\lambda_1}^{A}$、$K_{\lambda_2}^{A}$、$K_{\lambda_1}^{B}$、$K_{\lambda_2}^{B}$  将溶液 A 用 $0.01 mol \cdot L^{-1}$ HCl 稀释至开始浓度的 0.75 倍、0.50 倍、0.25 倍。溶液 B 用 $0.01 mol \cdot L^{-1}$ $CH_3COONa$ 稀释至开始浓度的 0.75 倍、0.50 倍、0.25 倍。并在溶液 A、溶液 B 的最大吸收峰波长 $\lambda_1$、$\lambda_2$ 处测定上述各溶液的吸光度。如果在 $\lambda_1$、$\lambda_2$ 处上述溶液符合朗伯-比耳定律，则可得到四条 $A$-$c$ 直线，由此可求出 $K_{\lambda_1}^{A}$、$K_{\lambda_2}^{A}$、$K_{\lambda_1}^{B}$、$K_{\lambda_2}^{B}$。

3. 测定混合溶液的总吸光度及其 pH 值

（1）配制四个混合液

① 10mL 标准液＋25mL $0.04 mol \cdot L^{-1}$ $CH_3COONa$＋50mL $0.02 mol \cdot L^{-1}$ $CH_3COOH$，加蒸馏水稀释至 100mL。

② 10mL 标准液＋25mL $0.04 mol \cdot L^{-1}$ $CH_3COONa$＋25mL $0.02 mol \cdot L^{-1}$ $CH_3COOH$，加蒸馏水稀释至 100mL。

③ 10mL 标准液＋25mL $0.04 mol \cdot L^{-1}$ $CH_3COONa$＋10mL $0.02 mol \cdot L^{-1}$ $CH_3COOH$，加蒸馏水稀释至 100mL。

④ 10mL 标准液＋25mL $0.04 mol \cdot L^{-1}$ $CH_3COONa$＋5mL $0.02 mol \cdot L^{-1}$ $CH_3COOH$，加蒸馏水稀释至 100mL。

（2）用 $\lambda_1$、$\lambda_2$ 的波长测定上述四个溶液的总吸光度。

（3）测定上述四个溶液的 pH 值。

【数据处理】

1. 测定溶液 A、溶液 B 的吸光度，并绘制吸收曲线，并由曲线求出最大吸收峰的波长 $\lambda_1$、$\lambda_2$。

2. 将 $\lambda_1$、$\lambda_2$ 时溶液 A、溶液 B 分别测得的浓度与吸光度值作图，得四条 $A$-$c$ 直线。求出四个摩尔吸光系数 $K_{\lambda_1}^{A}$、$K_{\lambda_2}^{A}$、$K_{\lambda_1}^{B}$、$K_{\lambda_2}^{B}$。

3. 由混合溶液的总吸光度，根据式（2-7-5）和式（2-7-6），求出混合溶液中 A、B 的浓度。

4. 求出各混合溶液中甲基红的电离常数。

【注意事项】

1. 使用 752 型分光光度计时，电源部分需加一稳压电源，以保证测定数据稳定。

2. 使用 752 型分光光度计时，为了延长光电管的寿命，在不进行测定时，应将暗室盖子打开。仪器连续使用时间不应超过 2h，如使用时间长，则中途需间歇 0.5h 再使用。

3. 比色皿经过校正后，不能随意与另一套比色皿个别的交换，需经过校正后才能更换，否则将引入误差。

4. pH 计应在接通电源 20～30min 后进行测定。

5. 本实验 pH 计使用的复合电极，在使用前复合电极需在 3mol·$L^{-1}$ KCl 溶液中浸泡一昼夜。复合电极玻璃电极的玻璃很薄，容易破碎，切不可与任何硬东西相碰。

【思考题】

1. 制备溶液时，所用的 HCl、$CH_3COOH$、$CH_3COONa$ 溶液各起什么作用？

2. 用分光光度法进行测定时，为什么要用空白溶液校正零点？理论上应该用什么溶液校正？在本实验中用的什么？为什么？

# 实验 8　气相色谱法测定无限稀释溶液的活度系数

【实验目的】

1. 用色谱法测定苯和环己烷在邻苯二甲酸二壬酯中的无限稀释溶液活度系数和溶解热；

2. 了解色谱方法及其运用。

【实验原理】

实验所用色谱柱的固定相为邻苯二甲酸二壬酯（液相）。样品苯或环己烷进样后在气化室中气化，并与载气混合成为气相（气-液色谱原理见本书 3.7 节）。

设样品的保留时间为 $t_R$（从进样到样品峰顶的时间），死时间为 $t_M$（惰性气体从进样到峰顶的时间），则样品的校正保留时间 $t'_R$ 为：

$$t'_R = t_R - t_M \tag{2-8-1}$$

样品的校正保留体积：

$$V'_R = t'_R F_c \tag{2-8-2}$$

式中，$F_c$ 为载气平均流速。

样品保留体积 $V'_R$ 与液相体积 $V_1$ 的关系是

$$V_1 c_i^l = V'_R c_i^g \tag{2-8-3}$$

式中，$c_i^l$ 为样品 $i$ 在液相中的浓度；$c_i^g$ 为样品 $i$ 在气相中的浓度。

设气相符合理想气体，则

$$c_i^g = \frac{p_i}{RT_c} \tag{2-8-4}$$

而且

$$c_i^l = \frac{\rho x_i}{M_1} \tag{2-8-5}$$

式中，$p_i$ 为样品 $i$ 的分压；$\rho$ 为纯液体的密度；$M_1$ 为纯液体的摩尔质量；$x_i$ 为样品 $i$ 的摩尔分数；$T_c$ 为柱温。

当气液两相达平衡时，有

$$p_i = p_i^* \gamma_i x_i \tag{2-8-6}$$

式中，$p_i^*$ 为样品 $i$ 的饱和蒸气压；$\gamma_i$ 为样品 $i$ 的活度系数。将式（2-8-4）～式（2-8-6）代入式（2-8-3），得：

$$V'_R = \frac{V_1 \rho R T_c}{M_1 p_i^* \gamma_i} = \frac{m_1 R T_c}{M_l p_i^* \gamma_i} \tag{2-8-7}$$

由式（2-8-7）变为

$$\gamma_i = \frac{m_1 R T_c}{M_1 p^*_i V'_R} = \frac{m_1 R T_c}{M_1 p^*_i t'_R \overline{F_c}} \qquad (2\text{-}8\text{-}8)$$

式中，$\overline{F_c}$ 为校正流量：

$$\overline{F_c} = \frac{3}{2}\left[\frac{(p_b/p_0)^2 - 1}{(p_b/p_0)^3 - 1}\right]\left[\frac{p_0 - p_w}{p_0} \times \frac{T_c}{T_a} \times F_c\right] \qquad (2\text{-}8\text{-}9)$$

由式（2-8-8）和式（2-8-9）可知，欲求样品 $i$ 的活度系数 $\gamma_i$，需测定下列参数：

$M_1$——液相的摩尔质量（查手册）；　　　　$p^*_i$——样品 $i$ 在柱温下的饱和蒸气压（查手册）；

$p_w$——在室温时水的饱和蒸气压（查手册）；　$F_c$——载气在柱后的平均流量；

$t'_R$——校正保留时间；　　　　　　　　　　$p_0$——柱后压力（通常是大气压）；

$p_b$——柱前压力；　　　　　　　　　　　　$T_c$——柱温；

$T_a$——环境温度（通常为室温）；　　　　　$m_1$——固定液准确质量。

固定液在实验过程中应防止流失，否则必须在实验后进行校正，或采用在柱前装预饱和柱等措施。

保留体积 $V^0_R$ 是 0℃时相对于每克固定液的校正保留体积，它与 $V'_R$ 的关系为

$$V^0_R = \frac{273 V'_R}{T_c m_1} \qquad (2\text{-}8\text{-}10)$$

将式（2-8-7）代入式（2-8-10）中，得

$$V^0_R = \frac{273 R}{M_1 p^*_i \gamma_i} \qquad (2\text{-}8\text{-}11)$$

式（2-8-11）取对数，得

$$\ln V^0_R = \ln\frac{273 R}{M_1} - \ln p^*_i - \ln\gamma_i$$

上式对 $1/T$ 微分，得

$$\frac{\mathrm{d}\ln V^0_R}{\mathrm{d}\left(\frac{1}{T}\right)} = -\frac{\mathrm{d}\ln p^*_i}{\mathrm{d}\left(\frac{1}{T}\right)} - \frac{\mathrm{d}\ln\gamma_i}{\mathrm{d}\left(\frac{1}{T}\right)}$$

上式可写成：

$$\frac{\mathrm{d}\ln V^0_R}{\mathrm{d}\left(\frac{1}{T}\right)} = -\frac{\Delta_v H}{R} + \frac{\Delta_{mix} H}{R} \qquad (2\text{-}8\text{-}12)$$

式中，$\Delta_v H$ 为样品 $i$ 的汽化热；$\Delta_{mix} H$ 为混合热。如为理想溶液，则 $\gamma_i = 1$，这时式（2-8-12）右边第二项为零。以 $\ln V^0_R$-$\frac{1}{T}$ 作图，由直线的斜率可求得汽化热 $\Delta_v H$。如果是非理想溶液，且 $\Delta_{mix} H$ 随温度变化不大，这时以 $\ln V^0_R$-$\frac{1}{T}$ 作图，由直线斜率可得两个熔变之和，即为气态溶质在液体溶剂中的摩尔溶解热 $\Delta_s H$。

假如色谱柱的固定相不是液体，而是固体吸附剂（即为气-固色谱），例如 5A 分子筛、硅胶等，则 $\ln V^0_R$-$\frac{1}{T}$ 作图后由直线的斜率可求得吸附热。

【仪器及试剂】

| 气相色谱仪 | 1 台 | 10μL 微量注射器 | 1 支 |
| --- | --- | --- | --- |
| 秒表 | 1 只 | 苯（分析纯） | |
| 环己烷（分析纯） | | 邻苯二甲酸二壬酯 | |
| 6201 红色载体 | | 丙酮 | |

【实验步骤】

（1）色谱柱的制备。准确称取一定量的邻苯二甲酸二壬酯固定液于蒸发皿中。加入适量的丙酮以稀释固定液。按固定液/载体为 25∶100 来称取红色载体，倒入蒸发皿中浸泡。用热吹风机吹风使丙酮蒸发掉。

将涂好固定液的载体小心地装入已洗净干燥的色谱柱中。柱的一端塞以少量玻璃棉，接上真空泵，用小漏斗由柱的另一端加入载体，同时不断振动柱管。填满后同样塞以少量玻璃棉，准确计算装入色谱柱内固定液的质量。

（2）色谱条件　采用热导池检测器。载气 $H_2$ 的流速为 $80mL \cdot min^{-1}$（用皂膜流量计测定）。柱温 60℃，汽化室温度 120℃，桥流 150mV，衰减 1。为准确测定柱前压力，在色谱柱前接一 U 形汞压力计。

（3）开动色谱仪，待基线稳定后，即可进样。用 10μL 注射器准确取苯 0.2μL，再吸入空气 5μL 左右，然后进样。用秒表测定空气峰最大值至苯峰最大值之间的时间 $t'_R$（校正保留时间）。

| 项目 | $t'_R/min$ | $T_c/K$ | $p_b/mmHg$ | $p_0/mmHg$ | $T_a/℃$ | $p_i^*/mmHg$ |
| --- | --- | --- | --- | --- | --- | --- |
| 苯 | | | | | | |
| 环己烷 | | | | | | |

| 项目 | $F_c/$ $mL \cdot min^{-1}$ | $\overline{F}_c/$ $mL \cdot min^{-1}$ | $M_l$ | $m_l/g$ | $p_w$ $/mmHg$ | |
| --- | --- | --- | --- | --- | --- | --- |
| 苯 | | | | | | |
| 环己烷 | | | | | | |

（4）用环己烷进样，重复上述操作。每一样品至少重复三次，取平均值。

（5）改变柱温：65℃、70℃、75℃，重复上面的实验。

（6）记录上表中各数据。

【数据处理】

1. 由式（2-8-8）和式（2-8-9）计算苯和环己烷在邻苯二甲酸二壬酯中的无限稀溶液活度系数。

2. 由式（2-8-11）求 $V_R^0$ 并以 $\ln V_R^0$ 对 $1/T$ 作图，求苯和环己烷蒸气在邻苯二甲酸二壬酯中的溶解热。

【注意事项】

1. 在进行色谱实验时，必须严格按照操作规程。实验开始时，先通载气后打开电源开关；实验结束时，先关闭电源，待仪器接近室温时再关闭气源，以防热导池元件损坏。

2. 色谱柱后排出的尾气必须用管道排向室外，并保持室内通风良好。

3. 微量注射器是一种精密仪器，易变形，易损坏，用时要倍加小心，切忌把针芯拉出筒外。取样前，需用样品洗 2～3 次。取样后，用滤纸从侧面轻轻吸去针头外的余样。使用完毕后需用丙酮清洗干净。

4. 注入样品时动作要连续、迅速。

【思考题】

1. 苯和环己烷在邻苯二甲酸二壬酯中的溶液对拉乌尔定律是正偏差还是负偏差？它们中哪一个活度系数较小？为什么会小？

2. 测定溶解热时为什么温度变化范围不宜太大？

# Ⅱ. 化学动力学

## 实验 9　蔗糖水解速率常数的测定

【实验目的】

1. 根据物质的光学性质研究蔗糖水解反应，测定其反应速率常数、活化能及指数前因子；

2. 了解旋光仪的基本原理和使用方法。

【实验原理】

蔗糖水解反应如下：

$$C_{12}H_{22}O_{11} + H_2O \longrightarrow C_6H_{12}O_6 + C_6H_{12}O_6$$

（蔗糖）　　　　　　　（葡萄糖）　　（果糖）

这是一个二级反应，对蔗糖为一级反应，对水也为一级反应。由于反应物水是大量存在的，在反应过程中水的物质的量浓度变化不大，可视为常数。在实验过程中，该反应可按一级反应处理。其反应速率方程的微分式及积分式可分别表示为：

$$-\frac{dc_A}{dt} = kc_A \tag{2-9-1}$$

$$\ln c_A = -kt + \ln c_{A,0} \tag{2-9-2}$$

式中，$k$ 为反应速率常数；$c_{A,0}$ 为糖的起始浓度；$c_A$ 为反应进行 $t\min$ 时蔗糖剩余浓度；$t$ 为反应时间。

为加速反应进行，可用 $H^+$ 作催化剂。

蔗糖及其水解产物都含有不对称的碳原子，它们都具有旋光性。本实验就是利用反应系统在水解过程中旋光性质的变化来度量反应进度的。物质的旋光性是指它们可以使在其中通过的一束偏振光的偏振面旋转某一角度的性质。具有此种性质的物质称为旋光性物质。物质的旋光能力以它们使偏振面旋转的角度来度量，该角度称为旋光度。对含有旋光性物质的溶液，其旋光度与旋光物质的本性、溶剂性质、入射光波长、样品管长度、溶液浓度和温度等因素有关。物性、入射光波长及温度一定时，溶液的旋光度与浓度、样品管长度呈正比。即

$$\alpha = [\alpha]_t^\lambda \frac{lc}{100} \tag{2-9-3}$$

式中，$\alpha$ 为溶液旋光度；$l$ 为样品管长度，dm；$c$ 为溶液浓度，$g \cdot (100mL \text{ 溶液})^{-1}$；$[\alpha]_t^\lambda$ 为比例常数，与物性、温度及光波长有关。右上标 $\lambda$ 表示偏振光波长，右下标 $t$ 表示实验时的摄氏温度。其物理意义为，当波长为的 $\lambda$ 偏振光通过 1dm 厚，每 mL 中含有 1g 旋光性物质的溶液时所产生的旋光角，故称为比旋光度。可用比旋光度比较各种旋光性物质的旋

41

光能力。本实验中，反应物及产物的比旋光度为：

$$蔗糖 \quad [\alpha]_{20}^{D} = 66.65°$$

$$葡萄糖 \quad [\alpha]_{20}^{D} = 52.5°$$

$$果糖 \quad [\alpha]_{20}^{D} = -91.9°$$

上述比旋光度符号右上标的 D 表示偏振光波长为钠黄光，$\lambda = 589nm$，正值表示右旋（使偏振面顺时针偏转），负值表示左旋（使偏振面逆时针偏转）。

由于果糖的左旋性大于葡萄糖的右旋性，随水解反应的进行，反应产物浓度的增加，反应溶液的旋光度由正值经零变为负值，即反应系统由右旋性逐渐转变为左旋性。所以可以用溶液旋光度的变化来度量反应的进程。

设时间 $t = 0$ 时，系统的旋光度为

$$\alpha = F_{反} c_{A,0} \tag{2-9-4}$$

蔗糖完全转化后（$t = \infty$），系统的旋光度为

$$\alpha_{\infty} = F_{果} c_{果,\infty} + F_{葡} c_{葡,\infty} = F_{果} c_{A,0} + F_{葡} c_{A,0} \tag{2-9-5}$$

式中，$F_{产} = F_{果} + F_{葡}$，$F_{反}$ 及 $F_{产}$ 在温度、样品管长度、光波长一定时为常数。当时间为 $t$ 时，溶液中蔗糖浓度为 $c_A$，两种产物的浓度均为 $c_{A,0} - c_A$，故溶液的旋光度为

$$\alpha_t = F_{反} c_A + F_{产} (c_{A,0} - c_A) \tag{2-9-6}$$

由式（2-9-4）、式（2-9-5）及式（2-9-6）可得

$$c_A = \frac{\alpha_t - \alpha_{\infty}}{F_{反} - F_{产}} = F'(\alpha_t - \alpha_{\infty}) \tag{2-9-7}$$

$$c_{A,0} = \frac{\alpha_0 - \alpha_{\infty}}{F_{反} - F_{产}} = F'(\alpha_0 - \alpha_{\infty}) \tag{2-9-8}$$

将式（2-9-7）、式（2-9-8）代入式（2-9-2），得

$$\ln(\alpha_t - \alpha_{\infty}) = -kt + \ln(\alpha_0 - \alpha_{\infty}) \tag{2-9-9}$$

溶液的旋光度用旋光仪测量。旋光仪的原理及使用方法见本书 3.4.5 节。

【仪器及试剂】

| | | | |
|---|---|---|---|
| 旋光仪 | 1 台 | 超级恒温槽 | 1 套 |
| 台秤 | 1 台 | 移液管（25mL） | 2 支 |
| 带盖锥形瓶（100mL） | 2 个 | 烧杯（100mL） | 1 个 |
| 玻璃棒 | 1 支 | 固体蔗糖（分析纯） | |
| 盐酸（3mol·L$^{-1}$） | | 洗瓶 | 1 个 |
| 洗耳球 | 1 个 | | |

【实验步骤】

(1) 旋光仪零点的测定　接通旋光仪电源，将样品管装满蒸馏水，盖好玻璃片，旋好压紧螺帽（不要过分用力，以不漏为准），检查样品管两端不漏后，用吸水纸擦干样品管两端。若两端玻璃片不干净，要用擦镜纸擦干净。样品管中若有小气泡，应将其赶至样品管的扩大部分；将样品管放入旋光仪，测定仪器零点，用来校正仪器的系统误差。反复测量几次，直到能熟练地找到等暗面，学会正确读数。倒出样品管中的蒸馏水。

(2) 在台秤上称取 10g 蔗糖，在烧杯中加 50mL 水溶解，待用。

(3) $\alpha_t$ 的测定　用 25mL 移液管移取 25mL 蔗糖溶液，置于锥形瓶中。用移液管取

25mL 2mol·L$^{-1}$盐酸溶液，置于另一个锥形瓶中。将盐酸溶液倒入蔗糖溶液中。迅速将混合液在两个锥形瓶中反复倒两次，同时记录时间。用少量混合液迅速将样品管洗 2 次，然后，装满样品管，盖好玻璃片，旋好压紧螺帽。检查无泄漏后，擦干净，将气泡赶至扩大部分，放入旋光仪。开始 20min 内，每隔 2min 测定一次 $\alpha_t$；20min 后，每隔 4min 测定一次 $\alpha_t$，反应过程共进行约 60min。

将剩余溶液用锥形瓶置于 50～60℃水浴中恒温 30min 后取出，冷却至室温。准备测 $\alpha_\infty$ 用。

（4）倒出上述反应液，用步骤（3）准备好的溶液，测 $\alpha_\infty$ 溶液（已恒温 10min 以上）将样品管洗 3 次。然后装满样品管，测定 $\alpha_\infty$。

【数据处理】

1. 将反应过程中所测定的旋光仪读数 $\alpha_t$ 与对应的时间 $t$ 列表。

2. 做两个温度下的 $\ln(\alpha_t - \alpha_\infty)$ 对 $t$ 作图得直线，从直线斜率求反应速率常数 $k$。

【注意事项】

1. 蔗糖在配制溶液前，需先经 380K 烘干。

2. 在进行蔗糖水解速率常数测定以前，要熟练掌握旋光仪的使用，能正确而迅速地读出其读数。

3. 旋光管管盖只要旋至不漏水即可，过紧的旋钮会造成损坏，或因玻片受力产生应力而致使有一定的假旋光。

4. 旋光仪中的钠光灯不宜长时间开启，测量间隔较长时，应熄灭，以免损坏。

5. 反应速率与温度有关，故两种溶液需待恒温至实验温度后才能混合。

6. 实验结束时，应将旋光管洗净干燥，防止酸对旋光管的腐蚀。

【思考题】

1. 反应开始时，为什么将盐酸溶液倒入蔗糖溶液中，而不是将蔗糖溶液倒入盐酸溶液中？

2. 本实验中能否以测第一个旋光仪读数的时间作为 $t=0$ 的时间？这样做是否改变实验结果？

3. 本实验中测定旋光仪读数时没有中止反应，反应的进行对读数准确度有没有影响？

# 实验 10　乙酸乙酯皂化反应速率常数的测定

【实验目的】

1. 学习用电导法研究乙酸乙酯皂化反应的动力学规律。测定该反应在一定条件下的反应速率常数；

2. 掌握测定反应活化能的实验方法。

【实验原理】

初始浓度均为 $c_0$ 的乙酸乙酯与氢氧化钠发生皂化反应，反应时间为 $t$ 时两者均消耗了 $x$ mol。反应过程中各反应物和产物的浓度关系为

$$CH_3COOC_2H_5 + NaOH \longrightarrow CH_3COONa + C_2H_5OH$$

$t=0$      $a$      $a$      $0$      $0$

$t=t$      $a-x$      $a-x$      $x$      $x$

反应为二级反应，则速率方程为

$$r = \frac{dx}{dt} = k(a-x)^2 \tag{2-10-1}$$

定积分式（2-10-1），得

$$\int_0^x \frac{x}{(a-x)^2} = \int_0^t k\,dt$$

$$\frac{x}{a(a-x)} = kt \tag{2-10-2}$$

已知 $c_0$，测得不同反应时间 $t$ 及对应的 $x$，速率常数 $k$ 可由上式计算。

根据该反应系统的性质，用测定不同反应时间系统的电导来"跟踪"反应，操作较简便。系统的电导与 $x$ 的关系可由以下分析得出：

反应系统中起导电作用的是 $Na^+$、$OH^-$ 和 $CH_3COO^-$。$Na^+$ 在反应前后浓度不变，$OH^-$ 浓度随反应的进行不断减少，$CH_3COO^-$ 浓度则不断增大。由于 $OH^-$ 的电导率比 $CH_3COO^-$ 大得多，反应系统的电导率将随反应的进行而不断下降。在稀溶液中，离子的电导率与其浓度成正比，且溶液的总电导率为组成该溶液各离子电导率之和。当测定电导用的电导池固定后，乙酸乙酯皂化反应在稀浓度下进行，由于 $G_0$、$G_t$、$G_\infty$ 分别表示时间 $t=0$、$t=t$、$t=\infty$（反应结束）的电导值，则 $x \propto (G_0 - G_t)$，$a \propto (G_0 - G_\infty)$，$(a-x) \propto (G_t - G_\infty)$，代入式（2-10-2），得

$$k = \frac{1}{at} \times \frac{G_0 - G_t}{G_t - G_\infty} \tag{2-10-3}$$

$$\frac{1}{G_t - G_\infty} = \frac{1}{G_0 - G_\infty} + \frac{ka}{G_0 - G_\infty}t \tag{2-10-4}$$

作 $\frac{1}{G_t - G_\infty}$-$t$ 图，可得一直线，由直线的斜率 $\frac{ka}{G_0 - G_\infty}$ 求得速率常数 $k$。

用电导法测定不同温度下乙酸乙酯皂化反应的速率常数 $k$，根据阿仑尼乌斯公式，有

$$\ln k = -\frac{E_a}{RT} + \ln A \tag{2-10-5a}$$

或      $$\ln \frac{k_2}{k_1} = -\frac{E_a}{R}\left(\frac{1}{T_2} - \frac{1}{T_1}\right) \tag{2-10-5b}$$

由式（2-10-5a）作 $\lg k$-$\frac{1}{T}$ 图，由直线的斜率和截距可求活化能 $E_a$ 和指前因子 $A$。或者只测定两个反应温度的 $k$ 值，把相应的 $k$ 和 $T$ 值代入式（2-10-5b）求出 $E_a$。

【仪器及试剂】

| | | | |
|---|---|---|---|
| 恒温槽 | 1 套 | DDS-ⅡA 型电导率仪 | 1 台 |
| 铂黑电极 | 1 个 | 100mL 锥形瓶 | 2 个 |
| 移液管 20mL | 2 个 | 100mL 烧杯 | 2 个 |
| 乙酸乙酯（0.075mol·L⁻¹） | | 氢氧化钠（0.075mol·L⁻¹） | |

【实验步骤】

1. 调节恒温槽至 25℃。

2. 熟悉电导率仪的使用方法（见本书 3.5.1.3 节）。

3. $G_0$ 的测定。用移液管各取 20mL NaOH 溶液和蒸馏水于锥形瓶中，混合均匀，放入恒温槽中恒温 10min 后测其电导，其值为 $t=0$ 时的电导。

4. $G_t$ 的测定。用移液管取 20mL NaOH 溶液于锥形瓶中，再取 20mL $CH_3COOC_2H_5$ 于另一锥形瓶中，放入恒温槽中恒温 10min 后，将两溶液混合，立即开始计时，用溶液冲洗电极 3 次，立即测定溶液的电导，同时记录下反应时间，以后每隔 1min 测定一次，共测 8 次；然后每隔 2min 测定一次，共测 8 次；最后每隔 3min 测定一次，至溶液的电导数值不变，即为 $G_\infty$。

5. 倒掉反应液，按上述方法在 35℃ 时再测定一次。

6. 实验完毕将电极冲洗干净，浸在蒸馏水中备用。

**【数据处理】**

1. 实验数据列表如下

反应温度/℃：

$G_0$：                $G_t$：                $G_\infty$：

| 时间 $t$ | |
|---|---|
| $G_t$ | |
| $G_t - G_\infty$ | |
| $1/(G_t - G_\infty)$ | |

2. 以 $\dfrac{1}{G_t - G_\infty}$ 对 $t$ 做图，求直线斜率 $m$，并根据 $m = \dfrac{ka}{G_0 - G_\infty}$ 计算反应的速率常数 $k$。

3. 根据两种温度下求得的反应速率常数，代入下式求出反应的活化能 $E_a$。

$$\ln\frac{k_2}{k_1} = -\frac{E_a}{R}\left(\frac{1}{T_2} - \frac{1}{T_1}\right)$$

**【注意事项】**

1. 温度对反应速率影响较大，测定时必须精确调节恒温槽的温度。

2. 实验过程中必须保持电导池常数不变。操作时不要触及电极的铂黑，以防止铂黑脱落而改变电导池常数。

3. 平时将电导池浸泡在蒸馏水中保存。

**【思考题】**

1. NaOH 和 $CH_3COOC_2H_5$ 的初始浓度为什么要相等？若不等能否进行实验测定？

2. 在保持电导与离子浓度成正比关系的前提下，NaOH 和 $CH_3COOC_2H_5$ 的浓度高一些好还是低一些好？为什么？

# 实验 11　催化剂活性的测定——甲醇分解

**【实验目的】**

1. 测定氧化锌催化剂对甲醇分解反应的催化活性；

2．了解用流动法测定催化剂活性的特点和实验方法；

3．掌握流速计、流量计、稳压管等的原理和使用；

4．了解并掌握低温控制、常压控制、高温控制的原理和方法。

【实验原理】

催化剂的活性用来作为催化剂催化能力的量度，通常用单位质量或单位体积催化剂对反应物的转化百分率来表示。

测定催化剂活性的实验方法分为静态法和流动法两类。静态法是反应物和催化剂放入一封闭容器中，测量系统的组成与反应时间的关系的实验方法。流动法是使流态反应物不断稳定地经过反应器，在反应器中发生催化反应，离开反应器后反应停止，然后设法分析产物种类及数量的一种实验方法。

在工业连续生产中，使用的装置与条件和流动法比较类似。因此在探讨反应速率、研究反应机理的动力学实验及催化活性测定的实验中，流动法使用较广。

根据实验，一般认为，流动法的关键是要产生和控制稳定的流态。如流态不稳定，则实验结果不具有任何意义。流动法的另一个关键是要在整个实验时间内控制整个反应系统各部分实验条件（温度、压力等）稳定不变。

流动法按催化剂是否流动又分为固定床和流动床，而流动的流态情况又分为气相和液相、常压和高压。ZnO 催化剂对甲醇分解反应所用的是最简单的气相、常压、固定床的流动法。

甲醇可由 CO 和 $H_2O$ 作原料合成，反应式如下：

$$CO+2H_2 \rightleftharpoons CH_3OH \tag{2-11-1}$$

这是一个可逆反应，反应速率很慢，关键是要找到优良的催化剂，但按正反应进行实验需要在高压下进行，而且还有生成 $CH_4$ 等的副反应，对实验不利。按催化剂的特点，对正反应是优良的催化剂，对逆反应同样也是优良的催化剂，而甲醇的分解反应可在常压下进行，因此在选择催化剂的（活性）实验中往往利用甲醇的催化剂分解反应。

$$CH_3OH \ (g) \xrightarrow[300\sim400℃]{ZnO 催化剂} CO \ (g) +2H_2 \ (g) \tag{2-11-2}$$

由于反应物和产物可经冷凝而分离，因此只要测量流动气体经过催化剂后体积的增加量，便可求算出催化活性。这种为了便于实验的进行，用逆向反应来评价用于正向反应催化剂的性能是催化实验中常用的方法。

表示催化剂活性的方法很多，现用单位质量 ZnO 催化剂在一定的实验条件下，使 100g 甲醇所分解掉的甲醇的质量（以 g 计）来表示。

【仪器与药品】

实验装置（见图 2-11-1）

ZnO 催化剂（颗粒 1.5mm，制备方法见实验步骤）　　　　　　甲醇（分析纯）

KOH（化学纯）　　　　　　食盐

【实验步骤】

1．ZnO 催化剂的制备

催化剂的活性随其制备方法的不同而不同。现用的催化剂其制备方法是：取 80g ZnO（分析纯）加 20g 皂土（作粘接剂）和约 50mL 蒸馏水研压混合，使之均匀，成型弄碎，过筛，取粒度约 1.5mm（12～14 目）的筛分物，在 383.2K 烘箱内烘 2～3h，分成两份，分别放入

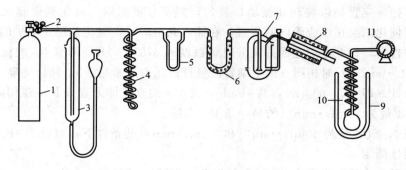

图 2-11-1 实验装置

1—氮气钢瓶；2—减压阀；3—稳压器；4—缓冲管；

5—毛细管流速计；6—干燥管；7—液体挥发器；8—反应器；

9—杜瓦瓶；10—捕集器；11—湿式流量计

573K 和 773K 的马弗炉中焙烧 2h，取出放入真空干燥器内备用。

2. 按图所示连接仪器，并做好下列准备工作

(1) 用量筒向各液体挥发器（本实验中为保证甲醇蒸气饱和，共串联三个液体挥发器）内加入甲醇，充满 2/3 的量。

(2) 向杜瓦瓶内加食盐及碎冰的混合物作为冷却剂。

(3) 调节超级恒温槽温度到 40℃，打开循环水的出口，使恒温水沿挥发器夹套进行循环。

(4) 调节湿式气体流量计至水平位置，并检查计内液面。

3. 检查整个系统有无漏气

(1) 小心开启氮气钢瓶的减压阀，使用小股 $N_2$ 气流通过系统（毛细管流量计上出现压力差）。这时把湿式气体流量计和捕集器间的导管封死，若毛细管流量计上的压力差逐渐变小至零，则表示系统不漏气，否则要分段检查，直至无漏。

(2) 检漏后，缓缓打开 $N_2$ 气钢瓶的减压阀，调节稳压管内液面的高度，并使气泡不断地从支管经石蜡油逸出，其速度约为每秒 1 个（这时稳压管才起到稳压作用）。根据已校正毛细管的流量计校正曲线，使 $N_2$ 气流速度稳定为每分钟 50mL 和 70mL，准确读下这时毛细管流量计上的压力差读数，作为下面测量时判断流量是否稳定为某数值的依据。每次测定过程中，自始至终都需要 $N_2$ 气流量的稳定，这是本实验成败的关键之一。

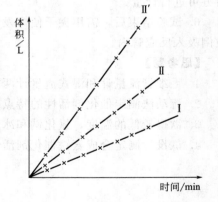

图 2-11-2 流量和时间关系

4. 测定

(1) 空白曲线的测定 通电加热并调节电炉温度为 $573K \pm 2K$，在反应管中不放催化剂，调节 $N_2$ 气流量为 $50mL \cdot min^{-1}$，稳定后，每 5min 读湿式气体流量计一次，共计 40min，以流量读数 $V_{N_2}$（L）对时间 $t$（min）作图，得图 2-11-2 上直线 I。

(2) 样品活性的测定。称取存放在真空干燥器内、粒度为 1.5mm 左右、经 573K 焙烧 ZnO 催化剂约 2g 装入反应管内（管两端填放玻璃布，催化剂放入其中。装催化剂时应沿壁

轻轻倒入，并把反应管加以转动和振动以装匀，但不宜重振以免催化剂破碎而阻塞气流），装妥后，记下催化剂层在反应管内的位置，在插入到电炉时，催化剂层在电炉的等温区，然后接好管道并检漏，打开电炉电源并调节电炉温度到 573K±2K，调节 $N_2$ 的流速，使与空白试验（50mL·min$^{-1}$）时相同（由毛细管流量计的压力差来指示），同样每隔 5min 读一次湿式气体流量计（即 $V_{N_2+H_2+CO}$），共 40min，其 $V$-$t$ 的直线即为直线Ⅱ。在相同的温度下，再测定 $N_2$ 气流量为 70mL·min$^{-1}$ 的另一条 $V$-$t$ 直线。

同法，在 $N_2$ 气流量为 50mL·min$^{-1}$ 和 70mL·min$^{-1}$ 的条件下，对经 773K 焙烧的 ZnO 催化剂进行活性测定。

试验结束后，应切断电源和关掉 $N_2$ 气钢瓶并把减压阀内余气放掉。

**【数据处理】**

1. 对比空白的和加有催化剂的流量($V$)-时间（$t$）的曲线，算出在不同 $N_2$ 气流量下，不同焙烧温度对催化剂反应后各增加的 $H_2$ 和 CO 的总体积，并进而分解掉的各甲醇量(g)。

2. 由甲醇蒸气压和温度的关系算出在 313K 时，40min 内，不同 $N_2$ 气流量下通入管内的各甲醇量（g）。

3. 比较 $N_2$ 气流量下，不同焙烧温度的催化剂的活性 [以 1g 催化剂使 100g 甲醇中的分解掉的甲醇的质量（以 g 计）表示]。

**【注意事项】**

1. 系统必须不漏气。

2. $N_2$ 的流量在试验过程中需保持稳定。

3. 在对催化剂经不同温度焙烧与 $N_2$ 气流速的活性时，试验条件（如装样、催化剂在电炉中的位置等）需尽量相同。

4. 通 $N_2$ 气前，不要打开干燥管上通向液体挥发器的活塞，以防甲醇蒸气或甲醇液体流至装有 KOH 的干燥管，堵塞通路。

5. 在试验前需检查湿式流量计的水平和水位，并预先使其运转数圈，使水与气体饱和后方可进行计量。

6. 试验结束后，需用夹子使挥发器不与反应管和干燥管相通，以免因炉温下降时甲醇被倒吸入反应管内。

**【思考题】**

1. 毛细管流量计和湿式流量计两者有何不同？

2. 流动法测定催化剂活性的特点是什么？有哪些注意事项？

3. 欲得较低的温度，氯化钠和冰应以怎样的比例混合？

4. 试设计测定合成氨铁催化剂活性的装置。

# 实验 12　复杂反应——丙酮碘化反应

**【实验目的】**

1. 学习用分光光度法研究反应的动力学规律；

2. 学习用孤立法测定丙酮碘化反应的反应级数，测定该反应的速率常数及活化能；

3. 加深对复杂反应特征的理解。

## 【实验原理】

大多数化学反应是由几个基元反应组成的复杂反应。多数复杂反应的速率方程不能由质量作用定律预示。由实验测得复杂反应的速率方程及动力学方程，是推测反应的可能机理的依据之一。

丙酮碘化反应的反应式为

$$CH_3COCH_3 + I_2 \longrightarrow CH_3COCH_2I + HI \tag{2-12-1}$$

由反应式，首先考虑该反应的速率方程可能是

$$r = kc^p(CH_3COCH_3)c^q(I_2) \tag{2-12-2}$$

若反应级数即为化学反应式的计量系数，则 $p=q=1$。只要上述速率方程成立且 $p$、$q$ 为正值；定温下丙酮碘化反应的反应速率随反应时间的延长将逐渐减小。但实验表明，反应速率不是越来越小。这说明上述速率方程不符合反应的实际。在一段反应时间内，随着反应的进行，反应速率增加的实验现象，启示反应中可能存在自催化现象。用在反应系统中分别加入某种产物，观察是否增加反应速率的方法，可以确定起自催化作用为何种产物。本反应是产物 $H^+$ 起自催化作用。由此，进而假设反应速率方程为

$$r = kc^p(CH_3COCH_3)c^q(I_2)c^m(H^+) \tag{2-12-3}$$

反应速率常数 $k$ 及级数 $p$、$q$、$m$ 均可由实验测定。

$I_2$ 和 $I^-$ 在溶液中存在下列平衡。

$$I_2 + I^- \Longrightarrow I_3^- \tag{2-12-4}$$

为了加大 $I_2$ 在水中的溶解度，常在 $I_2$ 水溶液中加入大量的 KI 使 $I_2$ 成为 $I_3^-$。$I_2$ 和 $I_3^-$ 在可见光区均有吸收。丙酮碘化反应的所有产物和反应物中，只有 $I_2$（或 $I_3^-$）在可见光区有吸收，所以可用分光光度法直接测定反应系统的吸光度，观察碘浓度的变化以跟踪反应进程。

丙酮碘化反应不仅可以生成一碘化丙酮，还可产生多元碘化反应，为了控制反应在一元碘化阶段，可使丙酮和酸的浓度大大过量于碘的浓度，且用初始速率来计算反应级数及速率常数。

为测定对丙酮的反应级数 $p$，至少在同温度下需做两次实验。两次实验 $H^+$ 和碘的初始浓度相同，而丙酮的初始浓度不同，若第一次实验所用初始浓度为 $c^0(CH_3COCH_3)$、$c^0(I_2)$、$c^0(H^+)$；则第二次实验取用 $uc^0(CH_3COCH_3)$、$c^0(I_2)$、$c^0(H^+)$。两次实验的初始速率分别以 $r_1^0$ 和 $r_2^0$ 表示，则

$$r_1^0 = k[c^0(CH_3COCH_3)]^p[c^0(I_2)]^q[c^0(H^+)]^m \tag{2-12-5}$$

$$r_2^0 = k[uc^0(CH_3COCH_3)]^p[c^0(I_2)]^q[c^0(H^+)]^m \tag{2-12-6}$$

式(2-12-6)除式(2-12-5)并取对数，得

$$\lg \frac{r_2^0}{r_1^0} = p\lg u \tag{2-12-7}$$

已知 $u$，测得 $r_2^0$ 和 $r_1^0$，则可求得 $p$。

根据朗伯-比耳定律，波长一定，有

$$A = K'lc \tag{2-12-8}$$

式中，$A$ 为吸光度；$l$ 为比色皿的厚度；$c$ 为测定溶液的浓度；$K'$ 为摩尔吸光系数。把上式

代入速率表示式，则有

$$r = -\frac{dc(I_2)}{dt} = -\frac{d(A/K'l)}{dt} = -\frac{1}{K'l} \times \frac{dA}{dt} \qquad (2\text{-}12\text{-}9)$$

在定温、定波长下测定已知浓度碘溶液的吸光度，由式（2-12-8）计算 $K'l$ 值。再在同温、同波长、同比色皿中进行丙酮碘化反应，测定不同反应时间的吸光度，用 $A\text{-}t$ 数据作 $A\text{-}t$ 曲线，曲线在 $t=0$ 点切线的斜率即为初始反应的 $\frac{dA}{dt}$，由它及 $K'l$ 值计算反应初始速率 $r^0$。

同理，采用丙酮和 $H^+$ 初始浓度相同，而碘初始浓度不同；丙酮和碘初始浓度相同，而 $H^+$ 初始浓度不同的两组实验测定，可求得级数 $q$ 和 $m$。

反应级数确定后，由反应的初始速率和各物质的初始浓度用速率方程可计算速率常数 $k$。

测定至少两个温度的反应速率常数，由式（2-12-10）求活化能。

$$\ln\frac{k_2}{k_1} = -\frac{E_a(T_1 - T_2)}{RT_2 T_1} \qquad (2\text{-}12\text{-}10)$$

或测定一系列 $k\text{-}T$ 对应数据，由式（2-2-11）作图求得 $E_a$ 和 $A'$。

$$\ln k = -\frac{E_a}{RT} + \ln A' \qquad (2\text{-}12\text{-}11)$$

【仪器及试剂】

| | | | |
|---|---|---|---|
| 752 型分光光度计 | 1 套 | 比色皿 | 2 个 |
| 比色皿恒温套 | 1 个 | 超级恒温槽 | 1 套 |
| 普通恒温槽 | 1 套 | 容量（50mL） | 1 个 |
| 锥形瓶（100mL） | 4 个 | 移液管（5mL） | 2 支 |
| 移液管（10mL） | 1 支 | 移液管（15mL） | 1 支 |
| 丙酮（分析纯） | | 碘（分析纯） | |
| 碘化钾（分析纯） | | 盐酸 | |

【实验步骤】

实验用分光光度法测定丙酮碘化反应的反应级数、一定温度下的反应速率常数、反应活化能和指前因子。

（1）熟悉 752 型分光光度计的使用方法。

（2）配制 $0.02000 \text{mol} \cdot L^{-1} I_3^-$ 溶液、$4.000 \text{mol} \cdot L^{-1}$ 丙酮溶液和 $1 \text{mol} \cdot L^{-1}$ 左右（需知浓度精确值）的 HCl 溶液备用。

（3）用 510nm 波长的光进行测定。取 $0.02000 \text{mol} \cdot L^{-1} I_3^-$ 溶液 2mL、4mL、5mL、6mL 和 8mL 分别配制 50mL 溶液，测定该系列溶液，测定该系列溶液吸光度，求 $K'l$ 值。

（4）建议配制如下四组溶液在定温下进行 $A\text{-}t$ 数据的测定，以求反应级数及反应速率常数。

| 组号 | $0.02000 \text{mol} \cdot L^{-1}$<br>$V(I_3^-)/\text{mL}$ | $2.000 \text{mol} \cdot L^{-1}$<br>$V(丙酮)/\text{mL}$ | $1 \text{mol} \cdot L^{-1}$<br>$V(\text{HCl})/\text{mL}$ | $V(蒸馏水)/\text{mL}$ |
|---|---|---|---|---|
| 1 | 10.00 | 3.00 | 10.00 | 27.00 |
| 2 | 10.00 | 1.50 | 10.00 | 28.50 |
| 3 | 10.00 | 3.00 | 5.00 | 32.00 |
| 4 | 5.00 | 3.00 | 10.00 | 32.00 |

（5）选择上面四组实验中的一组，测定不同温度的反应速率常数，求 $E_a$ 和 $A$。

**【数据处理】**

1. 设计表格，列出相应的测定及计算数据。

2. 计算 $K'l$ 值。

3. 作每一组反应的 $A$-$t$ 图，由图求初始速率及反应级数、反应速率常数。

4. 计算不同温度下的反应速率常数，并由此计算 $E_a$ 和 $A'$。

**【注意事项】**

1. 控制好反应温度。反应液及混合用器皿要预热到反应温度后再混合进行反应。测定用比色皿要用反应液洗涤几次，此步操作要尽量迅速，以缩小反应系统温度的偏离。要经常检查恒温槽温度，防止温度不恒定。

2. 为尽量准确地确定反应起始时间，可先将丙酮、HCl、蒸馏水按所取量混合好，最后加入所取 $I_3^-$ 溶液，并在 $I_3^-$ 溶液加入约一半时开始计时。反应液混合后应立即摇匀。

3. 为测得正确的 $A$ 数据，一是要注意使光度计光源稳定后再开始测定；二是要洗净比色皿，防止比色皿沾污，三是要经常核对，调整仪器的零点及 100% 透光率。

4. 生成物碘化丙酮对眼睛有刺激作用。故测定完毕应将反应液倒入指定的回收瓶中，不要随便乱倒。

**【思考题】**

1. 分析实验所得 $A$-$t$ 曲线的形状并说明原因。

2. 丙酮碘化反应中，$H^+$ 为催化剂。能否把 $r = kc^p(CH_3COCH_3)c^q(I_2)c^m(H^+)$ 中的 $c^m(H^+)$ 项并入速率常数项中，为什么？

3. 实验中若开始计时晚了，就本实验而言，对实验结果有无影响？为什么？对一般动力学实验而言，情况又该怎样？

4. 若盛蒸馏水的比色皿没有洗干净，对测定结果有什么影响？

5. 选取各反应物的初始浓度，应考虑哪些情况？

# 实验 13　BZ 振荡反应

**【实验目的】**

1. 了解 Belousov-Zhabotinski 反应（简称 BZ 反应）的基本原理；

2. 初步理解自然界中普遍存在的非平衡非线性的问题。

**【实验原理】**

非平衡非线性的问题是自然科学领域中普遍存在的问题，大量的研究工作正在进行。研究的主要问题是：系统在远离平衡态下，由于本身的非线性动力学机制而产生宏观时空有序结构，称为耗散结构。最典型的耗散结构 BZ 系统是指溴酸盐、有机物在酸性介质中，在有（或无）金属离子催化剂催化下构成的系统。它是由前苏联科学家 Belousov 发现，后经 Zhabotinski 发现而得名。

1972 年，R. J. Fiela、E. Koros、R. Noyes 等人通过实验对 BZ 振荡反应作出了解释。其

主要思想是：系统中存在着两个受溴离子浓度控制过程 A 和 B，当 $[Br^-]$ 高于临界浓度 $[Br^-]_{crit}$ 时，发生 A 过程，当 $[Br^-]$ 低于 $[Br^-]_{crit}$ 时发生 B 过程。也就是说 $[Br^-]$ 起着开关作用，它控制着从 A 到 B 的过程，再由 B 到 A 过程的转变。在 A 过程中，由于化学反应 $[Br^-]$ 降低，当 $[Br^-]$ 到达 $[Br^-]_{crit}$ 时，B 过程发生。在 B 过程中，$Br^-$ 再生，$[Br^-]$ 增加，当 $[Br^-]$ 达到 $[Br^-]_{crit}$ 时，A 过程发生，这样系统就在 A 过程、B 过程间往复振荡，下面用 $BrO_3^-$-$Ce^{4+}$-MA-$H_2SO_4$ 系统为例加以说明。

当 $[Br^-]$ 足够高时，发生下列 A 过程：

$$BrO_3^- + Br^- + 2H^+ \xrightarrow{k_1} HBrO_2 + HOBr \qquad (2\text{-}13\text{-}1)$$

$$HBrO_2 + Br^- + H^+ \xrightarrow{k_2} 2HOBr \qquad (2\text{-}13\text{-}2)$$

其中第一步是速率控制步骤，当达到稳定态时，有 $[HBrO_2] = \dfrac{k_1}{k_2}[BrO_3^-][H^+]$。

当 $[Br^-]$ 足够低时，发生下列 B 过程 $Ce^{3+}$ 被氧化

$$BrO_3^- + HBrO_2 + H^+ \xrightarrow{k_3} 2BrO_2 + H_2O \qquad (2\text{-}13\text{-}3)$$

$$BrO_2 + Ce^{3+} + H^+ \xrightarrow{k_4} HBrO_2 + Ce^{4+} \qquad (2\text{-}13\text{-}4)$$

$$2HBrO_2 \xrightarrow{k_5} BrO_3^- + HOBr + H^+ \qquad (2\text{-}13\text{-}5)$$

反应（2-13-3）是速率控制步骤，反应（2-13-3）、反应（2-13-4）将自催化产生 $HBrO_2$，达到稳定态时

$$[HBrO_2] \approx \dfrac{k_3}{2k_5}[BrO_3^-][H^+]$$

由反应（2-13-2）和反应（2-13-3）可以看出：$Br^-$ 和 $BrO_3^-$ 是竞争 $HBrO_2$ 的。当 $k_2[Br^-] > k_3[BrO_3^-]$ 时，自催化过程（2-13-3）不可能发生。自催化是 BZ 振荡反应中必不可少的步骤。否则该振荡不能发生。$Br^-$ 的临界浓度为

$$[Br^-]_{crit} = \dfrac{k_3}{k_2}[BrO_3^-] = 5 \times 10^{-6}[BrO_3^-]$$

$Br^-$ 的再生可通过下列过程实现

$$4Ce^{4+} + BrCH(COOH)_2 + H_2O + HOBr \xrightarrow{k_6} 2Br^- + 4Ce^{3+} + 3CO_2 + 6H^+ \quad (2\text{-}13\text{-}6)$$

该系统的总反应为

$$2H^+ + 2BrO_3^- + 3CH_2(COOH)_2 \longrightarrow 2BrCH(COOH)_2 + 3CO_2 + 4H_2O \quad (2\text{-}13\text{-}7)$$

振荡的控制物种是 $Br^-$。

【仪器及试剂】

| | | | |
|---|---|---|---|
| 反应器 100mL | 1 只 | 超级恒温槽 | 1 台 |
| 磁力搅拌器 | 1 台 | 记录仪 | 1 台 |
| 数字电压表 | 1 台 | 丙二酸（分析纯） | |
| 溴酸钾（分析纯） | | 硫酸铈铵（分析纯） | |
| 溴化钠（分析纯） | | 浓硫酸（分析纯） | |

试亚铁灵溶液

**【实验步骤】**

1. 按图 2-13-1 连好仪器,打开超级恒温槽,将温度调节至 25℃±0.1℃。

2. 配制 0.45mol·L⁻¹丙二酸 250mL、0.25mol·L⁻¹溴酸钾 250mL、3.00mol·L⁻¹硫酸 250mL、$4\times10^{-3}$mol·L⁻¹的硫酸铈铵 250mL。

3. 在反应器中加入已配好的丙二酸溶液、溴酸钾溶液、硫酸溶液各 15mL,恒温 5min 后加入硫酸铈铵溶液 5mL,观察溶液的颜色变化,同时记录相应的电势曲线。

4. 断开记录仪,接上数字电压表,重复上述试验,观察系统的颜色变化,记下其电势变化的范围。

5. 用上述方法改变温度为 30℃、35℃、40℃、45℃、50℃时重复试验。

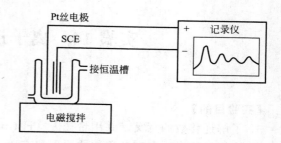

图 2-13-1　BZ 试验装置

6. 观察 NaBr-NaBrO₃-H₂SO₄ 系统加入试亚铁灵溶液后的颜色变化及时空有序现象(见图 2-13-2)。

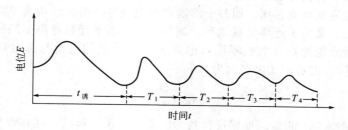

图 2-13-2　E-t 图

(1) 配制三种溶液 A、B、C。

A:取 3mL 浓硫酸稀释在 134mL 水中,加入 10g 溴酸钠溶解。

B:取 1g 溴化钠溶解在 10mL 水中。

C:取丙二酸 2g 溶解在 20mL 水中。

(2) 在一个小烧杯中,加入 6mL A 溶液,再加入 0.5mL B 溶液,再加入 1mL C 溶液,几分钟后,溶液成无色,再加入 1mL 0.025 mol·L⁻¹的试亚铁灵溶液充分混合。

(3) 把溶液注入一个直径为 9cm 的培养皿中,加上盖。此时溶液呈均匀红色。几分钟后,溶液出现蓝色,并成环状向外扩展,形成各种同心状花纹。

**【数据处理】**

根据 $t_{诱}$ 与温度数据作 $\ln(1/t_{诱})$-$1/T$ 作图,求出表观活化能。

**【注意事项】**

1. 试验中溴酸钾试剂纯度要求高。

2. 217 型甘汞电极用 1mol·L⁻¹H₂SO₄ 作液接。

3. 配制 0.004mol·L⁻¹的硫酸铈铵溶液时,一定要在 0.20mol·L⁻¹硫酸介质中配制,防止发生水解呈浑浊。

4. 使用的反应容器一定要冲洗干净,转子位置及速度都必须加以控制。

1. 影响诱导期的主要因素有哪些？
2. 本试验记录的电势主要代表什么意思？与 Nernst 方程求得的电势有何不同？

# Ⅲ. 电化学

## 实验 14　离子迁移数的测定

**【实验目的】**

1. 了解迁移数的意义，并用希托夫（Hittorf）法测定 $Cu^{2+}$ 和 $SO_4^{2-}$ 的迁移数；
2. 了解希托夫法测定迁移数的原理和方法。

**【实验原理】**

电解质溶液依靠离子的定向迁移而导电。为了使电流能流过电解质溶液，需将两个导体作为电极浸入溶液中，使电极与溶液直接接触。当电流流过溶液时，正、负离子分别向两极移动，同时在电极上有氧化还原反应发生。根据法拉第电解定律，在电极上发生的物质的量的变化多少与通过的电量成正比。而整个溶液的导电任务是由正、负离子共同承担的，通过溶液的电量等于正、负离子迁移电量之和。如果正、负离子迁移速率不同所带电荷不等，它们迁移电量时，所分担的百分数也不同。把离子 B 所传递的电量与总电量之比称为离子 B 的迁移数，用符号 $t_B$ 表示，其定义式为：

$$t_B = \frac{Q_B}{Q} \tag{2-14-1}$$

式中，$t_B$ 是量纲为 1 的量。根据迁移数的定义，则正、负离子迁移数分别为

$$\left. \begin{aligned} t_+ &= \frac{Q_+}{Q} = \frac{u_+}{u_+ + u_-} \\ t_- &= \frac{Q_-}{Q} = \frac{u_-}{u_+ + u_-} \end{aligned} \right\} \tag{2-14-2}$$

式中，$u_+$、$u_-$ 为正、负离子的运动速率。

由于正、负离子处于同样的电势梯度中，则得

$$\left. \begin{aligned} t_+ &= \frac{U_+}{U_+ + U_-} \\ t_- &= \frac{U_-}{U_+ + U_-} \end{aligned} \right\} \tag{2-14-3}$$

式中，$U_+$、$U_-$ 为单位电势梯度时离子的运动速率，称为离子的绝对迁移速率，简称电迁移率。

$$\frac{t_+}{t_-} = \frac{u_+}{u_-} = \frac{U_+}{U_-} \tag{2-14-4}$$

$$t_+ + t_- = 1 \tag{2-14-5}$$

希托夫法是根据电解前后，两电极区电解质数量的变化来求算离子的迁移数。

如果用分析的方法求知电极附近电解质溶液浓度的变化，再用电量求得电解过程中所通过的总电量，就可以从物料平衡来计算出离子迁移数。以铜为电极电解稀硫酸铜溶液为例，在电解后，阴极附近 $Cu^{2+}$ 的浓度变化是由两种原因引起的：①$Cu^{2+}$ 的迁入，②$Cu^{2+}$ 在阴

极上发生还原反应。$\frac{1}{2}Cu^{2+}+e^-\longrightarrow\frac{1}{2}Cu(s)$。

$Cu^{2+}$ 的物质的量变化为：（阴极区）

$$n_后=n_前+n_迁-n_电 \tag{2-14-6}$$

式中，$n_前$ 为电解前阴极区存在的 $Cu^{2+}$ 的物质的量；$n_后$ 为电解后阴极区存在的 $Cu^{2+}$ 的物质的量；$n_电$ 为电解过程阴极还原生成的 $Cu$ 的物质的量；$n_迁$ 为电解过程中 $Cu^{2+}$ 迁入阴极区的物质的量。

$Cu^{2+}$ 的物质的量即硫酸铜的物质的量，硫酸铜的摩尔质量为 $159.6g\cdot mol^{-1}$。

因此

$$n_迁=n_后-n_前+n_电 \tag{2-14-7}$$

$$t_{Cu^{2+}}=\frac{n_迁}{n_电} \tag{2-14-8}$$

$$t_{SO_4^{2-}}=1-t_{Cu^{2+}} \tag{2-14-9}$$

**【仪器及试剂】**

| | | | |
|---|---|---|---|
| 直形迁移管 | 1 支 | 铜电量计 | 1 套 |
| 精密稳流电源 | 1 台 | 毫安培计 | 1 只 |
| 锥形瓶 | 4 只 | 碱式滴定管 | 1 支 |

硫酸铜电解液　　　　　　　　　硫酸铜溶液（0.05mol·L$^{-1}$）

硫代硫酸钠溶液（0.0500mol·L$^{-1}$）　10％碘化钾溶液

醋酸溶液（1mol·L$^{-1}$）　　　　乙醇（分析纯）

淀粉指示剂

**【实验步骤】**

1. 洗净直形迁移管，用 0.05mol·L$^{-1}$CuSO$_4$ 溶液荡洗两次（注意，迁移管活塞下的尖端部分也要荡洗），盛以硫酸铜溶液（迁移管活塞下面尖端部分也要充满溶液）。将迁移管直立夹持，并把已处理清洁的两电极浸入（浸入前也需用硫酸铜溶液淋洗）。阳极插入管底，两极间距离约为 20cm，最后调整管内硫酸铜溶液的量，使阴极在液面下大约 4cm。

2. 将铜电量计中阴极铜片取下（铜电量计中有三片铜片，中间那片为阴极）。先用细砂纸磨光，除去表面氧化层，用水冲洗，浸入 1mol·L$^{-1}$ HNO$_3$ 溶液中几分钟，然后用蒸馏水冲洗，用乙醇淋洗并吹干，在分析天平上称量，装入电量计中，迁移管、毫安计、铜电量计及直流电源按图 2-14-1 装妥。

3. 接通电源（注意阴、阳极的位置切勿弄错），调节电流强度约为 18mA，连续通电 90min（通电时要注意电流稳定），并记下平均室温。

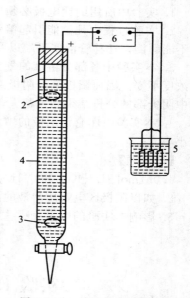

图 2-14-1　迁移数测定线路图
1—阴极棒；2—阴极圈；3—阳极；
4—硫酸铜溶液；5—库仑计；6—稳流电源

4. 停止通电后，从电量计中取出阴极铜片，用水冲洗后，淋以乙醇并吹干，称其质量。

5. 将迁移管中的溶液以 4∶1∶1∶4 的体积比例分为"阳极区"、"近中阳极区"、"近中阴极区"和"阴极区"四份，并分别缓慢放入已称量过、干净的锥形瓶中，再称量各锥形瓶。

6. 各瓶中加 10％KI 溶液 10mL、1mol·L⁻¹ 醋酸溶液 10mL，用标准硫代硫酸钠溶液滴定，滴至淡黄色，加入 1mL 淀粉指示剂，再滴至紫色消失。

**【数据处理】**

1. 从"近中阳极区"及"近中阴极区"分析结果求出每克水所含的硫酸铜的质量(以 g 计)

$$m_{CuSO_4} = (VM)_{Na_2S_2O_3} \times \frac{159.6}{1000}$$

$$m_{H_2O} = m_{溶液} - m_{CuSO_4}$$

$$硫酸铜在水中含量 = \frac{m_{CuSO_4}}{m_{H_2O}}$$

由于中极区溶液在通电前后浓度不变，因此，其值即是原硫酸铜溶液的浓度。通过此值可以求出通电前阴极区、阳极区硫酸铜溶液中所含的硫酸铜的质量（以 g 计）。

2. 通过阳极区溶液的滴定结果，计算出通电后阳极区溶液中所含的硫酸铜的质量，并可计算出阳极区溶液中所含的水量，从而求出通电前阳极区溶液中所含的硫酸铜的质量。最后就可以得出 $n_后$、$n_前$。

3. 由电量计阴极铜片的增量，算出通入的总电量。即

$$铜片的增量 \div 铜的原子量 = n_电$$

该量是阳极溶入阳极区溶液中 Cu 的量。

把所得数据代入式（2-14-7）求出 $n_迁$。

4. 计算出阳极区的 $t_{Cu^{2+}}$ 和 $t_{SO_4^{2-}}$。

5. 计算出阴极区的 $t_{Cu^{2+}}$ 和 $t_{SO_4^{2-}}$，与阳极区的计算结果进行比较、分析。

**【注意事项】**

1. 实验中所用的铜电极必须用纯度为 99.999％ 的电解铜。

2. 实验过程中凡是能引起溶液扩散、搅动、对流等因素必须避免。电极阴、阳极的位置不能颠倒，迁移管活塞下端以及电极上都不能有气泡，所通电流不能太大。

3. 本实验中各部分溶液的划分正确很重要。实验前后，近中阳极区、近中阴极区的溶液浓度不变。因而阳极部与阴极部的溶液不可错划入中部，会引入误差。如果近中阳极部与近中阴极部的分析结果相差甚大，即表示溶液分层不符要求，实验应重做。

4. 本实验由库仑计阴极的增量来计算总的通电量。因而称量及前处理都很重要，应特别小心。

**【思考题】**

1. 0.1mol·L⁻¹KCl 和 0.1mol·L⁻¹NaCl 中的 Cl⁻ 迁移数是否相同？为什么？

2. 如以阳极区电解质溶液的浓度变化计算 $t_{Cu^{2+}}$，其计算公式应如何？

3. 影响本实验的因素有哪些？

# 实验 15　电导的测定及其应用

**【实验目的】**

1. 了解溶液的电导、电导率和摩尔电导率的概念；

2. 测量电解质溶液的摩尔电导率，并计算弱电解质溶液的电离平衡常数和难溶盐的溶度积。

**【实验原理】**

1. 醋酸电离平衡常数的测定

电解质溶液是靠正、负离子的迁移来传递电流的。而弱电解质溶液中，只有已电离部分才能承担传递电量的任务。在无限稀释的溶液中可认为弱电解质已全部电离。此时溶液的摩尔电导率为 $\Lambda_m$，而且可用离子极限摩尔电导率相加而得。

一定浓度下的摩尔电导率 $\Lambda_m$ 与无限稀释的溶液中的摩尔电导率 $\Lambda_m^\infty$ 是有差别的。这由两个因素造成，一是溶液中电解质不完全离解，二是离子间存在着相互作用力。所以 $\Lambda_m$ 通常称为表观摩尔电导率。

$$\frac{\Lambda_m}{\Lambda_m^\infty}=\alpha\frac{(U_++U_-)}{(U_+^\infty+U_-^\infty)} \tag{2-15-1}$$

若 $U_+^\infty=U_+$，$U_-^\infty=U_-$，则

$$\frac{\Lambda_m}{\Lambda_m^\infty}=\alpha \tag{2-15-2}$$

式中，$\alpha$ 为电离度。

AB 型弱电解质在溶液中电离达到平衡时，电离平衡常数 $K_c$、浓度 $c$、电离度 $\alpha$ 有以下关系：

$$K_c=\frac{c\alpha^2}{1-\alpha} \tag{2-15-3}$$

$$K_c=\frac{c\Lambda_m^2}{\Lambda_m^\infty(\Lambda_m^\infty-\Lambda_m)} \tag{2-15-4}$$

根据离子独立定律，$\Lambda_m^\infty$ 可以从离子的无限稀释的摩尔电导率计算出来。$\Lambda_m$ 则可以从电导率的测定求得，然后求算出 $K_c$。

2. 难溶盐溶度积的测定

难溶于水的盐类，其溶解度很小，难以用普通的化学分析方法直接测定。借助于电导测定法则可以方便地求得其溶解度。如用电导法测定 AgCl 饱和溶液的电导率 $\kappa_{溶液}$，因为溶液极稀，必须从中减去纯水的电导率 $\kappa_水$，故 AgCl 的电导率为：

$$\kappa_{AgCl}=\kappa_{溶液}-\kappa_水$$

根据摩尔电导率公式：

$$\Lambda_m=\frac{\kappa}{c} \tag{2-15-5}$$

考虑到溶液极稀，可用 $\Lambda_m^\infty$ 近似代替 $\Lambda_m$，故

$$c_{AgCl}=\frac{\kappa_{AgCl}}{\Lambda_{m,AgCl}^\infty}$$

AgCl 的溶度积为

$$K_{sp}=a_{Ag^+}a_{Cl^-}$$

当溶液极稀时，可用浓度代替活度，得：

$$K_{sp}=\left(\frac{c_{AgCl}}{c^\ominus}\right)^2=\frac{\kappa_{AgCl}^2}{(\Lambda_{m,AgCl}^\infty)} \tag{2-15-6}$$

**【仪器及试剂】**

| | | | |
|---|---|---|---|
| DDS-ⅡA（T）型电导率仪 | 1台 | 恒温槽 | 1套 |
| 醋酸溶液（0.1mol·L⁻¹） | 1瓶 | 20mL 移液管 | 2支 |
| 100mL 锥形瓶 | 3只 | 100mL 烧杯 | 1只 |

250mL 锥形瓶　　　　　　　1 只

硫酸钡（分析纯）　　　　　　　　　　　　氯化银（分析纯）

**【实验步骤】**

1. 调整恒温槽温度为 25℃。

2. 在 250mL 锥形瓶中倒入 200mL 蒸馏水，在另一只锥形瓶中用移液管取 40mL 醋酸溶液（0.1mol·L$^{-1}$）。然后，把它们放在恒温槽中进行恒温。取 AgCl 和 BaSO$_4$ 的饱和溶液约 40mL 于两个锥形瓶中，放在恒温槽中进行恒温。

3. 测量不同浓度 CH$_3$COOH 的电导率：将恒温的 40mL 0.1 mol·L$^{-1}$CH$_3$COOH 溶液在 25℃下测量电导率。测完后，用吸取醋酸的移液管从烧杯中吸出 20mL CH$_3$COOH 溶液弃去，另一只移液管吸取 20mL 恒温后的蒸馏水注入此烧杯，混合均匀，在 25℃下测量电导率。如果稀释四次，可得到 CH$_3$COOH 浓度为 0.1mol·L$^{-1}$、0.05mol·L$^{-1}$、0.025 mol·L$^{-1}$、0.01250mol·L$^{-1}$ 和 0.006250mol·L$^{-1}$ 的电导率。

注：测完后，用蒸馏水冲洗电极，并用滤纸吸干，使电极不带液体（注意：一定不要擦拭电极表面），以下每次测量都是如此。

4. 在 25℃下测量难溶盐 AgCl 和 BaSO$_4$ 的饱和溶液的电导率。

5. 在 25℃下测量蒸馏水的电导率。

**【数据处理】**

1. 已知 298.2K 时，无限稀释溶液中离子的无限稀释离子摩尔电导率 $\Lambda_m^\infty$（H$^+$）＝ 349.82×10$^{-4}$S·m$^2$·mol$^{-1}$，$\Lambda_m^\infty$（CH$_3$COO$^-$）＝40.9×10$^{-4}$S·m$^2$·mol$^{-1}$，计算醋酸的 $\Lambda_m^\infty$，再计算各浓度醋酸的电离度 $\alpha$ 和离解平衡常数 $K_c$。

2. 已知 298.2K 时，无限稀释溶液中离子的无限稀释离子摩尔电导率 $\Lambda_{m,AgCl}^\infty$＝ 138.26×10$^{-4}$S·m$^2$·mol$^{-1}$，$\Lambda_{m,BaSO_4}^\infty$＝287.28×10$^{-4}$S·m$^2$·mol$^{-1}$。

**【注意事项】**

1. 本实验配制溶液时，均需用去离子水。

2. 温度对电导有较大影响，所以整个实验必须在同一温度下进行。每次用去离子水稀释溶液时，需温度相同。因此可以预先把去离子水装入锥形瓶，置于恒温槽中恒温。

**【思考题】**

1. 本实验为何要测水的电导率？

2. 实验中为何用镀铂黑电极？使用时注意事项有哪些？

# 实验 16　电动势的测定及其应用

**【实验目的】**

1. 掌握对消法测定电池电动势的原理，学会使用电势差计。

2. 学会制备盐桥的方法。

3. 了解可逆电池电动势的应用。

**【实验原理】**

原电池是由两个"半电池"组成的，每一个半电池中包含一个电极和相应的电解质溶液。不同的半电池可以组成各种各样的原电池。电池反应中正极起还原作用，负极起氧化作用，而电池反应是电池中两个电极反应的总和。其电动势为组成该电池的两个半电池的电极电势的代数和。若已知一半电池的电极电势，通过测定电动势，即可求得另一半电池的电极电势。目前尚不能从实验上测定单个半电池的电极电势。在电化学中，电极电势是以某一电极为标准而求出其他电极的相对值。现在国际上采用的标准电极是标准氢电极，即 $a_{H^+}=1$，$p_{H_2}=100kPa$ 时被氢气所饱和的铂电极。但氢电极使用比较麻烦，因此常把具有稳定电势的电极，如甘汞电极，银-氯化银电极等作为第二类参比电极。

通过测定电池电动势可求算某些反应的 $\Delta H$、$\Delta S$、$\Delta G$ 等热力学函数；电解质的平均活度系数，难溶盐的溶度积和溶液的 pH 值等数据。但要求上述数据必须能够设计成一个可逆电池，该电池反应就是所需求的反应。

例如用电动势法求 AgCl 的 $K_{sp}$。则需设计成如下电池：

$$Ag(s) + AgCl(s) \mid KCl(b) \parallel AgNO_3(b) \mid Ag(s)$$

电池的电极反应为

负极
$$Ag + Cl^-(b) \longrightarrow AgCl + e^-$$

正极
$$Ag^+(b) + e^- \longrightarrow Ag$$

电池总反应
$$Ag^+(b) + Cl^-(b) \longrightarrow AgCl$$

电池电动势
$$E = \varphi_{右} - \varphi_{左}$$

$$E = \left[ \varphi^{\ominus}_{Ag^+,Ag} + \frac{RT}{F}\ln a_{Ag^+} \right] - \left[ \varphi^{\ominus}_{Ag^+,AgCl,Cl^-} + \frac{RT}{F}\ln\frac{1}{a_{Cl^-}} \right]$$

$$= E^{\ominus} - \frac{RT}{F}\ln\frac{1}{a_{Cl^-}a_{Ag^+}} \tag{2-16-1}$$

$$\Delta G^{\ominus} = -nFE^{\ominus} = -RT\ln\frac{1}{K_{sp}} \tag{2-16-2}$$

$$E^{\ominus} = \frac{RT}{F}\ln\frac{1}{K_{sp}} \tag{2-16-3}$$

所以

$$\lg K_{sp} = \lg a_{Ag^+} + \lg a_{Cl^-} - \frac{FE}{2.303RT} \tag{2-16-4}$$

只要测得该电池的电动势，就可以通过上式求得 AgCl 的 $K_{sp}$。

又例如通过电动势的测定，求溶液的 pH 值，可设计如下电池：

$$Hg + Hg_2Cl_2(s) \mid 饱和 KCl 溶液 \parallel 饱和有醌氢醌（Q \mid H_2Q）的未知 pH 值溶液 \mid Pt$$

醌氢醌（$Q \mid H_2Q$）为等摩尔的醌（Q）和氢醌（$H_2Q$）的结晶化合物，在水中溶解度很小，作为正极时其反应为

$$C_6H_4O_2(Q) + 2H^+ + 2e^- \longrightarrow C_6H_4(OH)_2(H_2Q)$$

其电极电势

$$\varphi_{右} = \varphi^{\ominus}_{Q\mid H_2Q} - \frac{RT}{2F}\ln\frac{a_{H_2Q}}{a_Q a^2_{H^+}} = \varphi^{\ominus}_{Q\mid H_2Q} - \frac{2.303RT}{F}pH \tag{2-16-5}$$

因为
$$E = \varphi_{右} - \varphi_{左} = \varphi_{Q\mid H_2Q} - \frac{2.303RT}{F}pH - \varphi_{Hg_2Cl_2\mid Hg} \tag{2-16-6}$$

所以
$$pH = \frac{\varphi^{\ominus}_{Q|H_2Q} - E - \varphi_{Hg_2Cl_2|Hg}}{2.303RT/F} \qquad (2\text{-}16\text{-}7)$$

只要测得电动势，就可通过上式求得未知溶液的 pH 值。

电池电动势不能直接用伏特计来测量，因为当伏特计与待测电池接通后，整个线路上便有电流通过，此时电池内部由于存在内电阻而产生电势降，并在电池两电极发生化学反应，溶液浓度发生变化，电动势数值不稳定，所以要准确测定电池电动势，只有在无电流的情况下进行，所以测定电池电动势采用对消法。

**【仪器及试剂】**

| SDC-II 型电势差计 | 1 台 | 银电极 | 2 支 |
|---|---|---|---|
| 铂电极、饱和甘汞电极 | 各 1 支 | 盐桥玻管 | 4 根 |
| 银-氯化银电极 | 1 支 | 恒温槽 | 1 台 |

硝酸银溶液（0.100mol·L⁻¹）　　　　　未知 pH 值溶液

氯化钾溶液（0.100mol·L⁻¹）　　　　　醌氢醌（Q-H₂Q）（分析纯）

硝酸钾（分析纯）

**【实验步骤】**

本实验测定下列四个电池的电动势：

Hg(l)＋Hg₂Cl₂(s)│饱和 KCl 溶液‖AgNO₃(0.100mol·L⁻¹)│Ag(s)

Ag(s)│KCl(0.0lmol·L⁻¹)与饱和 AgCl 溶液‖AgNO₃(0.010 mol L⁻¹)│Ag(s)

Hg(l)＋Hg₂Cl₂(s)│饱和 KCl 溶液‖饱和有醌氢醌的未知 pH 值溶液│Pt

Ag(s)＋AgCl(s)│KCl(0.100mol·L⁻¹)‖AgNO₃(0.100 mol·L⁻¹)│Ag(s)

1. 电极制备

(1) 铂电极和饱和甘汞电极系采用现成的商品，使用前用蒸馏水淋洗干净，若铂片上有油污，应在丙酮中浸泡，然后用蒸馏水淋洗。

(2) 用商品银电极进行电镀，制备成银电极，银-氯化银电极。

(3) 醌氢醌电极。将少量醌氢醌固体加入待测的未知 pH 值溶液中，搅拌使成饱和溶液，然后插入干净的铂电极。

2. 盐桥的制备

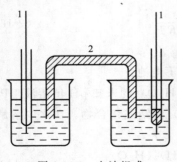

图 2-16-1　电池组成
1—电极；2—盐桥

为了消除液接电势，必须使用盐桥，其制备方法：用滴管将 KNO₃（0.010 mol·L⁻¹）灌入干净的 U 形管中，U 形管两端不能留有气泡，用琼脂封住两端，待用。

3. 电动势的测定

(1) 按图 2-16-1 组成四个电池。置于 25℃ 恒温槽中。

(2) 将待测电池的两个电极，接至 SDC-II 型电势差计上，注意正、负极不能接错。

(3) 测量电池电动势。

实验完毕，把盐桥放在水中加热溶解，洗净，其他各仪器复原，检流计短路放置。

**【数据处理】**

1. 根据第二、四个电池的测定结果，求算 AgCl 的 $K_{sp}$。

已知 25℃时，0.100mol·L$^{-1}$ AgNO$_3$ 的 $\gamma^{25}_{Ag^+} = \gamma_\pm = 0.756$；0.1mol·L$^{-1}$ 的 KCl 溶液的 $\gamma_\pm = 0.769$；0.01mol·L$^{-1}$ 的 KCl 溶液的 $\gamma_\pm = 0.901$；0.01mol·L$^{-1}$ 的 AgNO$_3$ 的 $\gamma_\pm = 0.902$。

2. 由第一个电池求 $\varphi^{\ominus}_{Ag^+,Ag}$

已知饱和甘汞电极电势与温度的关系为：

$$\varphi_{Hg_2Cl_2|Hg} = 0.2412 - 6.61 \times 10^{-4}(t-25) - 1.75 \times 10^{-6}(t-25)^2 - 9.16 \times 10^{-10}(t-25)^3$$

$$(2\text{-}16\text{-}8)$$

$\varphi^{\ominus}_{Ag^+,Ag}$ 与温度的关系为

$$\varphi^{\ominus}_{Ag^+,Ag} = 0.7991 - 9.88 \times 10^{-4}(t-25) + 7 \times 10^{-7}(t-25)^2 \qquad (2\text{-}16\text{-}9)$$

将实验测得的 $\varphi^{\ominus}_{Ag^+,Ag}$ 值与理论计算值进行比较，要求百分误差小于 1%。

3. 由第三个电池求未知溶液的 pH 值

已知

$$\varphi^{\ominus}_{Q|H_2Q} = 0.6994 - 7.4 \times 10^{-4}(t-25) \qquad (2\text{-}16\text{-}10)$$

【注意事项】

1. 连接线路时，切勿正、负极接反。

2. 组成第二个电池时，其左方半电池的制备方法如下：将 0.01mol·L$^{-1}$ 的氯化钾溶液中滴加 2 滴 0.1mol·L$^{-1}$ 硝酸银溶液，边滴边搅拌（不可多加），然后插入新制成的银电极即可。

【思考题】

1. 如果用氢电极作为参比电极排成下列电池，测定银电极电势，实验中会出现什么现象？如何纠正？

$$Ag \mid AgNO_3(a=1) \| H^+(a=1) \mid H_2, Pt$$

2. 如果 U 形管两端可能留有气泡，会发生什么现象？


# 实验 17　电动势法测定化学反应的热力学函数

【实验目的】

1. 掌握用电动势法测定化学反应热力学函数的原理和方法；

2. 在不同温度下测定电池的电动势，并计算电池反应的热力学函数——$\Delta G$、$\Delta S$ 及 $\Delta H$。

【实验原理】

在等温、等压可逆条件下，电池反应的吉布斯函数改变值为

$$\Delta G = -ZFE \qquad (2\text{-}17\text{-}1)$$

式中，$Z$ 为电池反应中已转移的电子数；$F$ 为法拉第常数。

根据吉布斯-亥姆霍兹方程

$$\Delta G = \Delta H - T\Delta S \qquad (2\text{-}17\text{-}2)$$

$$\Delta S = -\left(\frac{\partial \Delta G}{\partial T}\right)_p = ZFT\left(\frac{\partial E}{\partial T}\right)_p \qquad (2\text{-}17\text{-}3)$$

将式 (2-17-1)、式 (2-17-3) 代入式 (2-17-2)

$$\Delta H = -ZFE + ZFT\left(\frac{\partial E}{\partial F}\right)_p \tag{2-17-4}$$

由实验测得各个温度时的 $E$ 值，以 $E$ 对 $T$ 作图，从曲线斜率可求出任一温度下的 $\left(\frac{\partial E}{\partial F}\right)_p$ 值。根据式 (2-17-1)、式 (2-17-2) 和式 (2-17-4) 即可求出该反应的热力学函数 $\Delta G$、$\Delta S$、$\Delta H$。

本实验测定下列电池的电动势：

$$\text{Ag} \mid \text{AgCl} \mid 饱和 \text{KCl} 溶液 \parallel \text{Hg}_2\text{Cl}_2 \mid \text{Hg}$$

此电池的两个电极的电极电势为

$$\varphi_{\text{Hg}_2\text{Cl}_2 \mid \text{Hg}} = \varphi^{\ominus}_{\text{Hg}_2\text{Cl}_2 \mid \text{Hg}} - \frac{RT}{F}\ln a_{\text{Cl}^-}$$

$$\varphi_{\text{Ag} \mid \text{AgCl} \mid \text{Cl}^-} = \varphi^{\ominus}_{\text{Ag} \mid \text{AgCl} \mid \text{Cl}^-} - \frac{RT}{F}\ln a_{\text{Cl}^-}$$

$$E = \varphi_{\text{Hg}_2\text{Cl}_2 \mid \text{Hg}} - \varphi_{\text{Ag} \mid \text{AgCl} \mid \text{Cl}^-} = \varphi^{\ominus}_{\text{Hg}_2\text{Cl}_2 \mid \text{Hg}} - \frac{RT}{F}\ln a_{\text{Cl}^-} - (\varphi^{\ominus}_{\text{Ag} \mid \text{AgCl} \mid \text{Cl}^-} - \frac{RT}{F}\ln a_{\text{Cl}^-})$$

$$\tag{2-17-5}$$

所以
$$E = \varphi^{\ominus}_{\text{Hg}_2\text{Cl}_2 \mid \text{Hg}} - \varphi^{\ominus}_{\text{Ag} \mid \text{AgCl} \mid \text{Cl}^-} \tag{2-17-6}$$

由上可知，如在 298K 时测定此电池的电动势 $E^{\ominus}$，即可求出电池反应的 $\Delta G^{\ominus}_{298}$。如测定不同温度下的电池电动势，就可求出 $\Delta H^{\ominus}_{298}$、$\Delta S^{\ominus}_{298}$。

【仪器及试剂】

| | | |
|---|---|---|
| 反应器与磁力搅拌器 | 1 套 | 对消法测电动势装置　　　1 套 |
| 银电极 | | 甘汞电极 |
| 氯化钾（分析纯） | | |

【实验步骤】

1. 制备银-氯化银电极（参见实验 16 电极制备）

2. 按图 2-17-1 组成电池。在 298K、303K、308K、313K、318K 测定电池电动势。

【数据处理】

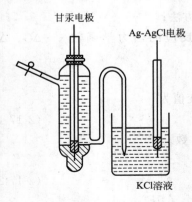

甘汞电极

Ag-AgCl电极

KCl溶液

图 2-17-1　电池组成

1. 以 298K 测得的电动势，计算反应的 $\Delta G^{\ominus}_{298}$。

2. 绘出 $E$-$T$ 关系曲线，求出 $\left(\frac{\partial E}{\partial F}\right)_p$，计算反应的 $\Delta H^{\ominus}_{298}$ 和 $\Delta S^{\ominus}_{298}$。

【注意事项】

1. 测定电池电动势时，确保氯化钾溶液达到饱和。

2. 测定开始时，电池电动势值不太稳定，因此需每隔一定时间测定一次，直至稳定时为止。

【思考题】

上述电池电动势与电池中氯化钾的浓度是否有关？为什么？

# Ⅳ. 表面化学

## 实验 18　溶液中等温吸附

### 【实验目的】

1. 测定活性炭在甲基橙溶液中的吸附作用，求出吸附等温线及 Freundlich 方程式中的常数 $k$ 和 $n$；

2. 了解 752 型分光光度计的基本原理，并熟悉其使用方法。

### 【实验原理】

多孔性、比表面积较大的固体吸附剂，如活性炭、硅胶等在溶液中皆有较强的吸附能力。这种吸附能力常用吸附量表示。吸附量可以根据吸附前后溶液浓度的变化来计算：

$$\Gamma = \frac{x}{m} = \frac{(c_0 - c)V}{m} \tag{2-18-1}$$

式中，$\Gamma$ 为吸附量，通常指每克吸附剂上吸附物的物质的量；$c_0$ 为吸附前溶液的浓度；$c$ 为吸附平衡时溶液的浓度；$V$ 为溶液的体积；$m$ 为吸附剂的质量。

从实践中得知，在很多情况下，吸附量与温度、溶液浓度有关。在温度恒定时，吸附量常随着吸附平衡时溶液浓度的增加而增加。弗戎德利希总结出一个经验公式：

$$\Gamma = kc^{\frac{1}{n}} \tag{2-18-2}$$

式中，$k$ 和 $n$ 皆为经验常数。

对式 (2-18-2) 两边取对数得

$$\lg\Gamma = \lg k + \frac{1}{n}\lg c \tag{2-18-3}$$

式 (2-18-3) 为一直线方程式，以 $\lg\Gamma$ 为纵坐标，$\lg c$ 为横坐标作图为一直线，其斜率为 $\frac{1}{n}$，截距为 $\lg k$（见图 2-18-1），因此可求得 $n$ 和 $k$ 值，亦可在已知 $n$ 和 $k$ 值时，求得不同浓度溶液中固体的吸附量。

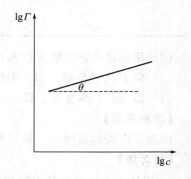

图 2-18-1　按弗戎德利希公式处理

### 【仪器及试剂】

| | | | |
|---|---|---|---|
| 752 型分光光度计 | 1 台 | 电动离心机 | 1 台 |
| 磨口量筒（50mL） | 6 个 | 容量瓶（50mL） | 8 个 |
| 颗粒活性炭 | | 甲基橙溶液（0.04%） | |

### 【实验步骤】

1. 用 50mL 容量瓶配制下列 8 种甲基橙溶液：0.0002%、0.0004%、0.0006%、0.0008%、0.001%、0.0012%、0.0014%、0.0016%，再用 752 型分光光度计分别测量它们的吸光度。

2. 用 6 个磨口量筒配制 0.004%、0.008%、0.012%、0.016%、0.020%、0.024%的甲基橙溶液各 25mL，做好标记。然后在每个量筒中分别加入用减差法称取的约 300mg 活性炭，充分摇动。待吸附平衡后，用电动离心机分离取上层清液，用分光光度计测量其吸光度。

**【结果处理】**

1. 标准工作曲线的绘制

| 编　　号 | 1 | 2 | 3 | 4 | 5 | 6 | 7 | 8 |
|---|---|---|---|---|---|---|---|---|
| 标准浓度甲基橙溶液/mL | | | | | | | | |
| 配制甲基橙溶液浓度/% | | | | | | | | |
| 吸光度 $A$ | | | | | | | | |

根据上表中数据，以吸光度 $A$ 为纵坐标，以浓度为横坐标绘制标准曲线。

2. 实验结果处理

(1) 将实验测定数据填入下列表格：

| 样品编号 | 1 | 2 | 3 | 4 | 5 | 6 |
|---|---|---|---|---|---|---|
| 标准浓度甲基橙溶液/mL | | | | | | |
| 甲基橙溶液初浓度 $c_0$/% | | | | | | |
| 活性炭的质量/g | | | | | | |
| 吸光度 | | | | | | |
| 甲基橙溶液平衡浓度 $c$/% | | | | | | |
| 吸附甲基橙的量 $(c_0-c)V$ | | | | | | |
| $\Gamma$ | | | | | | |
| $\lg\Gamma$ | | | | | | |

(2) 用比色法测得吸光度在标准曲线上求得浓度 $c$。

(3) 以 $\Gamma$ 为纵坐标，以 $c$ 为横坐标绘出吸附等温线。

(4) 以 $\lg\Gamma$ 为纵坐标，以 $\lg c$ 为横坐标作图，从所得直线的斜率和截距求 $n$、$k$。

**【注意事项】**

因为活性炭容易吸潮，所以称量时动作要快。

**【思考题】**

1. 用什么方法使活性炭较快地从溶液中分离出来？

2. 如何才能使吸附平衡加快到达？

# 实验 19　最大气泡法测定溶液的表面张力

**【实验目的】**

1. 了解表面张力的性质、表面能的意义以及表面张力和吸附的关系；

2. 掌握一种测定表面张力的方法——最大气泡法。

**【实验原理】**

1. 物体表面分子和内部分子所处的境遇不同，表面层分子受到向内的拉力，所以液体表面都有自动缩小的趋势。如果把一个分子由内部迁移到表面，就需要对抗拉力而做功。在温度、压力和组成恒定时，可逆地使表面增加 $dA$ 所需对系统做的功，叫表面功，可以表示为：

$$-\delta W = \gamma dA \tag{2-19-1}$$

式中，$\gamma$ 为比例常数。

$\gamma$ 在数值上等于当 $T$、$p$ 和组成恒定的条件下增加单位表面积时必须对系统做的可逆非膨胀功，也可以说是每增加单位表面积时系统吉布斯函数的增加值。环境对系统做的表面功转变为表面层分子比内部分子多余的吉布斯函数。因此，$\gamma$ 称为表面吉布斯函数，其单位是焦耳每平方（J·m$^{-2}$）。$\gamma$ 为作用在界面上每单位长度边缘上的力，通常称为表面张力。

从另外一方面考虑表面现象，特别是观察气液界面的一些现象，可以觉察到表面上存在着一种张力，它力图缩小表面积，此力称为表面张力，其单位是牛顿每米（N·m$^{-1}$）。表面张力是液体的重要特性之一，与所处的温度、压力、浓度以及共存的另两相的组成有关。纯液体的表面张力通常是指该液体与饱和了其本身蒸气的空气共存的情况而言。

2. 纯液体表面层的组成与内部层相同，因此，液体降低系统表面吉布斯函数的唯一途径是尽可能缩小其表面积。对于溶液，则由于溶质会影响表面张力，因此可以调节溶质在表面层的浓度来降低表面吉布斯函数。

根据能量最低原则，溶质能降低溶剂的表面张力时，表面层中溶质的浓度应比溶液内部的大。反之溶质使溶剂的表面张力升高时，它在表面层中的浓度比在内部的浓度来得低，这种表面浓度与溶液内部浓度不同的现象叫"吸附"。显然，在指定温度和压力下，吸附与溶液表面张力及溶液的浓度有关。Gibbs 用热力学的方法推导出它们间的关系式：

$$\Gamma = -\frac{c}{RT}\left(\frac{d\gamma}{dc}\right)_T \tag{2-19-2}$$

式中，$\Gamma$ 为表面超量，mol·m$^{-2}$；$\gamma$ 为溶液的表面张力，J·m$^{-2}$；$T$ 为热力学温度；$c$ 为溶液浓度，mol·m$^{-3}$；$R$ 为气体常数。

当 $\left(\frac{d\gamma}{dc}\right)_T < 0$ 时，$\Gamma > 0$ 称为正吸附；反之，当 $\left(\frac{d\gamma}{dc}\right)_T > 0$ 时，$\Gamma < 0$ 称为负吸附。

前者表明加入溶质使液体表面张力下降，此类物质称为表面活性剂。后者表明加入溶质使液体表面张力升高，此类物质称为非表面活性剂。因此，从 Gibbs 关系式可看出，只要测出不同浓度溶液的表面张力，以 $\gamma$-$c$ 作图，在图的曲线上作不同浓度的切线，把切线的斜率代入 Gibbs 吸附公式，即可求出不同浓度时气-液界面上的吸附量 $\Gamma$。

在一定温度下，吸附量与溶液浓度之间的关系由 Langmuir 等温式表示：

$$\Gamma = \Gamma_\infty \frac{Kc}{1+Kc} \tag{2-19-3}$$

式中，$\Gamma_\infty$ 为饱和吸附量，mol·m$^{-2}$；$K$ 为经验常数，与溶质的表面活性大小有关。将式（2-19-3）改写成直线方程，则：

$$\frac{c}{\Gamma} = \frac{c}{\Gamma_\infty} + \frac{1}{K\Gamma_\infty} \tag{2-19-4}$$

若以 $\frac{c}{\Gamma}$ 对 $c$ 作图可得一直线，由直线斜率即可求出 $\Gamma_\infty$。

假若在饱和吸附的情况下，在气-液界面上铺满一单分子层，则可应用下式求得被测物质的横截面积 $A_m$。

$$A_m = \frac{1}{\Gamma_\infty L} \qquad (2\text{-}19\text{-}5)$$

式中，$L$ 为阿伏伽德罗常数。

3. 本实验选用单管式最大气泡法，其装置和原理如图 2-19-1 所示。

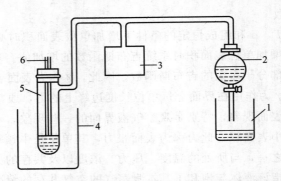

图 2-19-1　最大气泡法测定溶液的表面张力的装置

1—烧杯；2—滴液漏斗；3—数字式微压差测量仪；4—恒温装置；5—带支管的试管；6—毛细管

当表面张力仪中的毛细管端面与待测液面相切时，液面即沿毛细管上升。打开分液漏斗的活塞，使水缓慢下滴而减少系统压力，这样毛细管内液面上受到一个比试管中液面上大的力，当此压力差在毛细管端面上产生的作用力稍大于毛细管口液体的表面张力时，气泡就从细管口逸出，这一最大压力差可由数字式微压差测量仪上读出。其关系式为

$$p_{最大} = p_{大气} - p_{系统} = \Delta p \qquad (2\text{-}19\text{-}6)$$

如果毛细管半径为 $r$，气泡由毛细管口逸出时受到向下的总压力为 $2\pi r^2 p_{最大}$。

气泡在毛细管受到的表面张力引起的作用力为 $2\pi r\gamma$。刚发生气泡自毛细管口逸出时，上述两力相等，即：

$$\pi r^2 p_{最大} = \pi r^2 \Delta p = 2\pi r\gamma \qquad (2\text{-}19\text{-}7)$$

$$\gamma = \frac{r}{2}\Delta p \qquad (2\text{-}19\text{-}8)$$

若用同一根毛细管，对两种具有表面张力为 $\gamma_1$ 和 $\gamma_2$ 的液体而言，则有下列关系：

$$\gamma_1 = \frac{r}{2}\Delta p_1 \qquad \gamma_2 = \frac{r}{2}\Delta p_2 \qquad \frac{\gamma_1}{\gamma_2} = \frac{\Delta p_1}{\Delta p_2}$$

则

$$\gamma_1 = \gamma_2 \Delta p_1 / \Delta p_2 = K\Delta p_1 \qquad (2\text{-}19\text{-}9)$$

式中，$K$ 为仪器常数。

因此，以已知表面张力的液体为标准，从式（2-19-9）即可求出其他液体的表面张力。

【仪器及试剂】

| | | | |
|---|---|---|---|
| 恒温装置 | 1 套 | 烧杯（25mL） | 1 个 |
| 带有支管的试管（附木塞） | 1 支 | 毛细管（$\phi 0.15 \sim 0.20$mm） | 1 根 |
| 容量瓶（50mL） | 8 只 | 数字式微压差测量仪 | 1 台 |
| 正丁醇（分析纯） | | | |

【实验步骤】

1. 洗净仪器并按图 2-19-1 安装装置。对需干燥的仪器作干燥处理，分别配制 0.02mol·$L^{-1}$、0.05mol·$L^{-1}$、0.10mol·$L^{-1}$、0.15mol·$L^{-1}$、0.20mol·$L^{-1}$、0.25mol·$L^{-1}$、

$0.30mol \cdot L^{-1}$、$0.35mol \cdot L^{-1}$正丁醇溶液各 50mL。

2. 调节恒温槽为 25℃。

3. 仪器常数测定，先以水作为待测液测定其仪器常数，方法是将干燥的毛细管垂直地插到使毛细管的端点刚好与水面相切，打开滴液漏斗，控制滴液速度，使毛细管逸出气泡的速度为 5～10s 1 个。在毛细管口气泡逸出的瞬间最大压差为 700～800Pa 左右（否则，需换毛细管）。

可以通过手册查出实验温度时水的表面张力，利用公式 $K = \gamma_{H_2O}/\Delta p$，求出仪器常数 $K$。

4. 待测样品表面张力的测定，用待测溶液洗净试管和毛细管，加入适量样品于试管中，按照仪器常数测定的方法，测定已知浓度的待测样品的压力差 $\Delta p$，代入式（2-19-9）计算其表面张力。

**【结果处理】**

1. 由表 4-2-16 查出实验温度时水的表面张力，算出毛细管常数 $K$。

2. 由实验结果计算各份溶液的表面张力 $\gamma$，并作 $\gamma$-$c$ 曲线

3. 在 $\gamma$-$c$ 曲线上分别在 $0.05mol \cdot L^{-1}$、$0.10 mol \cdot L^{-1}$、$0.15mol \cdot L^{-1}$、$0.20mol \cdot L^{-1}$、$0.25mol \cdot L^{-1}$、$0.30mol \cdot L^{-1}$处作切线，分别求出各浓度的 $\left(\dfrac{d\gamma}{dc}\right)_T$ 值，并计算在各相应浓度下的 $\Gamma$。

4. 用 $\dfrac{c}{\Gamma}$ 对 $c$ 作图，应得一条直线，由直线斜率求出 $\Gamma_\infty$。

5. 根据式（2-19-5）计算正丁醇分子的横截面积 $A_m$。

**【注意事项】**

1. 测定用的毛细管一定要洗干净，否则气泡可能不能连续稳定地流过，而使压差计读数不稳定，如发生此种现象，毛细管应重洗。

2. 毛细管一定要保持垂直，管口刚好插到与液面接触。

**【思考题】**

1. 用最大气泡法测定表面张力时为什么要读最大压力差？

2. 哪些因素影响表面张力的测定结果？如何减小以致消除这些因素对实验的影响？

3. 滴液漏斗放水的速度过快对实验结果有没有影响？为什么？

# 实验 20　容量法测定固体比表面

**【实验目的】**

1. 熟悉并掌握高真空技术；

2. 学会一种测定比表面的物理化学方法。

**【实验原理】**

容量吸附法是在一定体积内改变吸附质的压力，测定固体物质在定温下的吸附平衡压

力，由吸附前后压力的改变值算出平衡吸附量，并利用 BET 吸附公式计算出固体的比表面。

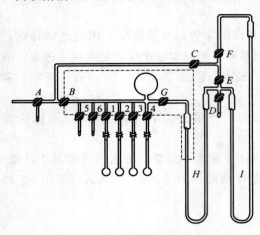

图 2-20-1　简单 BET 装置

这里介绍简易 BET 方法，装置如图 2-20-1 所示。图中 $H$、$I$ 是两个分别装有水银的 $U$ 形压力计。$H$ 相当于一个等位计。其操作原理是利用外压调节平衡压力，使 $U$ 形管 $H$ 两臂等位。在压力计 $I$ 右臂预先抽空的情况下，可直接读出系统的平衡压力。1、2、3、4 为四个样品管，可同时测定四个样品。5、6 为两个带活塞的开口，可以接上储有吸附气体的球胆（或气体钢瓶）。活塞 $A$ 是连接到真空泵的三通活塞，可使泵与大气或系统连通。活塞 $B$、$C$、$D$、$E$、$F$、$G$ 都在测量时使用。图中虚线所框部分需预先测量，其体积称自由体积，以 $V_{自}$ 表示，该体积在测量中应保持不变。$V_{自}$ 事先测定，每个样品管塞以下体积叫死体积，以 $V_{死}$ 表示，其值随每次装样量的不同而异，因此每次都要进行测量。

根据理想气体状态方程式 $pV=nRT$，可从 $V_{自}$、$V_{死}$ 以及测出的压力计算出吸附前后的气体量，进而算出吸附量。

【仪器及试剂】

| | | | |
|---|---|---|---|
| 简易 BET 装置 | 1 套 | 真空泵 | 1 台 |
| 加热炉 | 1 只 | 氧气温度计 | 1 支 |
| 储气球胆 | 2 台 | 温度控制和测量仪 | 1 台 |
| 标准体积球 | 1 只 | 氮气钢瓶 | 1 个 |
| 氦气钢瓶 | 1 个 | 气体净化装置 | 1 套 |
| 测定样品 | 若干 | 液氮冷阱 | 1 只 |

【实验步骤】

1. 装样

根据固体比表面积的不同，确定加样量。

2. 加热脱附

在样品管外小心套上加热套炉，调节控温仪，使炉温上升。打开样品管活塞，升温至 100℃左右，开始抽气。将活塞 $A$ 转向大气，关闭活塞 $D$、5、6，其余活塞打开。开泵，慢慢把活塞 $A$ 通向系统，并继续升温至所需脱附温度（200℃），系统抽真空至 0.1333Pa 并保持 2h。脱附结束后，关上所有活塞，将活塞 $A$ 通向大气，关泵，取下加热炉。

3. 测试

样品管套上液氮冷阱，在实验过程中不断补充液氮，以保持样品管浸入液氮的深度一定。

将已净化的氮气（钢瓶或球胆）接在活塞 5 的开口上，先以少量气体洗去活塞接头部分的空气。打开活塞 $C$，然后放一定量的 $N_2$ 气，使等位计上的高度差约为 10cm，立即关闭活塞 5，用活塞 $D$ 调节等位计，使之等高（水银面恢复到初始读数），记下压力计 $I$ 的压力差 $p_1$。打开样品管 1，使之吸附，待平衡约 20min 后（视等位计两臂的高度差不变）开泵。用

活塞 $G$、$E$ 调节等位计使之两臂等高，记下此时压力计 $I$ 上的压力差 $p'_1$。关闭样品管活塞 1，再放 $N_2$ 气，如前记下压力计 $I$ 上的压力差 $p_2$，平衡后记下 $p'_2$，如此重复测 4 个点（在第二次以后放气量约 8mL，平衡时间约 10min）。整个过程的比压应控制在 0.05～0.35，并记下每次测试的室温。

对样品管 2、3、4 进行同样的测试，每测完一个样品，需测定液氮冷阱温度。

氮气的饱和蒸气压是通过氧气温度计测定的。

4．测定死体积

测定死体积可以在测试前进行，也可以在测试后进行，所用的气体为氦气。将吸附 $N_2$ 气后的样品管活塞打开，再移去液氮冷阱下抽去 $N_2$ 气后（同上法），再套上液氮冷阱（液氮冷阱仍保持与测试时同样高度），以氦气代替氮气进行测定。

根据波义耳定律：$V_自 p_1 = (V_自 - V_死) p_2$ 可计算出第一次放气后的 $V_死$，即

$$V_{死1} = \frac{p_1 - p_2}{p_2} V_自 = A_1 V_自$$

第二次放气后：

$$V_{死2} = \frac{(p_3 - p_4) + (p_1 - p_2)}{p_4} V_自 = A_2 V_自$$

第三次放气后：

$$V_{死3} = \frac{(p_5 - p_6) + (p_3 - p_4) + (p_1 - p_2)}{p_6} V_自 = A_3 V_自$$

其中 $\dfrac{p_1 - p_2}{p_2}$、$\dfrac{(p_3 - p_4) + (p_1 - p_2)}{p_4}$、$\dfrac{(p_5 - p_6) + (p_3 - p_4) + (p_1 - p_2)}{p_6}$ 均称为死因子，以 $A_1$、$A_2$、$A_3$ 表示。$\overline{A} = \dfrac{A_1 + A_2 + A_3}{3}$，故所测 $V_死 = \overline{A} V_自$。$p_1$、$p_3$、$p_5$ 为第一、二、三次放气时测定的压力；$p_2$、$p_4$、$p_6$ 为达平衡时测定的压力。

5．将测定样品倒出，称量

【数据处理】

1．计算每一样品管的死体积。

2．计算 BET 公式中的平衡吸附量 $a$。

$a=$ 吸附前 $V_自$ 中气体物质的量－吸附平衡后 $V_自$ 中的气体物质的量－ $V_死$ 中剩余的气体物质的量，故

$$a_1 = \frac{p_1 V_自}{RT} - \frac{p'_1 V_自}{RT} - \frac{p'_1 V_死}{RT} = (p_1 - p'_1 - \overline{A} p'_1) \frac{V_自}{RT}$$

$$a_2 = (p_2 - p'_2 - \overline{A} p'_2 + \overline{A} p'_1) \frac{V_自}{RT} + a_1$$

$a_3$、$a_4$ 则依此类推。

3．求 BET 公式中铺满单分子层的吸附量 $a_m$；$p_0$ 是吸附平衡温度下吸附质的饱和蒸气压，可从表 2-20-1 查到，并算出 $\dfrac{p_1}{p_0}$，$\dfrac{p_2}{p_0}$，…，以 $\dfrac{p/p_0}{a(1 - p/p_0)}$ 对 $\dfrac{p}{p_0}$ 作图，求 $a_m$。

表 2-20-1　氮及氧在 77~84K 时的饱和蒸气压

| 温度/K | | 0 | 1 | 2 | 3 | 4 | 5 | 6 | 7 | 8 | 9 |
|---|---|---|---|---|---|---|---|---|---|---|---|
| 77 | $N_2$ | 97218.402 | 98378.304 | 99538.205 | 100711.434 | 101898.005 | 103097.903 | 104297.801 | 105524.363 | 106737.593 | 107977.488 |
| | $O_2$ | 19728.990 | 20024.964 | 20304.941 | 20592.916 | 20898.224 | 21204.864 | 21514.171 | 21846.143 | 22164.783 | 22490.088 |
| 78 | $N_2$ | 109230.715 | 110497.274 | 111777.165 | 113043.724 | 114336.947 | 115656.835 | 116963.391 | 118283.278 | 119603.166 | 120949.718 |
| | $O_2$ | 22818.060 | 23154.032 | 23475.338 | 23797.977 | 24151.280 | 24495.251 | 24855.220 | 25201.858 | 25551.161 | 25912.464 |
| 79 | $N_2$ | 122309.603 | 123696.152 | 125109.365 | 126469.249 | 127882.462 | 129295.676 | 130735.553 | 132162.099 | 133615.308 | 135081.850 |
| | $O_2$ | 26277.766 | 26644.402 | 27020.370 | 27391.005 | 27773.639 | 28170.939 | 28546.907 | 28940.207 | 29337.506 | 29740.139 |
| 80 | $N_2$ | 136561.725 | 138041.599 | 139548.137 | 141081.340 | 142574.547 | 144094.418 | 145667.617 | 147227.485 | 148800.648 | 150373.884 |
| | $O_2$ | 30146.771 | 30557.402 | 30973.367 | 31393.331 | 31817.295 | 32245.259 | 32679.889 | 33118.518 | 33563.814 | 34009.109 |
| 81 | $N_2$ | 151973.748 | 153586.944 | 155200.140 | 156826.669 | 158493.194 | 160146.386 | 161679.589 | 163506.101 | 163866.070 | 166905.812 |
| | $O_2$ | 34461.071 | 34918.365 | 35380.992 | 33847.619 | 36320.912 | 36796.872 | 37279.498 | 37770.123 | 38254.081 | 38752.706 |
| 82 | $N_2$ | 168638.998 | 170372.184 | 172118.702 | 173825.224 | 175651.735 | 177438.250 | 179251.429 | 181051.276 | 182877.787 | 184730.963 |
| | $O_2$ | 39255.330 | 39761.953 | 40272.577 | 40793.866 | 41312.488 | 41841.776 | 42375.064 | 42913.639 | 43457.639 | 44005.593 |
| 83 | $N_2$ | 186570.807 | 188450.647 | 190330.487 | 192223.660 | 194130.164 | 196063.333 | 197996.502 | 199943.003 | 201902.837 | 203876.002 |
| | $O_2$ | 44560.212 | 45122.831 | 45688.116 | 46256.068 | 46836.019 | 47419.969 | 48007.919 | 48602.535 | 49201.151 | 49807.776 |
| 84 | $N_2$ | 205875.832 | 207875.662 | 209902.157 | 211928.651 | 213981.810 | 246034.969 | 248114.792 | 220207.947 | 222301.103 | 224420.923 |
| | $O_2$ | 50419.714 | 51036.995 | 51664.941 | 52290.222 | 52926.168 | 53567.446 | 54215.391 | 54868.669 | 55526.280 | 56195.223 |

注：1mmHg＝133.322Pa。

4. 所测样品的比表面 $S$：

$$S=\frac{a_m}{m}L\sigma$$

式中，$L$ 为 Avogadro 常数；$m$ 为样品的质量；$\sigma$ 为吸附分子的截面积，若以氮作为吸附质分子，其截面积为 $162\times10^{-19}\,m^2$。

【注意事项】

1. 本实验装置中活塞较多，实验前必须弄清楚每个活塞的作用。

2. 测定前要记下压力计零点，以便校正读数。

3. 抽气脱附时，开始使系统的活塞全部打开，机械泵前的三通活塞也通大气，打开机械泵后，然后再将三通活塞由通大气慢慢转向系统，这样压力计两臂基本上能保持平衡，而且所测样品不会被抽出而影响结果。

4. 每个样品测定前，必须检查真空度是否符合要求。

5. 实验过程中，冷阱中的液氮会逐渐减少，需不断补充，使其始终保持一定的高度。

6. 每测定一个样品需测定一次液氮温度。

7. 本实验所用 $N_2$ 气与 He 气都要求很纯，如存在杂质对结果会产生影响，特别对死因子的影响更为明显，因氦气在液氮温度下不凝聚，如含有其他气体，一般在此温度都会凝聚，这样会导致死体积测不准，因此，取气时，需经过气体净化系统。如用球胆取气，事先需将球胆用已净化过的气体洗三遍。

8. 使用液氮时，操作要小心，防止液氮泼在手上而冻伤。

【思考题】

1. 本实验是根据什么原理测定系统的压力的？为什么要将压力计 $H$ 调到等位？如不调到等位对实验结果会产生什么影响？

2. 在测定吸附量时，为什么要使液氮的高度保持一定？

3. 为什么要测定死体积？测定死体积时为什么要用氦气？

# Ⅴ. 胶体化学

## 实验 21　黏度法测定高聚物分子量

【实验目的】

1. 了解毛细管黏度计的使用方法；

2. 测定聚乙烯醇的平均分子量。

【实验原理】

在高聚物的研究中，分子量是一个不可缺少的重要数据。因为它不仅反映了高聚物分子的大小，并且直接关系到高聚物的物理性能。但与一般的无机物或低分子的有机物不同，高聚物多是一个平均分子量。高聚物分子量的测定方法很多，比较起来，黏度法设备简单，操作方便，并有很好的实验精度，是常用的方法之一。

高聚物在溶液中的黏度是它在流动过程所存在的内摩擦的反映，这种流动过程中的内摩擦主要有：溶剂分子之间的内摩擦、高聚物分子与溶剂分子间的内摩擦以及高聚物分子间的内摩擦，其中溶剂分子间的内摩擦又称为纯溶剂的黏度，以 $\eta_0$ 表示。三种内摩擦的和称为高聚物溶液的黏度，以 $\eta$ 表示。实践证明，在同一温度下，高聚物溶液的黏度一般要比纯溶剂的黏度大些，即有 $\eta > \eta_0$，为了比较这两种黏度，引入增比黏度的概念，以 $\eta_{sp}$ 表示：

$$\eta_{sp} = \frac{\eta - \eta_0}{\eta_0} = \frac{\eta}{\eta_0} - 1 = \eta_r - 1 \qquad (2\text{-}21\text{-}1)$$

式中，$\eta_r$ 称为相对黏度，它是溶液黏度与溶剂黏度的比值，反映的仍是整个溶液黏度的行为。$\eta_{sp}$ 扣除了溶剂分子间的内摩擦以反映仅是纯溶剂与高聚分子间以及高聚分子间的内摩擦。显而易见，高聚物溶液的浓度变化，将会直接影响到 $\eta_{sp}$ 的大小。浓度越大，黏度也越大。为此，常常取单位浓度下呈现的黏度来进行比较，从而引出比浓黏度的概念，以 $\eta_{sp}/c$ 表示，其中 $c$ 为浓度［常以 g·mL$^{-1}$ 或 g·(100mL)$^{-1}$ 表示］。为了进一步消除高聚物分子间内摩擦的作用，当溶液无限稀释，即 $c \to 0$ 时，取比浓黏度的极限值为

$$\lim_{c \to 0} \frac{\eta_{sp}}{c} = [\eta] \qquad (2\text{-}21\text{-}2)$$

式中，$[\eta]$ 称为高聚物溶液的特性黏度，它主要反映了高聚物分子与溶剂分子之间的内摩擦作用。$[\eta]$ 的数值可通过作图的方法得到。根据实验知道，$\eta_{sp}/c$ 和 $[\eta]$ 的关系可以用经验公式表示

$$\frac{\eta_{sp}}{c} = [\eta] + K[\eta]^2 c \qquad (2\text{-}21\text{-}3)$$

这样 $\eta_{sp}/c\text{-}c$ 的图，在 $\eta_{sp}/c$ 轴上的截距就是 $[\eta]$。当 $c$ 趋于零时 $\ln\eta_r/c$ 的极限也是 $[\eta]$，这是因为

$$\frac{\ln\eta_r}{c} = \frac{\ln(1 + \eta_{sp})}{c} = \frac{\eta_{sp}}{c}\left(1 - \frac{1}{2}\eta_{sp} + \frac{1}{2}\eta_{sp}^2 + \cdots\right)$$

在浓度不大时，忽略掉高次项，则得到：

$$\lim_{c \to 0} \frac{\ln\eta_r}{c} = \lim_{c \to 0} \frac{\eta_{sp}}{c} = [\eta] \qquad (2\text{-}21\text{-}4)$$

可以将经验公式表示如下：

$$\frac{\ln\eta_r}{c} = [\eta] - \beta[\eta]^2 c \tag{2-21-5}$$

以 $\eta_{sp}/c$ 和 $(\ln\eta_r)/c$ 对 $c$ 作图（见图 2-21-1），得两条直线，在纵坐标轴交于同一点，可求出 $[\eta]$ 的值。

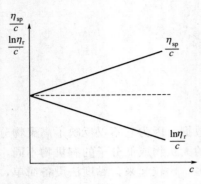

图 2-21-1　增比黏度与浓度的关系

$[\eta]$ 的单位是浓度单位的倒数。本实验中浓度的单位以 $g \cdot (100mL)^{-1}$ 表示。由溶液特性黏度 $[\eta]$ 还无法直接获得高聚物分子量的数据。目前常用半经验的马克（H. Mark）非线性方程求得。

$$[\eta] = KM^\alpha \tag{2-21-6}$$

式中，$M$ 为高聚物的分子量；$K$ 和 $\alpha$ 为常数，与温度、高聚物、溶剂等因素有关，可通过其他方法求得。实验证明，$\alpha$ 值一般在 $0.5 \sim 1$ 之间。聚乙烯醇溶于水中，在 25℃ 时，$\alpha = 0.76$，$K = 2.0 \times 10^{-4}$。

由上述可以看出，高聚物分子量的测定最终归结为溶液特性黏度 $[\eta]$ 的测定。而黏度的测定可以按照液体流经毛细管的速度来进行，根据泊松公式。

$$\eta = \frac{\pi r^4 th\rho g}{8lV} \tag{2-21-7}$$

式中，$V$ 为流经毛细管液体的体积；$r$ 为毛细管半径；$\rho$ 为溶液密度；$l$ 为毛细管的长度；$t$ 为流出时间；$h$ 是作用于毛细管中溶液上的平均液柱高度；$g$ 为重力加速度。对于同一黏度计来说，$h$、$r$、$l$、$V$ 是常数，则上式有

$$\eta = K\rho t \tag{2-21-8}$$

考虑到通常测定是在高聚物的稀溶液中进行的，溶液的密度 $\rho$ 与纯溶剂的密度 $\rho_0$ 可视为相等。溶液的相对黏度可表示为

$$\eta_r = \frac{\eta}{\eta_0} = \frac{K\rho t}{K\rho_0 t_0} \approx \frac{t}{t_0} \tag{2-21-9}$$

【仪器和试剂】

| | | | |
|---|---|---|---|
| 恒温槽 | 1 套 | 乌氏黏度计(见 3.4.1 部分) | 1 支 |
| 秒表 | 1 块 | 移液管（10mL） | 2 支 |
| 吸球 | 1 个 | 聚乙烯醇 | |
| 蒸馏水 | | | |

【实验步骤】

1. 配制高聚物溶液

称 0.5g 聚乙烯醇（分子量大的少称些，使测定的最浓溶液和最稀溶液与溶剂的相对黏度在 $2 \sim 1.1$ 之间），放入 100mL 烧杯中，注入约 60mL 蒸馏水，稍加热便溶解，冷至室温，加入 2 滴正丁醇（去泡剂），并移入 100mL 容量瓶中，加水至 100mL，此浓度定为 $c_0$。为了除去溶液中的固体物质，溶液应经过玻璃漏斗过滤，过滤时不能用滤纸，以免纤维混入。

一般高聚物不易溶解，往往需要几小时至一、二天时间。

2. 溶剂流出时间 $t_0$ 的测定

首先清洗黏度计，用洗液清洗，再用自来水、蒸馏水清洗 3 次，放到烘箱中干燥。用移液管取 15mL 蒸馏水注入黏度计中。侧管 3 上端套一胶管，并用夹子夹紧，使之不漏气。

将黏度计置于恒温槽中在 25℃ 下恒温。严格保持黏度计处于垂直位置，并使恒温槽中的水面浸没球 $C$（见图 3-4-1）。待恒温 5min 后，利用洗耳球由 1 处将溶剂经毛细管吸入球 $A$ 和球 $C$ 中，然后除去洗耳球并打开侧管 3 上软胶管的夹子，让溶剂依靠重力自由流下。当液面达到刻度线 $m_1$ 时，立即用秒表计时。当液面下降到刻度线 $m_2$ 时，停止计时，记录液体流经毛细管的时间。重复三次取其平均值，即为溶剂的流出时间 $t_0$（每次测得时间相差不应超过 0.2s）。

3. 溶液流出时间 $t$ 的测定

待 $c_0$ 测完后，取 3mL 配制好的聚乙烯醇溶液加入黏度计中，使之与溶剂充分混合。测定 $c_1$ 的流出时间为 $t_1$，然后再依次加入 1.5mL、1.5mL、1.5mL、1.5mL 配制好的聚乙烯醇溶液，使溶液浓度为 $c_2$、$c_3$、$c_4$、$c_5$，并分别测定流出时间 $t_2$、$t_3$、$t_4$、$t_5$（每个数据重复三次，取平均值）。

溶液中如混有纤维状物，则流出时间不稳定，这时需重新过滤后再使用。为除掉灰尘的影响，所使用的试剂瓶应扣在钟罩内，移液管也应用塑料膜覆盖（切勿用纤维材料）。

【数据处理】

1. 记录下 $c_0$ 对应的 $t_0$ 值和 $c$ 对应的 $t$ 值。

2. 用式（2-21-9）和式（2-21-1）计算出 $\eta_r$、$\eta_{sp}$。

3. 列出 $\eta_{sp}/c$、$\ln\eta_r/c$ 的数据。

4. 作 $\eta_{sp}/c$ 图和 $\ln\eta_r/c$-$c$ 图，并外推至 $c=0$，求出 $[\eta]$ 值。

5. 由 $[\eta]=KM^\alpha$ 公式及所在温度和所用溶剂条件下的 $K$ 和 $\alpha$ 值，求出聚乙烯醇的分子量 $M$。

【注意事项】

此实验采取测定溶液逐渐加浓的方法，故所加溶液的体积必须准确，混合必须均匀。

【思考题】

1. 特性黏度是怎样测定的？为什么？

2. 分析本实验成功与失败的原因有哪些。

# 实验 22　溶胶的制备和性质

【实验目的】

1. 用不同的方法制备胶体溶液，并用渗析法进行纯化；

2. 了解胶体的光学性质和电学性质，研究电解质对憎液胶体稳定性的影响。

【实验原理】

固体以胶体分散程度分散在液体介质中即组成溶胶。溶胶的基本特征有三：①它是多相系统，相界面很大；②胶粒大小在几纳米至 100nm 间；③它是热力学不稳定系统（要依靠稳定剂使其形成离子或分子吸附层，才能得到暂时的稳定）。溶胶的制备方法可分为两类。

### 1. 分散法

把较大的物质颗粒变为胶体大小的质点。

在分散法中常用的有：①机械作用法，如用胶体磨或其他研磨方法把物质分散；②电弧法，以金属为电极通电产生电弧，金属受高热变成蒸气，并在液体中凝聚成胶体质点；③超声波法，利用超声波场的空化作用，将物质撕碎成细小的质点，它适用于分散硬度低的物质或制备乳状液；④胶溶作用，由于溶剂的作用，使沉淀重新"溶解"成胶体溶液。

### 2. 凝聚法

把物质的分子或离子聚合成胶体大小的质点。

常用的凝聚法有：①凝结物质蒸气；②变换分散介质或改变实验条件（如降低温度），使原来溶解的物质变成不溶；③在溶液中进行化学反应，生成一不溶解的物质。

制成的胶体溶液中常有其他杂质存在，而影响其稳定性，因此必须纯化。常用的纯化方法是半透膜渗析法。渗析时以半透膜隔开胶体溶液和纯溶剂，胶体溶液中的杂质，如电解质及小分子能透过半透膜，进入溶剂中，而胶粒却不透过。如果不断更换溶剂，则可把胶体溶液中的杂质除去。要提高渗析速度，可用热渗析或电渗析的方法。

胶粒大小的分布随着制备条件和存放时间而异。不同大小的胶粒对光的散射性质不同，根据 Rayleigh 公式，若胶粒质点在几纳米到几十纳米范围内，散射光强与入射光波长的四次方成反比。当白光在溶胶中散射时，波长短的散射光强度大，散射光呈淡蓝色，透射光则呈淡红色。从散射光和透射光颜色的变化，可看出胶粒大小的变化情况。由于胶粒能散射光，而真溶液散射光极弱，当一束光透过溶胶时，可看到"光路"，即丁铎尔现象。根据此性质，可判断一透明溶液是胶体溶液还是真溶液。

胶粒是荷电的质点，带有过剩的负电荷或正电荷，这种电荷是从分散介质中吸附或解离而得，研究胶粒的电性，能深入了解胶粒形成过程和胶粒的结构。

胶体稳定的原因是胶体表面带有电荷以及胶粒表面溶剂化层的存在。憎水胶体的稳定性主要取决于胶粒表面电荷的多少。当加入电解质后能使憎水溶胶聚沉。而起聚沉作用的主要是与胶粒荷电相反的离子。一般来说，反号离子的聚沉能力是：

$$3 \text{ 价} > 2 \text{ 价} > 1 \text{ 价}$$

但不成简单的比例。聚沉能力的大小通常用聚沉值表示，聚沉值是使溶胶发生聚沉时需要电解质的最小浓度值，其单位用 $mmol \cdot L^{-1}$ 表示。正常电解质的聚沉值与胶粒电荷相反的离子的价数 6 次方成反比。

亲液胶体（如动物胶、蛋白质等）的稳定性主要取决于胶粒表面的溶剂化层，因此加入少量盐类不会引起明显的沉淀。但若加入乙醇等能与溶剂紧密结合的物质，则能使亲液胶体聚沉。亲液溶胶的聚沉常常是可逆的，即加入过多的乙醇等物质时，聚沉的亲液溶胶又能自动地转变为胶体溶液。如果将亲液胶体加入憎液溶胶中，则在绝大多数情况下，可以增加憎液溶胶对电解质的稳定性，这现象称为保护作用。保护作用可通过聚沉值的增加显示出来。

### 【仪器及试剂】

| | |
|---|---|
| 试管 | 烧杯 |
| 量筒 | 移液管 |
| 锥形瓶 | 银电极 |
| 滴定管 | 电阻丝 |

观察丁铎尔现象的暗箱　　　　　　　　　　NaCl（5mol·L$^{-1}$）

1/2BaCl$_2$（0.01mol·L$^{-1}$）　　　　　　1/3AlCl$_3$（0.001mol·L$^{-1}$）

FeCl$_3$（10%）　　　　　　　　　　　　1/2K$_2$SO$_4$（0.01mol·L$^{-1}$）

KI（0.01mol·L$^{-1}$）　　　　　　　　　1/6K$_3$Fe（CN）$_6$（0.001mol·L$^{-1}$）

AgNO$_3$（0.01mol·L$^{-1}$）　　　　　　NH$_4$OH（10%）

H$_2$SO$_4$溶液　　　　　　　　　　　　　As$_2$O$_3$溶液

松香　　　　　　　　　　　　　　　　　硫黄

乙醇　　　　　　　　　　　　　　　　　明胶

**【实验步骤】**

1. 胶体溶液的制备

（1）化学反应法

①Fe(OH)$_3$溶胶（水解法）　在250mL烧杯中放95mL蒸馏水，加热至沸，慢慢地滴入5mL 10%FeCl$_3$溶液，并不断搅拌；加完后继续沸腾几分钟。由于水解的结果，得红棕色的氢氧化铁溶胶，其结构可用下式表示：

$$\{m[\text{Fe(OH)}_3]n\text{FeO}^+(n-x)\text{Cl}^-\}^{x+}\cdot x\text{Cl}^-$$

制得的Fe(OH)$_3$溶胶，取1mL冲稀，加入试管中观察丁铎尔现象。

② 硫溶胶　取0.1mol·L$^{-1}$Na$_2$S$_2$O$_3$溶液5mL放入试管中，再取0.1mol·L$^{-1}$H$_2$SO$_4$溶液5mL，将两液体相混合，观察丁铎尔现象。同法配制混合液，在亮处仔细观察透射光和散射光颜色的变化，当浑浊度增加到盖住颜色时（经约5min），把溶胶冲稀两倍，继续观察颜色，记下透射光和散射光颜色随时间变化的情形。

③ AgI溶胶　AgI微溶于水（9.7×10$^{-7}$mol·L$^{-1}$），当硝酸银溶液与易溶于水的碘化物混合时，应析出沉淀。但是如果混合稀溶液并且取其中之一过剩，则不产生沉淀，而形成胶体溶液，胶体溶液的性质与过剩的是什么离子有关。在此，胶粒的电荷是由于过剩的离子被AgI所吸附，在AgNO$_3$过剩时，得正电性的胶团，其结构为：

$$\{m[\text{AgI}]n\text{Ag}^+(n-x)\text{NO}_3^-\}^{x+}\cdot x\text{NO}_3^-$$

在KI过剩时，得负电性的胶团：

$$\{m[\text{AgI}]n\text{I}^-(n-x)\text{K}^+\}^{x-}\cdot x\text{K}^+$$

取30mL 0.01mol·L$^{-1}$KI溶液注入100mL锥形瓶中，然后用滴定管把0.01mol·L$^{-1}$的AgNO$_3$溶液20mL慢慢地滴入，制得带负电性的AgI溶胶（A）。

按此法取30mL 0.01mol·L$^{-1}$AgNO$_3$溶液，慢慢加入20mL 0.01mol·L$^{-1}$KI溶液，制得带正电性溶胶（B）。

将制得的溶胶按下表的量混合，并逐个观察混合后的现象、溶胶颜色的变化，透过光颜色的变化，说明共稳定性的程度和原因。

| 试管编号 | 1 | 2 | 3 | 4 | 5 | 6 | 7 |
|---|---|---|---|---|---|---|---|
| A溶胶/mL | 1 | 2 | 3 | 4 | 5 | 6 | 0 |
| B溶胶/mL | 5 | 4 | 3 | 2 | 1 | 0 | 6 |

（2）改变分散介质和实验条件

① 硫溶胶　取少量硫黄置于试管中，注入2mL乙醇，加热到沸腾（重复数次，使硫得到充分的溶解），在未冷却前把上部清液倒入盛有20mL水的烧杯中，搅匀，观察变化情况

及丁铎尔现象。

② 松香溶胶　以 2% 松香的乙醇溶液一滴一滴地加入 50mL 蒸馏水中，不断搅拌，观察变化情况。

(3) 胶溶法　$Fe(OH)_3$ 溶胶。取 1mL 20% $FeCl_3$ 溶液放入小烧杯中，加水稀释到 10mL。用滴管逐渐加入 10% $NH_4OH$ 到稍微过量时为止（如何知道？）。过滤，用水洗涤数次。取下沉淀放在另一烧杯中，加水 20mL，再加入 $FeCl_3$ 约 1mL，用玻璃棒搅动，并用小火加热，沉淀消失，形成透明的胶体溶液，利用溶胶的光学性质加以鉴定。

(4) 电弧法　银溶胶。仪器装置如图 2-22-1 所示，图中 R 为数百欧姆固定电阻（此处用电热丝），电源用 220V 交流电，在 100mL 烧杯中放入 50mL 的 0.001 $mol \cdot L^{-1}$ NaOH 溶液；烧杯用冷水冷却，把两根上部套橡皮管的银电极插入烧杯中，用手使两极接触立即分开，产生火花，连续数次，得银溶胶。观察溶胶的各种性质。

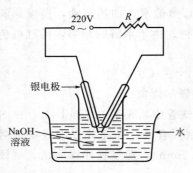

图 2-22-1　电弧法制备胶体

2. 胶体溶液的纯化

(1) 半透膜的制备　选择一个 100mL 的短颈烧瓶，内壁必须光滑，充分洗净后烘干。在瓶中倒入几毫升的 6% 火棉胶溶液，小心转动烧瓶，使火棉胶在烧瓶上形成均匀薄层，倾出多余的火棉胶，倒置烧瓶于铁圈上，让剩余的火棉胶液流尽，并让乙醚蒸发，直至用手指轻轻接触火棉胶膜而不粘着。然后加水入瓶内至满（注意加水不宜太早，因若乙醚未蒸发完，则加水后膜呈白色而不适用；但亦不可太迟，到膜变干硬后不易取出），浸膜于水中约几分钟，剩余在膜上的乙醚即被溶去。倒去瓶内的水，再在瓶口剥开一部分膜，在此膜和瓶壁间灌水至满，膜即脱离瓶壁。轻轻取出所成之袋，检验袋里是否有漏洞，若有漏洞，只需擦干有洞的部分，用玻璃棒蘸火棉胶少许，轻轻接触漏洞，即可补好。也可用简便的玻璃纸代替火棉胶蒙在广口瓶口上，进行渗析。

(2) 烧杯内，用蒸馏水渗析　保持温度为 60～70℃，30min 换一次水，并取 1mL 检验其 $Cl^-$ 及 $Fe^{3+}$（检验时分别用 $AgNO_3$ 溶液及 KSCN 溶液），直至不能检查出 $Cl^-$ 和 $Fe^{3+}$ 为止。也可通过测溶胶的电导率的方法，来判断溶胶纯化的程度。一般实验室中简便的纯化方法可在广口瓶内装入溶胶，蒙上玻璃纸，倒悬于盛有蒸馏水的玻璃缸中，经常换水，在室温保持一周以上即可。

3. 溶胶的聚沉作用和保护作用

(1) 憎液溶胶的聚沉

取 30mL $As_2O_3$ 饱和水溶液于锥形瓶中，再加入同量的饱和 $H_2S$ 水溶液制成 $As_2S_3$ 溶胶，用移液管在三个干净的 50mL 锥形瓶中各注入 10mL $As_2S_3$ 溶胶，然后在每个瓶中一滴滴地慢慢加入 1$mol \cdot L^{-1}$ KCl、0.01$mol \cdot L^{-1}$ $(\frac{1}{2}BaCl_2)$、0.001$mol \cdot L^{-1}$ $(\frac{1}{3}AlCl_3)$（用滴定管），摇动锥形瓶。注意：在开始有明显聚沉物出现时，即停止加入电解质，记下每次所用的溶液的体积，并换算成物质的量。另外用两个锥形瓶，各盛 $As_2S_3$ 溶胶 10mL，然后自滴定管中分别加入 0.5$mol \cdot L^{-1}$ $(\frac{1}{2}K_2SO_4)$ 与 0.5$mol \cdot L^{-1}$ $[\frac{1}{6}K_3Fe(CN)_6]$ 至终点，

记下所用体积及物质的量。试比较五种电解质聚沉值的大小，说明溶胶带什么电？与理论值比较，说明什么问题？

（2）亲液溶胶对憎液溶胶的保护作用

按下表用量试验碱性动物胶对 $As_2S_3$ 溶胶的保护作用。

| 试管编号 | 1 | 2 | 3 | 4 | 5 |
|---|---|---|---|---|---|
| 碱性动物胶/滴 | 0 | 1 | 3 | 5 | 10 |
| 水/滴 | 10 | 9 | 7 | 5 | 0 |
| $As_2S_3$ 胶体/mL | 2 | 2 | 2 | 2 | 2 |
| $5mol \cdot L^{-1}NaCl/mL$ | 1 | 1 | 1 | 1 | 1 |

【结果处理】

将胶体制备过程中观察到的现象写出来，并分析产生此现象的原因。

【注意事项】

在用电弧法制备胶体时，应小心操作。

【思考题】

分散法和凝聚法制备胶体的根本差别是什么？

# 实验 23　电泳法测定溶胶的 ζ 电势

【实验目的】

1. 掌握凝聚法制备 $Fe(OH)_3$ 溶胶和纯化溶胶的方法。

2. 观察溶胶的电泳现象并了解其电学性质，掌握电泳法测定溶胶 ζ 电势的方法。

【实验原理】

溶胶是一个多相系统，其分散相胶粒的大小约为 $1nm\sim1\mu m$。由于本身的电离或选择性地吸附一定量的离子以及其他原因所致，胶粒表面具有一定量的电荷，胶粒周围的介质分布着反离子。反离子所带电荷与胶粒表面电荷符号相反、数量相等，整个溶胶系统保持电中性。胶粒周围的反离子由于静电引力和热扩散运动的结果形成了两部分——紧密层和扩散层。紧密层约有一两个分子层厚，紧密吸附在胶核表面上，而扩散层的厚度则随外界条件（温度、系统中电解质浓度及其离子的价态等）而改变，扩散层中的反离子符合玻耳兹曼分布。由于离子的溶剂化作用，紧密层结合有一定数量的溶剂分子，在电场的作用下，它和胶粒作为一个整体移动，而扩散层中的反离子则向相反的电极方向移动。这种在电场作用下分散相粒子相对于分散介质的运动称为电泳。发生相对移动的界面称为切动面，切动面与液体内部的电势差称为电动电势或 ζ 电势，而作为带电粒子的胶粒表面与液体内部的电势差称为质点的表面电势 $\varphi_0$（见图 2-23-1，图中 $AB$ 为切动面）。

胶粒电泳速度除与外加电场的强度有关外，还与 ζ 电势的大小有关。ζ 电势不仅与测定条件有关，还取决于胶体粒子的性质。

ζ 电势是表征胶体特性的重要物理量，它在研究胶体的性质及其实际应用方面有着重要意义。胶体的稳定性与 ζ 电势有直接关系。ζ 电势绝对值越大，表明胶粒荷电越多，胶粒间排斥力越大，胶体越稳定。反之则表明胶体越不稳定。当 ζ 电势为零时，胶体的稳定性最差，此时可观察到胶体的聚沉。

本实验是在一定的外加电场强度下通过测定 $Fe(OH)_3$ 胶粒的电泳速度然后计算出 ζ 电势。实验用拉比诺维奇-付其曼 U 形电泳仪，如图 2-23-2 所示。

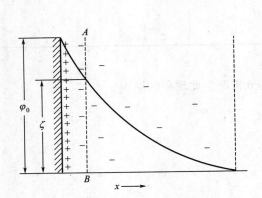

图 2-23-1　扩散双电层模型

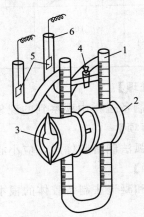

图 2-23-2　拉比诺维奇-付其曼 U 形电泳仪
1—U 形管；2～4—活塞；5—电极；6—弯管

活塞 2、3 以下盛待测的溶胶，以上盛辅助液。

在电泳仪两极间接上电势差 $E(V)$ 后，在 $t(s)$ 时间内溶胶界面移动的距离为 $d(m)$，即胶粒电泳速度 $U(m \cdot s^{-1})$ 为：

$$U = \frac{d}{t} \tag{2-23-1}$$

则相距为 $l(m)$ 的两极间的电势梯度平均值 $H (V \cdot m^{-1})$ 为：

$$H = \frac{E}{l} \tag{2-23-2}$$

如果辅助液的电导率 $\overline{\kappa_0}$ 与溶胶的电导率式中 $\overline{\kappa}$ 相差较大，则在整个电泳管内的电势降是不均匀的，这时需用下式求 $H$

$$H = \frac{E}{\frac{\kappa}{\kappa_0}(l - l_k) + l_k} \tag{2-23-3}$$

式中，$l_k$ 为溶胶两界面间的距离。

从实验求得胶粒电泳速度后，可按下式求出 ζ(V) 电势：

$$\zeta = \frac{K\pi\eta}{\varepsilon H}U \tag{2-23-4}$$

式中，$K$ 为与胶粒性质有关的常数（对于球形粒子，$K = 5.4 \times 10^{10} V^2 \cdot s^2 \cdot kg^{-1} \cdot m^{-1}$；对于棒形粒子，$K = 3.6 \times 10^{10} V^2 \cdot s^2 \cdot kg^{-1} \cdot m^{-1}$，本实验胶粒为棒状）；$\eta$ 为黏度，$kg \cdot s^{-1} \cdot m^{-1}$；$\varepsilon$ 为介质的介电常数。

【仪器及试剂】

| | | | |
|---|---|---|---|
| 直流稳压电源 | 1 台 | 电导率仪 | 1 台 |
| 电泳仪 | 1 个 | 铂电极 | 2 个 |

78

氯化铁（化学纯）　　　　　　　棉胶液（化学纯）

**【实验步骤】**

（1）$Fe(OH)_3$ 溶胶的制备　将 0.5g 无水 $FeCl_3$ 溶于 20mL 蒸馏水中，在搅拌的情况下将上述溶液滴入 200mL 沸水中（控制在 4～5min 内滴完），然后再煮沸 1～2min，即可制得 $Fe(OH)_3$ 溶胶。

（2）珂罗酊袋的制备　将约 20mL 棉胶液倒入干净的 250mL 锥形瓶内，小心转动锥形瓶，使瓶内壁均匀铺展一层液膜，倾出多余的棉胶液，将锥形瓶倒置于铁圈上，待溶剂挥发完（此时胶膜已不沾手），用蒸馏水注入胶膜与瓶壁之间，使胶膜与瓶壁分离，将其从瓶中取出，然后注入蒸馏水检查胶袋是否有漏洞，如无，则浸入蒸馏水中待用。

（3）溶胶的纯化。将冷至约 50℃ 的 $Fe(OH)_3$ 溶胶转移到珂罗酊袋中，用约 50℃ 的蒸馏水渗析，约 10min 换水 1 次，渗析 5 次。

（4）将渗析好的 $Fe(OH)_3$ 溶胶冷至室温，测其电导率，用 $0.1mol \cdot L^{-1}$ KCl 溶液和蒸馏水配制与溶胶电导率相同的辅助液。

（5）测定 $Fe(OH)_3$ 的电泳速度

① 用洗液和蒸馏水把电泳仪洗干净（三个活塞均需涂好凡士林）。

② 用少量的 $Fe(OH)_3$ 溶胶洗涤电泳仪 2～3 次，然后注入 $Fe(OH)_3$ 溶胶直至溶胶液面高出活塞 2、3 少许，关闭该两活塞，倒掉多余的溶胶。

③ 用蒸馏水把电泳仪活塞 2、3 以上的部分荡洗干净后，在两管内注入辅助液至支管口，并把电泳仪固定在支架上。

④ 如图 2-23-2 将两根铂电极插入支管内并连接电源，开启活塞 4 使管内两辅助液面等高，关闭活塞 4，缓缓开启活塞 2、3（勿使溶胶液面搅动）。然后打开稳压电源，将电源调至 150V，观察溶胶液面移动现象及电极表面现象。记录 30min 内界面移动的距离。用绳子和尺子量出两电极间的距离。

**【数据处理】**

1．将实验数据 $d$、$t$、$E$ 和 $l$ 分别代入式(2-23-1)和式(2-23-2)，计算电泳速度 $U$ 和平均电势梯度 $H$。

2．将 $U$、$H$ 和介质黏度及介电常数代入式（2-23-4）求 $\zeta$ 电势。

3．根据胶粒电泳时的移动方向确定其所带电荷的符号。

**【注意事项】**

1．在制备珂罗酊袋时，加水的时间应适当掌握，如加水过早，因胶膜中的溶剂还未完全挥发掉，胶膜呈乳白色，强度差不能用。如加水过迟，则胶膜变干、脆，不易取出且易破。

2．溶胶的制备条件和净化效果均影响电泳速度。制胶过程应很好地控制浓度、温度、搅拌和滴加速度。渗析时应控制水温，常搅动渗析液，勤换渗析液。这样制备得到的溶胶胶粒大小均匀，胶粒周围的反离子分布趋于合理，基本形成热力学稳定态，所得的 $\zeta$ 电势准确，重复性好。

3．渗析后的溶胶必须冷至与辅助液大致相同的温度（室温），以保证两者所测的电导率一致，同时避免打开活塞时产生热对流而破坏了溶胶界面。

**【思考题】**

1．电泳速度与哪些因素有关？

2. 写出 $FeCl_3$ 水解反应式？解释 $Fe(OH)_3$ 胶粒带何种电荷取决于什么因素？

3. 说明反离子所带电荷符号及两电极上的反应？

4. 选择和配制辅助液有何要求？

# 实验 24　乳状液的制备与鉴别

**【实验目的】**

掌握乳状液的制备和鉴别方法。

**【实验原理】**

乳状液是由互不相溶的两种液体组成的。一种液体以 $0.1\sim100\mu m$（$1\mu m=10^{-6}m$）大小的液滴，分散到另一种不相混溶的液体中所组成的分散系统称为乳状液。乳状液是药品和食品加工常遇到的系统之一。

油和水是互不相溶的，如果把它们放在一起，并用力振摇，会出现乳化现象，但这样形成的乳状液并不稳定，振摇停止就会很快地分成明显的两层。要使乳状液稳定，必须加入能降低油相和水相间界面能的第三种物质，起稳定剂作用，该物质称为乳化剂。

乳状液分为两类：一类是油分散在水中（如乳汁），称为水包油型（O/W 型）；另一类是水分散在油中，称为油包水型（W/O 型）。至于形成什么类型的乳状液，则取决于乳化剂的种类。

鉴别所制的乳状液属于何种类型，可采用下列方法。

1. 稀释法

用水（或油）稀释乳状液，如果分散介质与水互溶并不出现分层现象，则是 O/W 型乳状液。与此相反，若分散介质与水不互溶而呈现分层现象，则是 W/O 型乳状液。

2. 染色法

以高锰酸钾或甲基橙等水溶性色素加至乳状液中去，如果色素分布是连续的，则是 O/W 型的；如果是不连续的，则是 W/O 型的。如果用油溶性的染料如苏丹红Ⅲ加到乳状液中去，则结果与上述情况相反。

**【仪器与试剂】**

| | | | |
|---|---|---|---|
| 投药瓶（60mL） | 1 只 | 试管 | 2 支 |
| 玻璃棒 | 2 支 | 载玻片 | 4 块 |
| 显微镜 | 1 台 | 植物油 | |
| 氢氧化钙 | | 饱和溶液 | |
| 苏丹红Ⅲ油溶液 | | 亚甲基蓝水溶液 | |

**【实验步骤】**

1. 乳状液的制备

取氢氧化钙饱和溶液 25mL 与经灭菌后的植物油 25mL 混合，置于 60mL 的投药瓶中，加塞用力振摇，便成乳状液。

2. 乳状液类型的鉴别

（1）稀释法　取试管两支，各装半管水，然后用玻璃棒取乳状液，则可与水均匀混合，呈淡乳白色浑浊液则为 O/W 型乳状液；若是 W/O 型乳状液，不可与水均匀混合，或聚结成一团附在玻璃棒上，或成为小球浮于水面。

（2）染色法。取乳状液一滴，加苏丹红Ⅲ油溶液一滴，制片镜检，则 W/O 型乳状液连续相染红色；O/W 型乳状液分散相染红色。

取乳状液一滴，加亚甲基蓝水溶液一滴，制片镜检，则 W/O 型乳状液分散相染蓝色；O/W 型乳状液连续相染蓝色。

【结果处理】

将观察到的现象写出来，并分析产生此现象的原因。

【注意事项】

制备乳状液时应注意乳化剂的类型。

【思考题】

在制备乳状液时为什么要加入乳化剂？

# 第 3 章　物理化学实验仪器及使用方法

## 3.1　常用测温工具

### 3.1.1　水银温度计

水银温度计是常用的测温工具。水银温度计结构简单，价格便宜，具有较高的精确度，直接读数，使用方便。但易损坏，损坏后无法修理。水银温度计使用范围为 $-35\sim360℃$（水银的熔点是 $-8.7℃$，沸点是 $356.7℃$），如果采用石英玻璃，并充以 $8MPa$ 的氮气，则可将上限温度提至 $800℃$。高温水银温度计的顶部有一个安全泡，防止毛细管内的气体压力过大而引起储液泡的破裂。

#### 3.1.1.1　水银温度计的种类和使用范围

① 一般用 $-5\sim105℃$、$150℃$、$250℃$、$360℃$ 等，每分度为 $1℃$ 或 $0.5℃$。

② 供量热学用。由 $9\sim15℃$、$12\sim18℃$、$15\sim21℃$、$18\sim24℃$、$20\sim30℃$ 等，每分度 $0.01℃$。目前广泛应用间隔为 $1℃$ 的量热温度计，每分度为 $0.002℃$。

③ 测温差的贝克曼温度计，是一种移液式的内标温度计，测量范围为 $-20\sim150℃$，专用于测量温差。

④ 电接点温度计。可以在某一温度点上接通或断开，与电子继电器等装置配套，可以用来控制温度。

⑤ 分段温度计从 $-10℃$ 到 $200℃$，共有 24 支。每支温度范围 $10℃$，每分度 $0.1℃$，另外有 $-40℃$ 到 $400℃$，每隔 $50℃$ 一支，每分度 $0.1℃$。

#### 3.1.1.2　水银温度计的使用

（1）水银温度计的校正

对于水银温度计来说，主要校正以下三个方面。

①水银柱露出液柱的校正　以浸入深度来区分，水银温度计有"全浸"、"局浸"两种。对于全浸式温度计，使用时要求整个水银柱的温度与储液泡的温度相同，如果两者温度不同，就需要进行校正。对于局浸式温度计，温度计上刻有一浸入线，表示测温时规定浸入深度。即标线以下水银柱温度应与储液泡相同，标线以上的水银柱温度应与检定时相同。测温时小于或大于这一浸入深度，或标线以上的水银柱温度与检定时不一样，就需要校正，这两种校正统称露出液柱校正。校正公式如下：

$$\Delta t = Kn\ (t_0 - t_e) \tag{3-1-1}$$

式中，$\Delta t = t - t_0$，为读数校正值；$t_0$ 为温度的读数值；$t$ 为校正后温度的正确值；$t_e$ 为露出待测系统外水银柱的有效温度（从放置在露出一半位置处的另一温度计读出，见图 3-1-1）；$K$ 为水银的视膨胀系数（水银对于玻璃的视膨胀系数为 0.00016）；$n$ 为水银露出待测系统外部分的读数。

**例 3-1-1**　设一全浸式水银温度计的读数为 $90℃$，浸入深度为 $80℃$，露出待测系统外的水银柱有效温度为 $60℃$，试求实际温度为多少？

**解**　　　　　　　　　　$n = 90 - 80 = 10$　　$t_0 = 90$　　$t_e = 60$

82

$$t_0 - t_e = 90 - 60 = 30$$
$$\Delta t = 0.00016 \times 10 \times 30 = 0.048℃$$

所以实际温度为 90℃ +0.048℃，即 90.048℃。

② 零位校正　温度计进行温度测量时，水银球（及储液球）也经历了一个变温过程，玻璃分子进行了一次重新排列过程。当温度高时，玻璃分子随之重新排列，水银球的体积增大。当温度计从测温器中取出时，温度会突然降低。由于玻璃分子跟不上温度的变化，这时水银球的体积一定比使用前大，因此测定它的零位一定比使用前零位低。实验证明这一降低值是比较稳定的。零位降低值是暂时的，随着玻璃分子的构型缓慢恢复，水银球体积也会逐渐恢复，这往往需要几天或更长的时间。若要准确地测量温度，则在使用前必须对温度计进行零位测定。

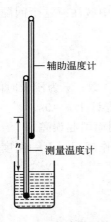

图 3-1-1　温度计露颈校正

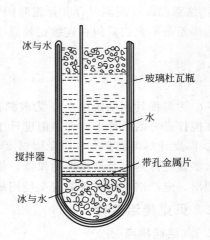

图 3-1-2　冰点器

检定零位的恒温器称为冰点器。冰点器如图 3-1-2 所示。容器为真空杜瓦瓶，起绝热保温作用。在容器中盛以冰水混合物，但应注意冰中不能有任何盐类存在，否则会降低冰点。对冰、水的纯度应予以特别注意，冰融化后水的电导率不应超过 $1.0 \times 10^{-5}$ S·cm$^{-1}$（20℃）。

当零位变化值得到后，应依此对原检定证书上的分度修正值作相应修正。

例　一支 0～50℃ 水银温度计的检定书上的修正值如下

| 示值/℃ | +0.011 | 10.00 | 20.00 | 30.00 | 40.00 | 50.00 |
|---|---|---|---|---|---|---|
| 改正值/℃ | −0.011 | −0.015 | −0.020 | 0.008 | −0.033 | 0.00 |

测温后，再测得零位为 +0.019℃，比原来的零位值上升了 +0.008℃，由于零位的变化对各示值的影响是相同的，各点的修正值都要相应加上 −0.008℃，即修正值改为：

| 示值/℃ | +0.011 | 10.00 | 20.00 | 30.00 | 40.00 | 50.00 |
|---|---|---|---|---|---|---|
| 改正值/℃ | −0.019 | −0.023 | −0.028 | −0.000 | −0.041 | −0.008 |

测温时，温度计示值 25.040℃ 时实际值应为？

$$25.040 + \frac{(-0.028) - (0.000)}{10} = 25.037℃$$

③ 分度校正　水银温度计的毛细管内径、截面不可能绝对均匀，水银的视膨胀系数并

不是一个常数，而与温度有关。因而水银温度计温标与国际实用温标存在差异，必须进行分度校正。

标准温度计和精密温度计可由制造厂或国家计量机构进行校正，给予检定证书。实验室中对于没有检定书的温度计，以标准水银温度计为标准，同时测定某一系统的温度，将对应值一一记录下来，作出校正曲线。也可以纯物质的熔点或沸点作为标准进行校正。若校正时的条件（浸入的多少）与使用时差不多，则使用时一般不需再作露出部分校正。

（2）使用时注意事项

① 在对温度计进行读数时，应注意使视线与液面位于同一平面（水银温度计按凸面的最高点读数）。

② 为防止水银温度计毛细管上附着，所以读数时应用手指轻轻弹动温度计。

③ 注意温度计测温时存在延迟时间，一般情形下温度计浸在被测物质中 $1\sim6\text{min}$ 后读数延迟误差是不大的，但在连续记录温度计读数变化的实验中应注意这个问题。可用下式进行校正：

$$t-t_m = (t_0-t_m)\,\text{e}^{-\kappa x} \qquad (3\text{-}1\text{-}2)$$

式中，$t_0$ 为温度计起始温度；$t_m$ 为被测物温度；$t$ 为温度计读数；$x$ 为浸入时间；$\kappa$ 为常数。

在搅拌良好的条件下，普通温度计 $1/\kappa=2\text{s}$，贝克曼温度计 $1/\kappa=9\text{s}$。

④ 温度计尽可能垂直，以免因温度计内部水银压力不同而引起误差。

水银温度计是很容易损坏的仪器，使用时应严格遵守操作规程。万一温度计损坏，内部水银洒出，应严格按照"汞的安全使用规程"处理。

## 3.1.2　贝克曼温度计

### 3.1.2.1　结构特点

贝克曼（Beckmann）温度计是一种用来精密测量系统始态和终态温度变化差值的水银温度计。它的结构如图 3-1-3 所示，其主要特点如下。

① 刻度精细。刻线间隔为 $0.01℃$，用放大镜可以估读至 $0.002℃$，因此测量精密度较高。

② 温差测量。由于水银球中的水银量是可变的，因此水银柱的刻度值就不是温度的绝对读数，只能 $5\sim6℃$ 量程范围内读出温度差 $\Delta T$。

③ 适用范围较大。可在 $-20\sim120℃$ 范围内使用。这是因为在它的毛细管上端装有一个辅助水银柱槽，可用来调节水银球中的水银量，因此可以在不同的温度范围内使用。例如，在量热技术中，可用于冰点降低、沸点升高及燃烧热等测量工作中。

### 3.1.2.2　使用方法

这里介绍两种温度量程的调节方法。

（1）恒温浴调节法

① 首先确定所使用的温度范围。例如测量水溶液凝固点的降低需要能读出 $-5\sim1℃$ 之间的温度读数；测量水溶液沸点的升高则希望能读出 $99\sim105℃$ 之间的温度读数；至于燃烧值的测定，则室温时水银柱示值在 $2\sim3℃$ 之间最为适宜。

② 根据使用范围，估计当水银柱升至毛细管末端弯头处的温度。一般的贝克曼温度计，水银柱由刻度最高处上升至毛细管末端，还需要升高 $2℃$ 左右。根据这个估值来调节水银球中的水银量。例如测定水的凝固点降低时，最高温度读数拟调节至 $1℃$，那么毛细管末端弯

头处的温度应相当于 3℃。

③ 将贝克曼温度计浸在温度较高的恒温浴中，使毛细管内的水银柱升高至弯头，并在球形出口形成滴状，然后从水浴中取出温度计，将其倒置，即可使它与水银贮槽中的水银相连接，如图 3-1-4 所示。

④ 另用一恒温浴，将其调至毛细管末端弯头所应达到的温度，把贝克曼温度计置于恒温浴中，恒温 5min 以上。

⑤ 取出温度计，用左手轻击右手小臂，如图 3-1-5 所示。这时水银柱即可在弯头处断开。温度计从恒温浴中取出后，由于温度差异，水银体积会迅速变化，因此，这一调节步骤要求迅速、轻快，但不必慌乱，以免造成失误。

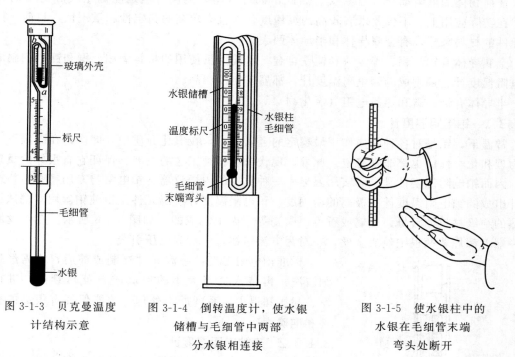

图 3-1-3 贝克曼温度计结构示意　　图 3-1-4 倒转温度计，使水银储槽与毛细管中两部分水银相连接　　图 3-1-5 使水银柱中的水银在毛细管末端弯头处断开

⑥ 将调节好的温度计置于欲测温度的恒温槽中，观察其读数值，并估计量程是否符合要求。例如实验 3 凝固点降低法测摩尔质量中，可用 0℃ 的冰水浴予以检验，如果温度值落在 3～5℃ 处，意味着量程合适。若偏差过大，则应按上述步骤重新调节。

（2）标尺读数法

对操作比较熟练的人可采用此法。此法是直接利用贝克曼温度计上部的温度标尺，而不必另外利用恒温浴来调节，其操作步骤如下。

① 首先估计最高使用温度值。

② 将温度计倒置，使水银球和毛细管中的水银徐徐注入毛细末端的球部，再把温度计慢慢倾倒，使贮槽中的水银与之相连接。

③ 若估计值高于室温。可用温水或倒置温度计利用重力作用，让水银流入水银槽，当温度标尺处的水银面到达所需温度时，如图 3-1-5 那样轻轻敲击，使水银柱在弯头处断开；若估计值低于室温，可将温度计浸入较低的恒温浴中，让水银面下降至温度标尺上的读数正好到达所需温度的估计值，同法使水银柱断开。

④ 与上法同，试验调节的水银量是否合适。

（3）注意事项

① 贝克曼温度计由薄玻璃制成，比一般水银温度计长得多，易受损坏。所以一般应放置于温度计盒中，或者安装在使用仪器架上，或者握在手中，不应任意放置。

② 调节时，注意勿让它受剧热或骤冷，还应避免重击。

③ 调节好的温度计，注意勿使毛细管中的水银与储槽中的水银相连接。

### 3.1.3 电阻温度计

电阻温度计是利用物质的电阻随温度的变化而变化的特性制成的测温仪器。

任何物体的电阻都与温度有关。因此，都可以用来测温。但是能满足实际需要的并不多。在实际应用上，不仅要求有较高的灵敏度，而且有较高的稳定性和重现性。目前，按感温元件的材料来分，有金属导体和半导体两大类。

金属导体有铂、铜、镍、铁和铑铁合金。目前大量使用的材料为铂、铜和镍。铂制成的铂电阻温度计、铜制成的铜电阻温度计，都属于定型产品。

半导体有锗、碳和热敏电阻（氯化物）等。

#### 3.1.3.1 铂电阻温度计

常温下，铂是对各种物质作用最稳定的金属之一，在氧化介质中，即使是在高温下，铂的物理和化学性能也都非常稳定。此外，现代铂丝提纯工艺的发展，保证它有很好的重现性能。因而铂电阻温度计是国际实用温标中一种重要的内插仪器。铂电阻与专用精密电桥或电势计组成的铂电阻温度计有极高的精确度。铂电阻温度计感温元件是由纯铂丝用双绕法绕在耐热的绝缘材料如云母、玻璃或石英、陶瓷等骨架上制成的，如图 3-1-6 所示。在铂丝圈的每一端上都焊着两根铂丝或金丝，一对为电流引线，一对为电压引线。

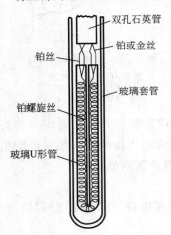

铂丝
铂螺旋丝
玻璃U形管

双孔石英管
铂或金丝
玻璃套管

图 3-1-6 标准铂电阻温度计的结构

标准铂电阻温度计感温元件在制成前后，均需经过仔细清洗，再装入适当大小的玻璃或石英套管中，进行充氮、封接和退火一系列严格处理，才能保证有很高的稳定性和准确度。

#### 3.1.3.2 热敏电阻温度计

热敏电阻是由金属氧化物半导体材料制成的。热敏电阻可制成各种形状，如珠形、杆形、圆片形等，作为敏感元件通常选用珠形和圆片形。

热敏元件的主要特点如下。

① 有很大的电阻温度系数，因此测量灵敏度比较高。

② 体积小，一般只有 $\phi 0.2 \sim 0.5 \text{mm}$，故热容量小，因此测量灵敏度比较高。

③ 具有很大电阻值，其 $R_0$ 值一般为 $10^2 \sim 10^5 \Omega$ 范围，因此可以忽略引接导线电阻。特别适用于远距离的温度测量。

④ 制造工艺比较简单，价格便宜。

热敏电阻的缺点是测量温度范围较窄，特别是在制造时对电阻与温度关系的一致性很难控制，差异很大，稳定性较差。作为测量仪表的感温元件就很难互换，给使用和维修都带来很大困难。

热敏电阻和金属导体的热电阻不同，属于半导体，具有负电阻温度系数，其电阻值随温度的升高而减小。热敏电阻的电阻与温度系数的关系不是线性的，可用下面的经验公式来表示：

$$R_T = Ae^{B/T} \tag{3-1-3}$$

式中，$R_T$ 为热敏电阻在温度 $T$ 时的电阻值，$\Omega$；$T$ 为温度，K；$A$、$B$ 为常数，它取决于热敏电阻的材料和结构，$A$ 具有电阻量纲，$B$ 具有温度量纲。

珠形热敏电阻器的基本构造如图 3-1-7 所示。

在实验中，可将热敏电阻作为电桥的一个臂，其余三个臂是纯电阻，如图 3-1-8 所示。图中 $R_1$、$R_2$ 为固定电阻，$R_3$ 为可调电阻，$R_T$ 为热敏电阻，$E$ 为工作电源。在某温度下将电桥调平衡，则没有电讯号输给检流计。当温度改变后，则电桥不平衡，将有电讯信号输给检流计，只要标定出检流计光点相应于每 1℃ 所移动的分度数，就可以求得所测温差。

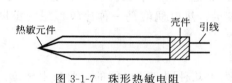

图 3-1-7　珠形热敏电阻　　　　　　　图 3-1-8　热敏电阻测温线路

### 3.1.3.3　热电偶温度计

（1）原理

将两种金属导线构成一闭合回路，如果两个接点的温度不同，就会产生一个电势差，称为温差电势。如在回路中串接一个毫伏表，则可粗略显示该温差电势的量值（见图 3-1-9）。这一对金属导线的组合就称为热电偶温度计，简称热电偶。

实验表明，温差电势 $E$ 与两个接触点的温度差 $\Delta T$ 之间存在函数关系。如其中一个接点的温度恒定不变，则温差电势只与另一个接点的温度有关，即 $E = f(T)$。通常将其一端置于标准压力 $p^{\ominus}$ 下的冰水共存系统。那么，由温差电势就可直接测出另一端的摄氏温度值。在要求不高的测量中，可用锰铜丝制成冷端补偿电阻。

（2）特点

热电偶作为测温元件具有许多优点。

① 灵敏度高。如常用的镍铬-镍硅热电偶的热电系数达 $40\mu V \cdot ℃^{-1}$，镍铬-考铜的热电系数更高达 $70\mu V \cdot ℃^{-1}$。用精密的电势差计测量，通常均可达到 $0.01℃$ 的精度。如将热电偶串联组成热电堆（见图 3-1-10），则其温差电势是单对热电偶电势的加和，选用较精密的电势差计，检测灵敏度可达 $10^{-4}℃$。

② 重现性好。热电偶制作条件的不同会引起温差电势的差异。但一支热电偶制作后，经过精密的热处理，其温差电势-温度函数关系重现性极好。由固定点标定后，可长期使用。热电偶常被用作温度标准传递过程中的标准量具。

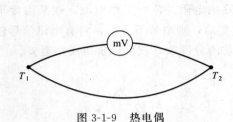

图 3-1-9　热电偶

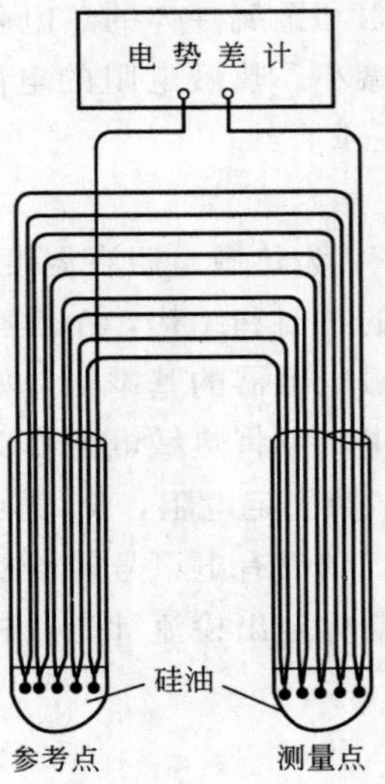

图 3-1-10　热电堆

③ 量程宽。热电偶的量程仅受其材料适用范围的限制。

④ 非电量变换。温度的自动记录、处理和控制在现代的科学试验和工业生产中是非常重要的。这首先要将温度这个非电参量变换为电参量，热电偶就是一种比较理想的温度-电量变换器。

（3）种类

热电偶的种类繁多，各有其优缺点。表 3-1-1 列出几种国产热电偶的主要技术规范。

**表 3-1-1　几种国产热电偶的主要技术规范**

| 类　别 | 型　号 | 分度号 | 使用温度/℃ | | 热电势允许偏差[①] | | 热电偶丝直径/mm |
|---|---|---|---|---|---|---|---|
| | | | 长时间 | 短时间 | | | |
| 铂铑 10-铂 | WRLB | LB-3 | 1300 | 1600 | 0～600℃ ±2.4℃ | >600℃ , ±0.4%$t$ | $\phi$0.4～0.5 |
| 铂铑 30-铂铑 6 | WRLL | LL-2 | 1600 | 1800 | 0～600℃ ±3℃ | >600℃ ±0.5%$t$ | $\phi$0.5 |
| 镍铬-镍硅 | WREU | EU-2 | 1100 | 1300 | 0～400℃ ±4℃ | >60℃ ±0.75%$t$ | $\phi$0.5～2.5 |
| 镍铬-考铜 | WREA | EA-2 | 600 | 80 | 0～400℃ ±4℃ | >600℃±1%$t$ | $\phi$0.5～2 |

① $t$ 为实测温度值，单位为℃。

除此以外，套有柔性不锈钢管的各种铠装热电偶也已日益普及。管内装有 $\phi$≤0.5mm 的热电偶丝，用熔融氧化镁绝缘。外径可细到 $\phi$＝1mm。长度可按需要自行截取，拔去铠装，使热偶丝露出绞合后焊接即可。

（4）测量

热电偶的测量精度受测量温差电势的仪表所制约。直流毫伏表是一种最简单的测温二次仪表，可将表盘刻度直接标成温度读数。该方法精度较差，通常为±2℃，使用时整个测量回路中总的电阻应保持不变。最好是对每支热电偶及其所匹配的毫伏表作校正。

数字电压表量程选择范围可达 3～6 个量级。它可以自动采样，并能将电压数据的模量值变换为二进位值输出。数据可输入计算机便于与其他测试数据综合处理或反馈以控制操作系统。数字电压表的测试精度虽然很高，但它的绝对测量值需作标定。

温差电势的经典测量方式是使用电势差计以补偿法测量其绝对值。

（5）标定和校正

热电偶的温差电势 $E$ 与温度 $T$ 之间的关系的标定，一般不是按内插法进行计算，而是采用实验方法以列表或工作曲线形式表示。标定时通常以水的冰点作参考温度，再根据所需工作范围选择所列的某些固定点进行标定（见表 4-2-10～表 4-2-12）。测量时应确保热电偶两端处于各自的热平衡状态。标定后的热电偶统称为标准热电偶。

工作热电偶常以标准热电偶校正，通常是将它和标准热电偶一起放在某一恒温介质中，逐步改变恒温介质的温度，在热平衡状态下测定一系列温度下温差热电势，做成工作曲线。

# 3.2　温度的控制技术及仪器的使用

物质的物理性质和化学性质，如折射率、黏度、蒸气压、密度、表面张力、化学平衡常数、反应速率常数、电导率等都与温度有密切的关系。许多物理化学实验不仅要测量温度，而且需要精确地控制温度。实验室中所用的恒温装置一般分成高温恒温（＞250℃）、常温恒温（室温～250℃）及低温恒温（－218℃～室温）三大类。

控温采用的方法是把待控温系统置于热容比它大得多的恒温介质中。

## 3.2.1　常温控制技术

在常温区间，通常用恒温槽作为控温装置，恒温槽是实验室中常用的一种以液体作介质的恒温装置，用液体作介质的优点是热容量大，导热性能好，使温度控制的稳定性和灵敏度大为提高。

根据温度的控制范围可用下列液体介质：

| | |
|---|---|
| －60～30℃ | 用乙醇或乙醇水溶液 |
| 0～90℃ | 用水 |
| 80～160℃ | 用甘油或甘油水溶液 |
| 70～300℃ | 用液体石蜡，汽缸润滑油、硅油 |

### 3.2.1.1　恒温槽的构造及原理

恒温槽的构件组成如图 3-2-1 所示。

（1）槽体

如果控制温度与室温相差不大，可用敞口大玻璃缸作为浴槽，对于较高和较低温度，应考虑保温问题。具有循环泵的超级恒温槽，有时仅作接恒温液体之用，而试验在另一工作槽内进行。这种利用恒温液体作循环的工作槽可作得小一些，以减少温度的滞后性。

（2）搅拌器

加热液体介质的搅拌，对保证恒温槽温度均匀起着非常重要的作用。搅拌器的功率、安装位置和桨叶的形状对搅拌效果有很大影响。恒温槽愈大，搅拌功率也该相应增大。搅拌器应装在加热器上面或靠近加热器，使加热后的液体及时混合均匀再流至恒温区。搅拌桨叶应是螺旋或涡轮式，且有适当的片数、直径和面积，以使液体在恒温槽中循环。为了加强循环，有时还需要装导流装置。在超级恒温槽中用循环流代替搅拌，效果仍然很好。

（3）加热器

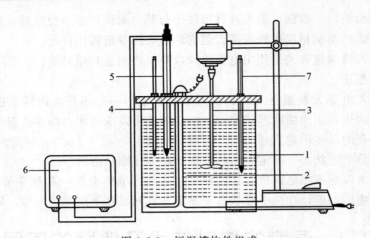

图 3-2-1　恒温槽构件组成

1—恒温槽；2—加热器；3—搅拌器；

4—温度计；5—可调电接点水银温度计；6—恒温控制器；7—贝克曼温度计

　　如果恒温的温度高于室温，则需不断向槽中供给热量，以补偿其向四周散失的热量；如果恒温槽的温度低于室温，则需不断从恒温槽中取走热量，以抵偿环境向槽中传热。在前一种情况下，通常采用电加热器间歇加热来实现恒温控制。对电加热的要求是热容量小，导热性好，功率适当。

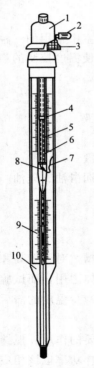

图 3-2-2　可调电接点水银温度计

1—调节帽；2—调节帽固定螺丝；3—磁铁；

4—指示铁；5—钨丝；6—调节螺杆；

7—铂丝接点；8—铂弹簧；9—水银柱；10—铂丝接点

（4）感温元件

　　它是恒温槽的感觉中枢，是提高恒温精度的关键部件。感温元件的种类很多，如电接点温度计、热敏电极感温元件等。这里仅以电接点温度计为例说明它的控温原理。电接点温度计的构造如图 3-2-2 所示。其结构与普通水银温度计不同，它的毛细管中悬有一根上下移动的金属丝，从水银槽也引出一根金属丝再与温度控制系统连接。在定温计上部装有一根可随管外永久磁铁旋转的螺杆。螺杆上有一指示金属片（标铁），金属片与毛细管中金属丝（触针）相连。当螺杆转动时，金属片上下移动即带动金属丝上升或下降。

　　调节温度时，先转动调节磁帽，使螺杆转动，带着金属片移动至所需温度（从温度刻度上读出）。当加热器加热后，水银柱上升与金属丝相接，线路接通，使加热器电源被切断，停止加热。由于水银定温计的刻度很粗糙，恒温槽的精密温度应该由另一精密温度计指示。当所需的控温温度稳定时，将磁帽上的固定螺丝旋紧，使之不发生转动。

　　电接点定温计的控温精度通常为 $\pm 0.1℃$，甚至可达 $\pm 0.05℃$，对于一般实验来说，足以满足要求。接点定温计允许通过的电流很小，约为几个毫安以下，不能同加热器直接相连。

因为加热器的电流约为 1A，所以在定温计和加热器中间加一个中间媒介，即电子管继电器。

（5）电子管继电器

电子管继电器由继电器和控制电路两部分组成，其工作原理为：可以把电子管的工作看成一个半波整流器（见图 3-2-3），$R_0 \sim C_1$ 并联电路的负载，负载两端的交流分量用来作为栅极的控制电压。当定温计触点为断路时，栅极与阴极之间由于 $R_1$ 的耦合而处于同位，也即栅偏压为零。这时板流较大，约有 18mA 通过继电器，能使衔铁吸下，加热器通电加热；当定温计为通路，板级是正半周，这时 $R_0 \sim C_1$ 的负端通过 $C_2$ 和定温计加在栅极上，栅极出现负偏压，使板级电流减少到 2.5mA，衔铁弹开，电加热器短路。

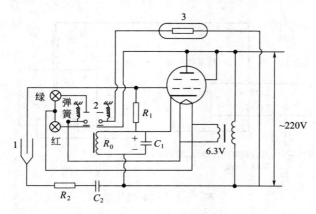

图 3-2-3 电子管继电器线路图

$R_0$—202V、直流电阻约 2200Ω 的电磁继电器；

1—水银温度计；2—衔铁；3—电热器

因控制电压是利用整流后的交流分量，$R_0$ 的旁路电容 $C_1$ 不能过大，以免交流电压值过小，引起栅偏压不足，衔铁吸下不能断开；$C_1$ 太小，则继电器衔铁会颤动，这是因为板流在负半周时无电流通过，继电器会停止工作，并联电容依靠电容的充放电而维持其连续工作，如果 $C_1$ 太小就不能满足这一要求。$C_2$ 用来调整板级的电压相位，使其与栅压有相同峰值。$R_2$ 用来防止触电。

电子继电器控制温度的灵敏度很高。通过定温计的电流最多为 30μA，因而定温计使用寿命很长，故获得普遍使用。

随着电子技术的发展，电子继电器中电子管大多为晶体管所代替，WMZK-01 型的控温仪是用热敏电阻作为感温元件的晶体管继电器。它的温控系统，由直流电桥电压比较器、控温执行继电器等部分组成。当感温探头热敏电阻感受的实际温度低于控温选择温度时，电压比较器输出电压，使控温继电器输出线柱接通，恒温槽加热器加热，当感温探头热敏电阻感受温度与控制选择温度相同或高于时，电压比较输出为"0"，控温继电器输出线柱断开，停止加热，当感温探头感受温度再下降时，继电器再动作，重复上述过程达到控温目的。其面板图、使用接线图如图 3-2-4 和图 3-2-5 所示。

使用该仪器时需注意感温探头的保护。感温探头中用热敏电阻时采用玻璃封结，使用时应防止与较硬的物件相撞，用毕后感温探头头部用保护帽套上，感温探头浸没深度不得超过

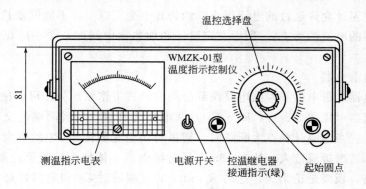

图 3-2-4　控温仪面板

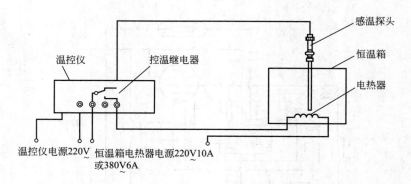

图 3-2-5　控温仪线路

200mm。使用时若继电器跳动频繁或跳动不灵敏，可将电源相位反接。

该仪器的主要技术指标如表 3-2-1 所示。

表 3-2-1　主要技术指标

| 控温范围/℃ | −50～50 | 10～50 | 10～100 | 50～200 | 20～300 |
|---|---|---|---|---|---|
| 控制操作灵敏度 | 1 | 0.6 | 1 | 1 | 2 |
| 测温误差 | ±3 | ±1 | ±2 | ±5 | ±10 |
| 温控选择盘误差 | ±3 | ±2 | ±2 | ±5 | ±10 |
| 工作环境温度 | 0～40℃　　　相对湿度不超过80% | | | | |
| 控温继电器输出 | 220V～　10A 或 380V　6A | | | | |
| 仪表电源 | 220V～　±10%　50Hz±2% | | | | |
| 仪器消耗功率 | <6W | | | | |

### 3.2.1.2　恒温槽的性能测试

　　恒温槽的温度控制装置属于"通""断"类型，当加热器接通后，恒温介质温度上升，热量的传递使水银温度计中水银柱上升。但热量传递需要时间，因此常出现温度传递的滞后。往往使加热器附近介质的温度超过指定温度，所以恒温槽的温度高于指定温度。同理降温时也会出现滞后现象。由此可知恒温槽控制的温度有一个波动范围，并不是控制在某一固定不变的温度。并且恒温槽内各处的温度也会因搅拌效果优劣而不同。控制温度波动范围越小，各处的温度越均匀、恒温槽中的灵敏度越高。灵敏度是衡量恒温槽性能优劣的主要标志。它除与感温元件、电子继电器有关外，还与搅拌器的效率、加热器的功率有关。

　　恒温槽灵敏度的测定是在指定温度下（如 30℃）用较灵敏的温度计记录温度随时间的

变化，每隔一分钟记录一次温度计读数，测定 30min。然后以温度为纵坐标、时间为横坐标绘制成温度-时间曲线。如图 3-2-6 所示。图中（a）表示恒温槽灵敏度较高；（b）表示灵敏度较差；（c）表示加热器功率太大；（d）表示加热器功率太大或散热太快。

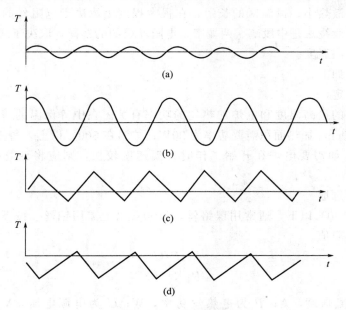

图 3-2-6 灵敏度曲线

恒温槽灵敏度 $t_E$ 与最高温度 $t_1$、最低温度 $t_2$ 的关系式为：

$$t_E = \pm \frac{t_1 - t_2}{2} \qquad (3\text{-}2\text{-}1)$$

式中，$t_E$ 值愈小，恒温槽的性能愈佳，恒温槽精度随槽中区域不同而不同。同一区域的精度又随所用恒温介质、加热器、定温计和继电器（或控温仪）的性能质量不同而异，还与搅拌情况以及所有这些元件之间的相对配置情况有关，它们对精度的影响简述如下。

① 恒温介质 介质流动性好，热容大，则精度高。

② 定温计 定温计的热容小，与恒温介质的接触面积大，水银和铂丝与毛细管壁间的黏附作用小，则精度好。

③ 加热器 在功率足以补充恒温槽单位时间内向环境散失能量的前提下，加热器功率愈小，精度愈好。另外，加热器本身的热容愈小，加热器管壁的导热效率愈高，则精度愈好。

④ 继电器 电磁吸引电键，后者发生机械运动所需时间愈短，断电时线圈中的铁芯剩磁愈小，精度愈好。

⑤ 搅拌器 搅拌速度需足够大，使恒温介质各部分温度尽量一致。

⑥ 部件的位置 加热器要放在搅拌器附近，以使加热器发出的热量能迅速传到恒温介质的各个部分。定温计要放在加热器附近，并且让恒温介质的旋转能使加热器附近的恒温介质不断地冲向定温计的水银球。被研究的系统一般要放在槽中精度最好的区域。测定温度的温度计应放置在被研究系统的附近。

## 3.2.2 高温控制技术

一般是指 250℃ 以上的温度，通常使用电阻炉加热。加热元件为镍铬丝，用可控硅控温仪来调节温度。

### 3.2.2.1　电炉

实验室中以马弗炉和管式炉最为常用。一个良好的加热电炉，一般必须有较长的恒温区；传热要迅速，散热小。恒温区的长短，在很大程度上取决于电阻丝的绕法及通电的方式。电路电阻丝一般绕法是中段疏、两端密，电阻丝粗细的选择，取决于通电电流的大小及炉子所能达到的最高温度。

管式炉的设计如下。

（1）功率的确定

炉子所能达到的最高温度和电炉加热丝的功率有关。在中等保温的情况下，当炉温为300℃以下，每 $100cm^2$ 加热面积需要功率为 20W；炉温在 300℃以上，每 $100cm^2$ 的加热面积需要多加 20W。如需要电炉在开始工作时升温速度较快，则应将计算得出的功率增加20%左右。

（2）电热丝的选取

实验温度在 1100℃以下，通常用镍铬丝，1100℃以上需用铂丝。按下列公式计算电热丝的额定电流及电阻值。

$$I=P/U \tag{3-2-2}$$
$$R=U/I \tag{3-2-3}$$

式中，$I$ 为电流强度，A；$P$ 为电热丝功率，W；$U$ 为电源电压，V；$R$ 为电阻丝电阻，Ω。

如果电源电压在 180～220V 间波动，则 $U$ 取 180V，根据式（3-2-2）求出最大电流（$I_{最大}$），然后可求出电热丝的电阻值，按表 3-2-2 选定电热丝的粗细规格。

**表 3-2-2　镍铬丝的额定电流值与电阻值**

| 镍铬丝($\phi$)/mm | 0.1 | 0.15 | 0.2 | 0.3 | 0.4 | 0.5 | 0.6 | 0.8 | 1.0 |
|---|---|---|---|---|---|---|---|---|---|
| 最大通过电流/A | 0.7 | 1.0 | 1.3 | 2.0 | 3.0 | 4.2 | 5.5 | 8.2 | 11.0 |
| 20℃时电阻值/Ω·m⁻¹ | 138.4 | 55.8 | 34.6 | 23.9 | 8.76 | 5.48 | 3.46 | 2.16 | 1.38 |

镍铬丝的直径选定后，可按上表所列的电阻值算出所需电热丝的长度（$l=R/r$）。

例如：制作一个长 30cm、内径 5cm 的管式电炉，要求达到的最高温度为 800℃，应选用多大的直径和多长的镍铬丝。

① 加热面　$A=3.14×5×30=471(cm^2)$

② 功率　$P=\left(20×\dfrac{800-300}{100}+20\right)×\left(\dfrac{471}{100}\right)×(1+0.2)≈680(W)$

③ 最大电流值　$I=\dfrac{P}{U}=\dfrac{680}{180}=3.8(A)$

④ 电阻值　电源电压取波动平均值200V：

$$R=\dfrac{U}{I}=\dfrac{200}{3.8}=52.6(\Omega)$$

⑤ 长度　根据最大电流值，从表 3-2-2 可知选 0.5mm 的镍铬丝，其单位长度电阻值为 5.48Ω·cm⁻¹，因而长度（$l$）为

$$l=R/r=52.6/5.48=9.6(m)$$

炉中填料采用保温性能好且又轻的物质，一般为蛭石或膨胀珍珠岩。炉壳与炉管半径为（2.5∶1）～（5∶1），炉管材料可根据使用温度而定（见表 3-2-3）。

表 3-2-3　炉管材料

| 材　料 | 可耐最高温度/℃ |
|---|---|
| 北京硬质玻璃管 | 500 |
| 石棉包铁管 | 900 |
| 无釉瓷管 | 1500 |

（3）恒温区的标定

把热电偶放在炉子中间，炉子两头用石棉绳之类的绝热材料堵塞，以减少电路的热量散失。用控温仪控制电路温度达到预定温度，用电势差计读出温度。然后把热电偶向上移动，每次移动 2cm，待温度恒定后，读出温度，直到与第一次读数相差 1℃为止。再把热电偶从中间向下移动，重复上述操作，直到与第一次读数相差 1℃为止，则炉子在这炉温相差 1℃的上下区间内为恒温段。

### 3.2.2.2 高温控制器

（1）动圈式温度控制器

其原理如图 3-2-7 所示。热电偶将温度信号变化为毫伏级的电压信号，加于动圈式毫伏表线圈上，该线圈中用张丝悬挂在外磁场中，当线圈中因电流通过而感生磁场时，磁场与外磁场作用，使线圈偏转一个角度，故称"动圈"。偏转的角度值与热电偶的电动势成正比，通过指针在刻度板上直接指示出来。指针上有一片"铝旗"，它随指针左右偏转。$L_3$ 为调节设定温度的检测线圈，分成前后两半安装在刻度板后面，通过机械调节机构沿刻度板左右移动。检测线圈的中心位置通过设定针在刻度板上显示出来。首先把设定针调节在实验所需的温度位置，然后加热。当温度上升至设定温度时，铝旗全部进入检测线圈。由于铝旗的高频

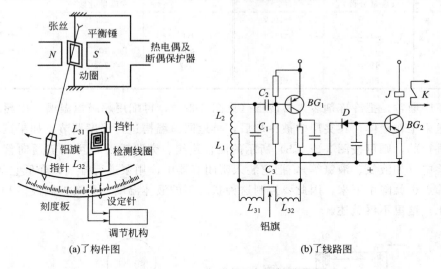

(a)了构件图　　　　　　　　　(b)了线路图

图 3-2-7　动圈式温度控制器

涡流效应使继电器断开，停止加热。为防止当被控对象的温度高于设定温度时，铝旗冲出 $L_{31}$ 产生加热的错误动作，因此在 $L_{31}$ 旁加一挡针。这种加热方式是断续式的，只有断、续两个工作状态。炉温升至给定值，停止加热，低于给定值时就加热。温度起伏较大，精度差。使用时应注意热电偶的正、负极不可接反，热电偶的规格要与仪表要求相符，外接电阻按规定值接上。

（2）比例-积分-微分温度公式控制

近代物理化学实验中，在控温调节规律上要求能实现比例、微分控制，简称 PID 控制。

PID 控制能在整个过渡过程时间内，按照偏差信号的规律，自动地调节加热器电流，故又称"自动调流"。当开始偏差信号很大时，加热电流也很大。随着不断加热，偏差信号逐渐变小，加热电流会按比例相应地降低，这就是"比例调节"。但当系统温度上升到设定值时，偏差降为零，加热电流也将降为零，不能补偿系统与环境之间的热损耗。所以除了"比例调节"外，还需加"积分调节"。把前期的偏差信号进行积累，当偏差信号变成极小时，仍能产生一个相当的加热电流，使系统与环境之间热平衡。在这"比例调节"和"积分调节"的基础上再加上"微分调节"，使在过渡过程时间一开始，就输出一个大于"比例调节"的加热电流，使系统温度迅速上升，缩短过渡过程时间。这种加热电流按微分指数曲线降低，控制过程从微分调节过渡到比例积分调节。PID 调节器应能按比例、积分、微分调节规律自动地调节加热电流，电流调节是通过一个可控硅电路来实现的，而 PID 调节规律是将偏差信号输入到一个具有负反馈回路的放大器来实现的。

## 3.2.3　低温控制技术

实验时如需要低于室温的恒温条件，则需用低温控制装置。对于比室温稍低的恒温控制，可用常温控制装置，在恒温槽内放入蛇形管，其中用一定流量的冰水循环。如需要很低的温度，则需选用适当的冷冻剂。实验室中常用冰盐混合物的低共熔点使温度恒定。表 3-2-4 列出几种盐类和冰的低共熔点。

**表 3-2-4　盐类和冰的低共熔点**

| 盐 | 盐的混合比/%（质量分数） | 最低到达温度/℃ | 盐 | 盐的混合比/%（质量分数） | 最低到达温度/℃ |
|---|---|---|---|---|---|
| KCl | 19.5 | −10.7 | NaCl | 22.4 | −21.2 |
| KBr | 31.2 | −11.5 | KI | 52.2 | −23.0 |
| NaNO$_3$ | 44.8 | −15.4 | NaBr | 40.3 | −28.0 |
| NH$_4$Cl | 19.5 | −16.0 | NaI | 39.0 | −31.5 |
| (NH$_4$)$_2$SO$_4$ | 39.8 | −18.3 | CaCl$_2$ | 30.2 | −49.8 |

实验室中通常是把冷冻剂装入蓄冷桶（见图 3-2-8），再配用超级恒温槽。由超级恒温槽的循环泵送来工作液体，在夹层中被冷却后，再返回恒温槽进行温度调节。如果试验不是在恒温槽中进行的，则可按图 3-28（b）所示的流程连接。旁路活门 D 可调节通向蓄冷桶的流量。若实验中（如液氨、液氮等），把它装入密闭容器中，用泵进行排气，降低它的蒸气压，则液体的沸点也就降了下来，因此要控制这种状态下的液体温度，只要控制液体和它成热平衡的蒸气压。这里不再赘述。

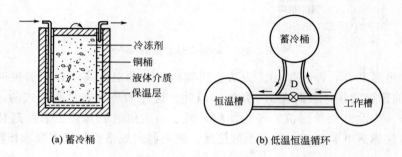

(a) 蓄冷桶　　　　　　　(b) 低温恒温循环

图 3-2-8　低温恒温装置示意

# 3.3 压力测量技术及仪器的使用

压力是描述系统的重要参数之一，许多物理化学性质，例如蒸气压、沸点、熔点几乎都与压力密切相关。在化学热力学和动力学研究中，压力是一个十分重要的参数，因此，正确掌握测量压力的方法、技术是十分重要的。

物理化学实验中，涉及高压（钢瓶）、常压以及真空系统（负压）。对于不同压力范围，测量方法不同，所用仪器的精密度也不同。

## 3.3.1 液柱式测压仪表

这类仪表具有以下特点：

① 测压范围适宜于低于 1000mmHg 的压力、压差、负压；

② 测量精度高；

③ 结构简单，使用方便；

④ 管中所充液体最常用为水银。不仅有毒，且玻璃管易破碎，读数精度常不易保证。

液柱式压力计常用的有 U 形管压力计、单管式压力计、斜管式压力计，其结构虽然不同，但其测量原理是相同的。物理化学实验中用得最多的是 U 形管压力计。

图 3-3-1 为两端开口的 U 形管压力计，其工作原理如下：根据流体静力学的平衡原理

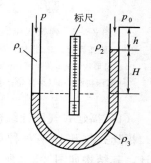

$$p+(H+h)\rho_1 g = H\rho_3 g + h\rho_2 g + p_0 \qquad (3\text{-}3\text{-}1)$$

式中，$p$ 为被测压力；$\rho_1$、$\rho_2$ 为充液上面的保护氮或空气密度；$\rho_3$ 为充液、水银或水、乙醇等密度；$p_0$ 为大气压力；$h$ 为充液高位面到被测压力 $p$ 的连接口处的高度；$g$ 为重力加速度；$H$ 为 U 形管压力计两边液柱高度之差。

$$p-p_0 = h(\rho_2-\rho_1) + H(\rho_3-\rho_1)g \qquad (3\text{-}3\text{-}2)$$

当 $\rho_1=\rho_2$ 时，有

图 3-3-1 U 形管压力计

$$p-p_0 = H(\rho_3-\rho_1)g \qquad (3\text{-}3\text{-}3)$$

从公式看，选用的充液密度愈小，其 $H$ 愈大，测量灵敏度愈高。由于 U 形管压力计两边玻璃管的内径并不完全相等，因此在确定 $H$ 值时不可用一边的液柱高度变化乘 2，以免引进读数误差。

因为 U 形管压力计是直读式仪表，所以都采用玻璃管，为避免毛细现象过于严重地影响到测量精度，内径不要小于 10mm，标尺分度值最小一般为 1mm。

U 形管压力计的读数需进行校正，其主要是环境变化所造成的误差。在通常要求不很精确的情况下，只需对充液密度改变时，对压力计读数进行温度校正。即校正至 273.2K 时的值。

$$\Delta h_0 = \Delta h_t \frac{\rho_t}{\rho_0} \qquad (3\text{-}3\text{-}4)$$

充液为汞时 $\rho_t/\rho_0$ 的值如表 3-3-1 所示。

表 3-3-1 汞 $\rho_t/\rho_0$ 的值

| $T/K$ | 273.2 | 273.8 | 283.2 | 288.2 | 293.2 | 298.2 | 303.2 | 308.2 | 313.2 |
|---|---|---|---|---|---|---|---|---|---|
| $\rho_t/\rho_0$ | 1.000 | 0.9991 | 0.9902 | 0.9973 | 0.9964 | 0.9955 | 0.9946 | 0.9937 | 0.9928 |

### 3.3.2　弹簧式压力表

利用弹性元件的弹力来测量压力，是测压仪表中主要的形式。由于弹性元件的结构和材料不同，它们具有各不相同的弹性位移与被测压力的关系。物理化学实验中接触较多的为单管弹簧管式压力表，压力由弹簧管固定端进入，通过弹簧管自由端的位移带动指针运动，指示出压力值，如图 3-3-2 所示。常用弹簧管截面有椭圆形和扁圆形两种，可使用一般压力测量。还有偏心圆形等适用于高压测量，测量范围很宽。

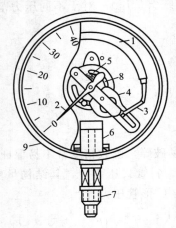

图 3-3-2　弹簧式压力表
1—金属弹簧管；2—指针；3—连杆；
4—扇形齿轮；5—弹簧；6—底座；
7—测压接头；8—小齿轮；9—外壳

（1）福廷式气压计结构

福廷式气压计是一种单管真空汞压力计，其结构如图 3-3-3 所示。

福廷式气压计是以汞柱来平衡大气压力。大气压力的单位，原来直接以汞柱的高度（即毫米汞柱或 mmHg）来表示。近年来生产的新产品气压计以国际单位 Pa 或 kPa 来表示。在气象学上也常用 bar 或 mbar 作单位。

福廷式气压计主要结构是一根长 90cm、上端封闭的玻璃管，管中盛有汞，倒插入下部汞槽内。玻璃管中汞面上部是真空，汞槽下部使用羚羊皮囊作为汞储槽，它既与大气相通，但汞也不会漏出。在底部有一调节螺旋，可用来调节其中汞面的高度。象牙针的尖端是黄铜标尺刻度的零点，利用黄铜标尺上的游标卡尺，读数的精度可达 0.1mm

弹性式压力表使用时的注意事项如下。

① 合理选择压力表量程。为了保证足够的测量精度，选择的量程应在仪表分度标尺的 1/2～3/4 范围内。

② 使用环境温度不超过 35℃，超过 35℃应给予温度修正。

③ 测量压力时，压力表指针不应有跳动和停滞现象。

④ 对压力表应进行定期校验。

### 3.3.3　气压计

测量大气压力的仪器称为气压计。实验室常用的有福廷（Fotin）式气压计、固定槽式气压计和空盒气压表等类型。

#### 3.3.3.1　福廷式气压计

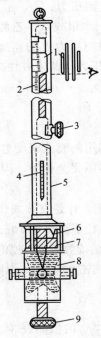

图 3-3-3　福廷式气压计结构示意
1—游标尺；2—黄铜管标尺；3—游标尺调节螺旋；
4—温度计；5—黄铜管；6—象牙针；
7—水银槽；8—羚羊皮囊；9—调节螺旋

或 0.05mm。

从以上可看出，当大气压力与槽内的汞面作用达到平衡时，汞就会在玻璃管内上升到一定高度，通过测量汞的高度，就可确定大气压力的数值。

（2）气压计的使用方法

① 铅直调节　福廷式气压计必须垂直放置。在常压下，若与铅直方向相差 1°，则汞柱高度的读数误差大约为 0.015%。为此，在气压计下端，设计一固定环。在调节时，先拧松气压计底部圆环上的三个螺旋，使其固定。

② 调节汞槽内的汞面高度　慢慢旋转底部的汞面调节螺旋，使汞槽内的汞面升高，利用汞槽后面白瓷板的反光，注视汞面与象牙针间的空隙，直至汞面恰好与象牙针尖相接触，然后轻轻扣动铜管，使玻璃管上部汞的弯曲正常，这时象牙针与汞面的接触应没有什么变动。

③ 调节游标尺　转动游标尺调节螺旋，使游标尺的下沿边与管中汞柱的凸面相切，这时观察者的眼睛和游标尺前后的两个面应沿同一水平面。见图 3-3-4。

④ 读数　游标尺的零线在标尺上所示的刻度为大气压力的整数部分（mmHg 或 kPa），再从游标尺上找出一根恰与标尺某一刻度相吻合的刻度线，此游标刻度线上的数值即为大气压力的小数部分。

⑤ 整理工作　向下转动汞槽液面调节螺旋，使汞面离开象牙针，记下气压计上附属的温度读数，并从所附的仪器校正卡片上读取该气压计的仪器误差。

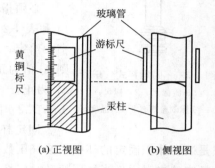

图 3-3-4　游标卡尺位置的调节示意

（3）气压计读数的校正

当气压计的汞柱与大气压力相平衡时，则 $p_{大气} = \rho g h$，但汞的密度 $\rho$ 与温度有关，重力加速度 $g$ 随测量地点不同而异。因此，规定从温度 0℃，重力加速度 $g = 9.80665 \text{m} \cdot \text{s}^{-2}$ 的条件下的汞柱为标准来度量大气压力，此时汞的密度 $\rho = 13.5951 \text{g} \cdot \text{mL}^{-1}$。凡是不符上述规定所读的大气压力值，除仪器误差校正外，在精密的测量工作中还必须进行温度、纬度和海拔高度的校正。

① 仪器误差校正。由汞的表面张力引起的误差，汞柱上方残余气体的影响，以及压力计制作时的误差，在出厂时都已作了校正。使用时，由气压计上读得的示值，首先应按制造厂所附的仪器误差校正值 $\Delta_k$ 进行校正。

② 温度校正。在对气压计进行温度校正时，除了考虑汞的密度随温度变化外，还要考虑标尺温度的线性膨胀。设 $\alpha$ 为汞的体胀分数，$\beta$ 为刻度标尺的线胀分数，$p_0$ 为 0℃时的大气压力。那么，经温度校正后的校正值可由下式计算：

$$\Delta_t = p_t - p_0 = \frac{\alpha - \beta}{1 + \alpha t} p_t \tag{3-3-5}$$

已知汞的 $\alpha = [181792 + 0.17 t/℃ + 0.035116 (t/℃)^2] \times 10^{-9} ℃^{-1}$，黄铜的 $\beta = 18.4 \times 10^{-6} ℃^{-1}$。将 $\alpha$、$\beta$ 值和室温 $t$ 代入式（3-3-5），即可求得温度校正值 $\Delta_t$。在测量精密度要求不高的情况下，上式也可简化为

$$\Delta_t = -1.63 \times 10^{-4} t p_t \tag{3-3-6}$$

在实际使用中，可查阅表 4-2-13 的数据，该表列出了不同大气压下的温度校正值，只

要将压力计上读得的示值减去该压力、温度条件下的校正值即为 $p_0$。

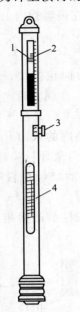

图 3-3-5　固定杯式气压计

1—游标尺；2—标尺；

3—游标调整螺丝；4—温度计

③ 纬度和海拔高度的校正　由于国际上用水银气压计测定大气压力时，是以纬度 45° 的海平面上重力加速度 $9.80665 \mathrm{m \cdot s^{-2}}$ 为准的。而实验中各地区纬度不同，则重力加速度值也就不同，所以要作纬度和海拔高度的校正。设测量地点的纬度为 $L$，海拔高度为 $H$，则校正值分别为：

纬度校正值

$$\Delta_L = -2.66 \times 10^{-3} p_t \cos 2L \tag{3-3-7}$$

海拔高度校正值

$$\Delta_H = -3.14 \times 10^{-7} H p_t \tag{3-3-8}$$

在实际使用中可查阅表 4-2-14 和表 4-2-15 中的数据。

经上述各项校正之后的真实大气压力数值为：

$$p = p_t + \Delta_k + \Delta_t + \Delta_L + \Delta_H \tag{3-3-9}$$

必须指出，在使用式（3-3-9）特别是利用表 4-2-13、表 4-2-14 和表 4-2-15 时，都必须注意各校正项的正负。$\Delta_t$ 的正负由说明书中给定；若实验室温度大于 0℃，$\Delta_t$ 值为负，若室温小于 0℃，则 $\Delta_t$ 值为正；实验地点纬度小于 45° 时，则 $\Delta_L$ 值为负，大于 45°，$\Delta_L$ 为正；一般实验地点均在海拔高度之上，所以 $\Delta_H$ 值为负。

### 3.3.3.2　固定杯式气压计

固定杯式气压计和福廷式气压计大同小异（见图 3-3-5），水银是装在体积固定的杯中，读气压数值时，只需读玻璃管中的水银柱的高低位置，而不要调节杯中的水银面。当气压变动时，杯内水银面的升降已计入气压计的标度，由铜管上刻度的长度来补偿。气压计所用的玻璃管和水银杯内径经严格控制，并与铜管上的刻度标尺配合，故所得气压读数的精密度并不低于福廷式气压计。至于仪器误差、温度、纬度和海拔高度等项的校正，与福廷式气压计完全相同。

在使用固定杯式气压计时，先旋转调节游标螺旋，使游标尺下边缘水平地与水银柱凸顶相切，调节时游标尺最好由上而下降到水银柱面。读数时眼睛应和水银柱凸顶同高度。从游标尺下边缘即可读出水银柱高度。调节游标尺前可用手指轻轻弹击气压计上端，以减少毛细管效应和吸附所引起的误差。

### 3.3.3.3　空盒气压表

空盒气压表是随大气压变化而产生轴向移动的空盒组作为感应之件，通过拉杆和传动机构带动指针，指示出大气压值，如图 3-3-6 所示。当大气压增加时，空盒

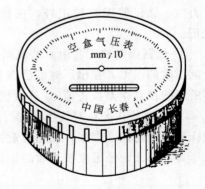

图 3-3-6　空盒气压表

组被压缩，通过传动机构，指针顺时针转动一定角度；当大气压减少时，空盒组膨胀，通过转动机构使指针逆时针转动一定角度。

空盒气压表测量范围为 $600 \sim 800 \mathrm{mmHg}$，温度 $-10 \sim 40℃$ 之间，度盘最小分度值为 $0.5 \mathrm{mmHg}$。

气压表的仪器校正值为 $+0.7 \mathrm{mmHg}$。温度每升高 1℃，气压校正值为 $-0.05 \mathrm{mmHg}$。

仪器刻度校正值见表 3-3-2。

表 3-3-2 仪器刻度校正值 /mmHg

| 仪器示度 | 校正值 | 仪器示度 | 校正值 |
|---|---|---|---|
| 790 | −0.8 | 690 | +0.2 |
| 780 | −0.4 | 680 | +0.2 |
| 770 | 0.0 | 670 | 0.0 |
| 760 | 0.0 | 660 | −0.2 |
| 750 | +0.1 | 650 | −0.1 |
| 740 | +0.2 | 640 | 0.0 |
| 730 | +0.5 | 630 | −0.2 |
| 720 | +0.7 | 620 | −0.4 |
| 710 | +0.4 | 610 | −0.6 |
| 700 | +0.2 | 600 | −0.8 |

例如，16.5℃时在空盒气压表上读数为 724.2mmHg，考虑：

仪器校正值 　　　　　　+0.7mmHg

温度校正值 　　　　　　$16.5×(−0.05)=−0.8$mmHg

仪器校正值由表 3-3-2 得+0.6mmHg，校正后大气压为

$$724.2+0.7−0.8+0.6=724.7(mmHg)=9.662×10^4 Pa$$

空盒气压表体积小，质量轻，不需要固定，只要求仪器工作时水平放置。但其精度不如福廷式、固定杯式气压计。

### 3.3.4 高压钢瓶及其使用

#### 3.3.4.1 钢瓶标记

在实验室中，常会使用各种钢瓶。气体钢瓶是贮存压缩气体和液化器的高压容器。容积一般为 40~60L，最高工作压力为 15MPa，最低的也在 0.6MPa 以上。在钢瓶的背部用钢印打出下述标记：

制造厂家　　　　　　制造日期
气瓶型号、编号　　　气瓶质量
气体容积　　　　　　工作压力
水压试验压力　　　　水压试验日期及下次试验日期

为了避免各种钢瓶使用时发生混淆，常将钢瓶漆上不同颜色，写明瓶内气体的名称（见表 3-3-3）。

表 3-3-3 各种气体钢瓶标志

| 气体类别 | 瓶身颜色 | 字样 | 标字颜色 | 腰带颜色 |
|---|---|---|---|---|
| 氮气 | 黑 | 氮 | 黄 | 棕 |
| 氧气 | 天蓝 | 氧 | 黑 | |
| 氢气 | 深绿 | 氢 | 红 | 红 |
| 压缩空气 | 黑 | 压缩空气 | 白 | |
| 液氨 | 黄 | 氨 | 黑 | |
| 二氧化碳 | 黑 | 二氧化碳 | 黄 | 黄 |
| 氢气 | 棕 | 氨 | 白 | |
| 氯气 | 草绿 | 氯 | 白 | |
| 石油气体 | 灰 | 石油气体 | 红 | |

### 3.3.4.2 钢瓶使用注意事项

① 各种高压气体钢瓶必须定期送有关部门检验。一般气体的钢瓶至少 3 年必须送检一次，充腐蚀性气体的钢瓶至少每两年送检一次，合格者才能充气。

② 钢瓶搬运时，要戴好钢瓶帽和橡皮腰圈，轻拿轻放。要避免撞击、摔倒和激烈振动，以防爆炸。放置和使用时，必须用架子或铁丝固定牢靠。

③ 钢瓶应存放在阴凉、干燥、远离热源的地方，避免明火和阳光曝晒。钢瓶受热后气体膨胀，瓶内压力增大，易造成漏气，甚至爆炸。可燃性气体钢瓶与氧气钢瓶必须分开存放。氢气钢瓶最好放置在实验室大楼外专用的小房内，以确保安全。

④ 使用气体钢瓶，除 $CO_2$、$NH_3$ 外一般要用减压阀。各种减压阀中，只有 $N_2$ 和 $O_2$ 的减压阀可相互通用外。其他的只能用于规定的气体，不能混用，以防爆炸。

⑤ 钢瓶上不得沾污油类及其他有机物，特别在气门出口和气表处，更应保持清洁。不可用棉麻等物堵漏，以防燃烧引起事故。

⑥ 可燃性气体如 $H_2$、$C_2H_2$ 等钢瓶的阀门是"反扣"左旋螺丝，即逆时针方向拧紧；非燃性及助燃性如 $N_2$、$O_2$ 等钢瓶的阀门是"正扣"的右旋螺丝，即顺时针拧紧。开启阀门时应站在气表一侧，以防减压阀万一被冲出受到击伤。

⑦ 可燃性气体要有防回火装置。有的减压阀已附有此装置，也可在导气管中填装铁丝网防止回火，在导气管中加接液封装置也可起防护作用。

⑧ 不可将钢瓶中的气体全部用完，一定要保留 0.05MPa 以上的残留压力。可燃性气体 $C_2H_2$ 应剩余 $0.2\sim0.3MPa$（约 $2\sim3kg\cdot cm^{-2}$ 表压），$H_2$ 应保留 2MPa，以防重新充气时发生危险。

### 3.3.4.3 减压阀的作用和使用

氧气减压阀俗称氧气表，其结构如图 3-3-7 所示。阀腔被减压阀门分为高压室和低压两部。前者通过减压阀进口与氧气瓶连接，气压可由高压表读出，表示钢瓶内的气压；低压室经出口与工作系统连接，气压由低压表给出。当顺时针方向（右旋）转动减压阀手柄时，手柄压缩主弹簧，进而转动弹簧垫块、薄膜和顶杆，将阀门打开。高压气体即由高压室阀门节流减压后进入低压室。当达到所需压力时，停止旋转手柄。停止用气时，逆时针（左旋）转动手柄，使主弹簧恢复自由状态，阀门封闭。

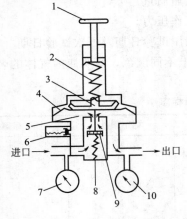

图 3-3-7 减压阀的结构

1—手柄；2—主弹簧；3—弹簧垫块；4—薄膜；5—顶杆；
6—安全阀；7—高压表；8—弹簧；9—阀门；10—低压表

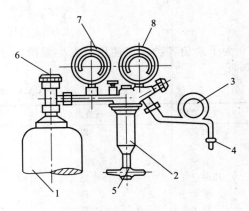

图 3-3-8 减压阀的安装

1—氧气瓶；2—减压表；3—导气管；4—接头；
5—减压阀旋转手柄；6—总阀门；7—高压表；8—低压表

减压阀装有安全阀，当压力超过限定值或减压阀发生故障时即自动开启放气。

### 3.3.4.4　钢瓶的使用

按图 3-3-8 装好减压阀。使用前，逆时针方向转动氧气减压阀手柄至放松位置。此时减压阀关闭。打开总压阀，高压表读数指示钢瓶内压力。（表压）用肥皂水检查减压阀与钢瓶连接处是否漏气。不漏气，则可顺时针旋转手柄，减压阀门即开启送气，直到所需压力时，停止转动手柄。

停止用气时，先关钢瓶阀门。并将余气排空，直至高压表和低压表均指到"0"。反时针转动手柄至松的位置。此时，减压阀关闭，保证下次开启阀门时，不会发生高压气体直接冲进充气系统，保护减压阀调制压力的作用，以免失灵。

# 3.4　溶液的黏度、密度、酸度、折射率、旋光度等的测量技术及仪器的使用

## 3.4.1　液体黏度的测定

液体黏度是相邻流体层以不同速度运动时所存在的内摩擦力的一种量度。黏度分绝对黏度和相对黏度。绝对黏度有两种表示方法：动力黏度和运动黏度。动力黏度是指单位面积流层以单位速度相对于单位距离的流层流出时所需的切向力，用希腊字母 $\eta$ 表示黏度系数（简称黏度），其单位是帕斯卡·秒，用符号 Pa·s 表示。运动黏度是液体的动力黏度与同温度下该液体的密度 $\rho$ 之比，用符号 $\nu$ 表示，其单位是平方米每秒（$m^2 \cdot s^{-1}$）。

相对黏度系某液体黏度与标准液体黏度之比，量纲为 1。

化学实验室常用玻璃毛细管黏度计测定液体黏度。此外，恩格勒黏度计、落球式黏度计、旋转式黏度计等也经常使用。

### 3.4.1.1　毛细管黏度计

有乌式黏度计和奥氏黏度计，这两种黏度计比较精确，使用方便，适合于测定液体黏度和高聚物的摩尔质量。

玻璃毛细管黏度计的使用原理如下：测定黏度时通常测定一定体积的流体流经一定长度垂直的毛细管所需的时间，然后根据泊塞尔（Poiseuille）公式计算其黏度。

$$\eta = \frac{\pi p r^4 t}{8 l V} \tag{3-4-1}$$

式中，$V$ 为时间 $t$ 内流经毛细管的液体体积；$p$ 为管两端的压力差；$r$ 为毛细管半径；$l$ 为毛细管长度。

直接由实验室测定液体的绝对黏度是比较困难的。通常采用测定液体对标准液体（如水）的相对黏度，已知标准液体的黏度就可以算出待测液体的绝对黏度。

假设相同体积的待测液体和水，分别流经同一毛细管黏度计，则

$$\eta_待 = \frac{\pi p_1 r^4 t_1}{8 l V} \tag{3-4-2a}$$

或

$$\eta_水 = \frac{\pi p_2 r^4 t_2}{8 l V} \tag{3-4-2b}$$

两式相除，得

$$\frac{\eta_{待}}{\eta_{水}}=\frac{p_1 t_1}{p_2 t_2}=\frac{hg\rho_1 t_1}{hg\rho_2 t_2}=\frac{\rho_1 t_1}{\rho_2 t_2} \tag{3-4-3}$$

式中，$h$ 为液体流经毛细管的高度；$\rho_1$ 为待测液体的密度；$\rho_2$ 为水的密度。

因此，用同一根玻璃毛细管黏度计，在相同的条件下，两种液体的黏度比等于它们的密度与流经时间的乘积之比。若将水作为已知黏度的标准液（其黏度和密度可查阅手册），则通过式（3-4-3）计算出待测液体的绝对黏度。

### 3.4.1.2　乌式黏度计

乌式黏度计的外形各异，但基本的构造如图 3-4-1 所示，其使用方法亦相同，参看实验 21 实验步骤。

### 3.4.1.3　奥氏黏度计

奥氏黏度计的结构如图 3-4-2 所示，适用于测定低黏滞性液体的相对密度，其操作方法与乌式黏度计类似。但是，由于乌式黏度计有一支管 3，测定管 1 中的液体在毛细管下端出口处与管 2 中的液体断开，形成了气承悬液柱。这样流液下流时所受压力差 $\rho gh$ 与管 2 中液面高度无关，即与所加的待测液的体积无关，故可以在黏度计中稀释液体。而奥氏黏度计测定时，标准液和待测液的体积必须相同，因为液体下流时所受的压力差 $\rho gh$ 与管 2 中液面高度有关。

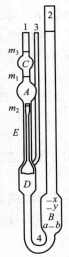

图 3-4-1　乌式黏度计

1—主管；2—宽管；3—支管；4—弯管；

A—测定球；B—储液器；C—缓冲球；

D—悬挂水平贮球；E—毛细管；$x$，$y$—充液线；

$m_1$，$m_2$—环形测定线；$m_3$—环形刻线；$a$，$b$—刻线

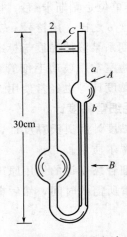

图 3-4-2　奥氏黏度计

A—球；B—毛细管；

C—加固用的玻璃棒；$a$，$b$—环形测定线

### 3.4.1.4　使用玻璃毛细管黏度计的注意事项

① 黏度计必须洁净，先用经 2 号砂芯漏斗过滤洗过的液体浸泡一天。如用洗液不能洗干净，则改用 5％的氢氧化钠乙醇溶液浸泡，再用水冲净，直至管壁毛细管不挂水珠，洗干净的黏度计置于 110℃的烘箱中烘干。

② 黏度计使用完毕，立即清洗，特别测高聚物时，要注入纯溶剂浸泡，以免残存的高

聚物黏结在毛细管壁上而影响毛细管孔径，甚至堵塞。清洗后在黏度计内注满蒸馏水并加塞，防止落进灰尘。

③ 黏度计应垂直固定在恒温槽内，因为倾斜会造成液位差变化，引起测量误差，同时会使液体流经时间 $t$ 变化大。

④ 液体的黏度与温度有关，一般温度变化不超过 $\pm 0.3℃$。

⑤ 毛细管黏度计毛细管内径选择可根据所测定物质的黏度而定，毛细管内径太细，容易堵塞，太粗，测量误差较大，一般选择测水时流经毛细管的时间大于 100s，在 120s 左右为宜。表 3-4-1 是乌式黏度计的有关数据。

**表 3-4-1　乌式黏度计的有关数据**

| 毛细管内径 /mm | 测定球容积 /mL | 毛细管长度 /mm | 常数 $k$ | 测量范围 /$10^{-6}m^2 \cdot s^{-1}$ |
|---|---|---|---|---|
| 0.55 | 5.0 | 90 | 0.01 | 1.5～10 |
| 0.73 | 5.0 | 90 | 0.03 | 5～30 |
| 0.90 | 5.0 | 90 | 0.04 | 10～50 |
| 1.10 | 5.0 | 90 | 0.5 | 20～100 |
| 1.60 | 5.0 | 90 | 0.5 | 100～500 |

毛细管黏度计种类较多，除乌式黏度计和奥氏黏度计外，还有平式黏度计和芬氏黏度计。乌式黏度计和奥氏黏度计适用测定相对黏度，平式黏度计适用于测定石油产品的运动黏度，而芬氏黏度计是平氏黏度计的改良，其测量误差小。

### 3.4.1.5　落球黏度计

（1）落球黏度计的测定原理

落球黏度计是借助于固体在液体中运动受到黏性阻力，测定球在液体中落下一定距离所需的时间，这种黏度计尤其适用于测定具有中等黏性的透明液体。

根据斯托克斯（Stokes）方程式：

$$f = 6\pi r\eta v \tag{3-4-4}$$

式中，$r$ 为球体半径；$v$ 为球体下落速度；$\eta$ 为液体黏度，在考虑浮力校正后，重力与阻力相等时：

$$\frac{4}{3}\pi r^3(\rho_s - \rho)g = 6\pi r\eta v \tag{3-4-5}$$

故

$$\eta = \frac{2gr^2(\rho_s - \rho)}{9v} \tag{3-4-6}$$

式中，$\rho_s$ 为球体密度；$\rho$ 为液体密度；$g$ 为重力加速度。

落球速度可由球降落距离 $h$ 除以时间 $t$ 而得：$v = h/t$，代入式（3-4-6）得：

$$\eta = \frac{2gr^2t}{9h}(\rho_s - \rho) \tag{3-4-7}$$

当 $h$ 和 $r$ 为定值时，则得：

$$\eta = kt(\rho_s - \rho) \tag{3-4-8}$$

式中，$k$ 为仪器常数，可用已知黏度的液体测得。

落球法测相对黏度的关系式为：

$$\frac{\eta_1}{\eta_2} = \frac{(\rho_s - \rho_1)\ t_1}{(\rho_s - \rho_2)\ t_2} \tag{3-4-9}$$

式中，$\rho_1$、$\rho_2$ 分别为液体 1 和液体 2 的密度；$t_1$、$t_2$ 分别为球落在液体 1 和 2 中落下一定距离所需的时间。

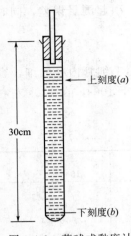

图 3-4-3　落球式黏度计

（2）落球式黏度计的测定方法

落球式黏度计如图 3-4-3 所示，其测试方法如下。

① 用游标卡尺量出钢球的平均直径，计算球的体积。称量若干个钢球，由平均体积和平均质量计算钢球的密度 $\rho_s$。

② 将标准液（如甘油）注入落球管内并高于上刻度线 $a$。将落球管放入恒温槽内，使其达到热平衡。

③ 钢球从黏度计上圆柱管落下，用秒表测定钢球由刻度 $a$ 落到刻度 $b$ 所需时间。重复 4 次，计算平均时间。

④ 将落球黏度计处理干净，按照上述测定方法测待测液体。

⑤ 标准液体的密度和黏度可以从手册查得，待测液的密度用比重瓶法测得。

落球式黏度计测量范围较宽，用途广泛，尤其适用于测定高透明的液体。但对钢球的要求高，钢球要光滑而圆，另外要防止球从圆柱管下落时与圆柱管的壁相碰，造成误差。

## 3.4.2　密度的测定

密度的定义为质量除以体积。用字母 $\rho$ 表示，其单位是千克每立方米，用符号 $kg \cdot m^{-3}$ 表示。

物质的密度与物质的本性有关，且受到外界条件（如温度、压力）的影响。压力对固体、液体密度的影响可以忽略不计，但温度对密度的影响却不能忽略，因此，在表示密度时，应同时表明温度。

在一定条件下，物质的密度与某种参考物质的密度之比称为相对密度，过去称为比重，现已废止。通过参考物质的密度，可以把相对密度换算成密度。

密度的测定可用于鉴定化合物纯度和区别组成相似而密度不同的化合物。

### 3.4.2.1　液体密度的测定

（1）比重计法　市售的成套比重计是在一定温度下标度的，根据液体相对密度的大小，选择一支比重计，在比重计所示的温度下插入待测液体中，从液面处的刻度可以直接读出该液体的相对密度。比重计测定液体的密度操作简单、方便，但精确度较差。

（2）比重瓶法　比重瓶法分常量法和小量法两种。

① 常量法　取一洁净、干燥的 10mL 容量瓶在分析天平上称量，然后注入待测液体至容量瓶刻度，再称量。将两次质量之差除以 10mL，即得该液体在室温下的密度。

② 小量法　测定易挥发性液体的密度，一般用比重管测定。其测定方法如下：将比重管（见图 3-4-4）洗净，干燥后挂在天平上称得 $m_0$。将待测液体由 $B$ 支管注入，使充满刻度 $S$ 左边空间和 $B$ 端。盖上 $A$、$B$ 两支管的磨口小帽，将比重管吊浸在恒温槽中恒温 5～10min，然后拿掉两小帽，将比重管 $B$ 端略为倾斜抬起，用滤纸从 $A$ 支管吸去管内多余液体，以调节 $B$ 支管的液面至刻度 $S$。从恒温槽中取出比重管，并将两个小帽套上。用滤纸吸干管外所沾的水，称重为 $m$。同样用上述方法称出水的质量 $m_{H_2O}$。

在某温度时，被测液体的密度为：

$$\rho = \frac{m - m_0}{m_{H_2O} - m_0} \times \rho_{H_2O} \tag{3-4-10}$$

小量法也可以用比重瓶测定。将比重瓶（见图 3-4-5）洗净，烘干，在分析天平上称重

为 $m_0$。然后向瓶中注入蒸馏水，盖上瓶塞放入恒温槽内 15min，用滤纸或清洁的纱布擦干比重瓶外面的水，再称重得 $m_{H_2O}$。

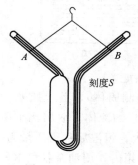

图 3-4-4 比重管

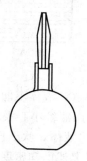

图 3-4-5 比重瓶

同样，按上述方法测定待测液体的质量 $m$，待测液体的密度按式（3-4-10）计算。

（3）落滴法

此法对于测定很少液体的密度特别有用，准确度比较高，可用来测定溶液中浓度的微小变化，在医院中可用来测定血液组成的改变，在同位素重水分析中是一很有用的方法，它的缺点是液滴滴下来的介质难以选择，因此影响它的应用范围。

根据斯托克斯公式，即一个微小液滴在一个不溶解介质中降落，当降落速度 $v$ 恒定时，满足公式

$$v = \frac{2gr^2(\rho - \rho_0)}{9\eta}$$

（3-4-11）

式中，$g$ 为重力加速度；$r$ 为液滴密度；$\rho_0$ 为介质密度；$\eta$ 为介质黏度。

如果使半径为 $r$ 的液滴降落，通过一定距离 $s$ 降落时间为 $t$，则 $v = s/t$，代入式（3-4-11），则

$$\frac{s}{t} = \frac{2gr^2(\rho - \rho_0)}{9\eta}$$

（3-4-12）

上式 $s$ 和 $r$ 若为定值时，则得

$$\frac{1}{t} = k(\rho - \rho_0)$$

（3-4-13）

从式中可看出，$1/t$ 与样品的密度成正比，如果测出几个已知密度样品的 $1/t$，作出 $1/t$-$\rho$ 直线，然后，测定未知样品的 $1/t$，则可从直线得到未知样品的密度。

### 3.4.2.2 固体密度的测定

（1）浮力法

测定固体密度比较困难，常用浮力法测定。其原理是纯固体的晶体悬浮在液体中时既不能浮在液面，也不能沉在底部，如图 3-4-6 所示。此时，固体的密度和液体的密度相等，只需测出液体的密度便知该固体的密度。其实验方法如下：

首先选择合适的液体 A，使晶体浮在液面（液体 A 的密度大于晶体的密度）。再选择液体 B，使晶体沉在底部（液体的密度小于晶体的密度）。最后准备 A 和 B 的混合液，使晶体悬浮在其中。测定混合液密度，即为该固体的密度。必须注意固体在 A、B 液体中不发生溶解、吸附现象。

（2）比重瓶法

固体密度的测定也可用比重瓶。其方法是首先称出空比重瓶的质量 $m_0$，再向瓶内注入

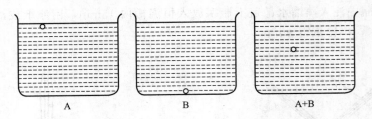

图 3-4-6 浮力法测定固体的密度

已知密度的液体（该液体不能溶解待测固体，但能润湿待测固体），盖上瓶塞。置于恒温槽中恒温 15min，用滤纸小心吸取比重瓶塞子上毛细管口溢出的液体，取出比重瓶擦干，称出质量为 $m_1$。倒出液体，吹干比重瓶，将待测固体放入瓶内，恒温后称得质量为 $m_2$。然后向瓶内注入一定量上述已知密度的液体。将瓶放在真空干燥箱内，用油泵抽气 3～5min，使吸附在固体表面的空气全部抽走，再往瓶中注入上述液体，并充满。将瓶放入恒温槽恒温，然后称得质量为 $m_3$，则固体密度可由下式计算：

$$\rho_s = \frac{(m_2 - m_0)\rho}{(m_1 - m_0)(m_3 - m_2)} \tag{3-4-14}$$

### 3.4.3 酸度的测定

酸度计常称 pH 计，是测定溶液 pH 值的常用仪器，其基本结构由两部组成，即电极和电计。电极是 pH 计的检测部分，电计是 pH 计的指示部分。pH 计种类较多，它们主要利用一对电极测定不同 pH 值溶液中产生不同的电动势，这对电极一根称为指示电极，其电极电势随着被测溶液的 pH 值而变化，通常使用玻璃电极。另一根电极称为参比电极，其电极电势与被测溶液的 pH 值无关，通常使用甘汞电极。

#### 3.4.3.1 酸度计的测量原理

最常用的参比电极为甘汞电极，而指示电极为玻璃电极。

（1）玻璃电极

测量 pH 值的指示电极为 pH 玻璃电极，其结构如图 3-4-7 所示。下端的玻璃膜小球是电极的主要部分，直径为 5～10mm，玻璃膜厚度约 0.2mm，电阻为 50～1000kΩ，它是由对 pH 值敏感的特殊玻璃吹制成的。上部则用质量致密的厚玻璃作外壳，内壁涂布硅油作疏水处理。它以 Ag-AgCl 电极为内参比电极，内参比溶液通常采用 AgCl 饱和的 $0.1\text{mol} \cdot \text{L}^{-1}$ HCl。电极管内及引线装有屏蔽层，以防静电感应引起电势漂移。

pH 电极的性能与玻璃膜材料、电极内溶液以及制作工艺等有关。其质量优劣通常可从以下几方面予以考虑：输出电势与待测溶液 pH 值呈良好的线性关系；适用温度范围较广；电极接近于理论值；膜内阻与所用酸度计性能要相匹配。

（2）甘汞电极

由于氢电极的制备和使用不甚方便，实验室中常用甘汞电极作为参比电极。它的组成为：

$$\text{Hg} | \text{Hg}_2\text{Cl}_2 | \text{KCl}(溶液)$$

它的电极反应为：

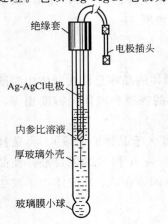

绝缘套

电极插头

Ag-AgCl电极

内参比溶液

厚玻璃外壳

玻璃膜小球

图 3-4-7 pH 玻璃电极

$$Hg_2Cl_2 + 2e^- \Longrightarrow 2Hg + 2Cl^-$$

因此，电极的平衡电势取决于 $Cl^-$ 的活度，通常使用的有 $0.1mol \cdot L^{-1}$、$1.0mol \cdot L^{-1}$ 和饱和式三种。

甘汞电极的结构形式有多种，图 3-4-8 列出常见的四种甘汞电极。

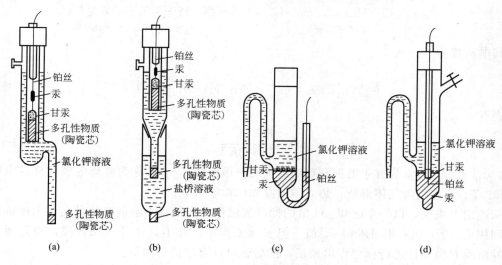

图 3-4-8 甘汞电极的形式

实验室常用电解法制备甘汞电极，在电极管底部注入适量的纯汞，再将用导线连接的清洁铂丝插入汞中，在汞的上部吸入指定浓度的 KCl 溶液，另取一烧杯并装入 KCl 溶液，插上已知铂丝电极作为阴极，被制作的电极作为阳极进行电解，电流密度控制在 $100mA \cdot cm^{-2}$ 左右。此时汞面上会逐渐形成一层灰白色的 $Hg_2Cl_2$ 固体微粒，直至汞面被全部覆盖为止，然后电解结束。用针筒对电极管压气，将 KCl 电解液徐徐压出，弃去。再徐徐吸入指定浓度的 KCl 电解质溶液。必须注意，抽吸时，速度要慢，不要搅动汞面上的 $Hg_2Cl_2$ 层，电极管要垂直放置，避免振动。

甘汞电极的另一制备方法是将分析纯的甘汞和几滴汞置于玛瑙研钵中研磨，再用 KCl 溶液调成糊状，将这种甘汞糊小心地敷于电极管内的汞面上，然后再注入指定浓度的 KCl 溶液。使用这种制备工艺时，与汞连接的铂丝应封于电极管的底部。

（3）复合 pH 电极

近年来，出现了将玻璃电极和参比电极合并而成的复合 pH 电极，它以单一接头与酸度计连接。

图 3-4-9 为一种以 Ag-AgCl 电极作为参比电极的复合电极示意。

该电极的球泡是由具有氢功能的锂玻璃烧熔吹制而成球形，膜厚度 0.1mm 左右。电极支持管的膨胀系数与电极球泡玻璃一致，是由电绝缘性优良的铝玻璃制成的。内参比电极为 Ag-AgCl 电极。内参比溶液是零电势为 pH7 的含有氯离子的电解质溶液，为中性磷酸盐和氯化钾的混合溶液。

外参比电极为 Ag-AgCl 电极。外参比溶液为 $3.3mol \cdot L^{-1}$ 的氯化钾溶液，经氯化银饱和，加适量琼脂，使溶液呈凝胶状，不

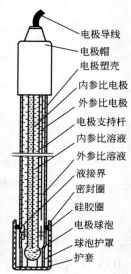

图 3-4-9 pH 复合电计结构

109

易流失。液接界是沟通外参比溶液和被测溶液的连接部件。其电极导线为聚乙烯金属屏蔽线，内芯与内参比电极连接，屏蔽层与外参比电极连接。

（4）电池电动势

由玻璃电极与甘汞电极所组成的电池可表示如下：

$$Ag｜AgCl｜HCl（0.1mol \cdot L^{-1}）｜玻璃膜｜待测溶液｜甘汞电极$$

内参比溶液　　　　　　　　　　外部溶液　外参比电极

其电动势为

$$E=\varphi_甘-\varphi_玻=\varphi_甘-（\varphi_玻^{\ominus}-2.303\frac{RT}{F}pH） \tag{3-4-15}$$

则有

$$pH=\frac{E-\varphi_甘+\varphi_玻^{\ominus}}{2.303RT/F} \tag{3-4-16}$$

式中，$\varphi_甘$ 和 $\varphi_玻$ 分别为甘汞电极和玻璃电极的电极电势；$\varphi_玻^{\ominus}$ 可称为玻璃电极的标准电极电势；$R$、$T$、$F$ 分别为气体常数、热力学温度和法拉第常数。

从理论上来说，以一个已知 pH 值的标准溶液作为外部待测溶液来测量上述电池的电动势，利用式（3-4-16）则可求得 $\varphi_玻^{\ominus}$ 值。但实际工作中，并不具体计算该数值，而是通过标准缓冲溶液对酸度计进行标定作出校正，然后就可以直接进行测量。

### 3.4.3.2 pHS-3D 型酸度计

pHS-3D 型酸度计可测量溶液的 pH 值、mV 值和温度，具有温度自动补偿功能。且无需补充氯化钾溶液。

pHS-3D 型酸度计外形结构如图 3-4-10 所示。

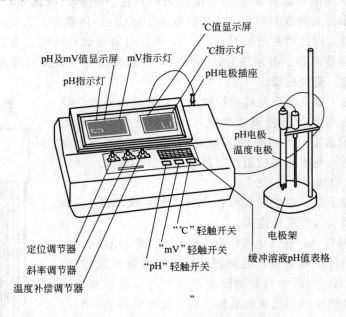

图 3-4-10　pHS-3D 型酸度计外形结构

pHS-3D 型酸度计所采用的一对电极是将玻璃电极和 Ag-AgCl 参比电极并制成复合电极，其结构见图 3-4-9。

（1）pHS-3D 型酸度计的调制功能

① 定位调节　由于不同的玻璃电极 $\varphi_{极}^{\ominus}$ 不尽相同，存在不对称电势，当内外参比溶液均相同时，按理说电池电动势应为零，实际上有几毫伏到几十毫伏的电势差存在，这说明玻璃膜内外两界面是不对称的，这一电势差称为不对称电势，主要与玻璃球材质、吹制工艺、玻璃球表面被浸蚀或沾污等因素有关，为了消除这种不对称电势，从而使测量标准化叫做定位。$\varphi_{极}^{\ominus}$ 可以用已知 pH 值的缓冲溶液测得 $E$ 值，求 $\varphi_{极}^{\ominus}$。实际上操作时利用 pH 计的定位旋钮调整到已知缓冲溶液的 pH 值，就实现了定位，消除了不对称电势即液体接界电势的影响。

② 斜率调节　pH 电极的实际斜率与理论值（$2.303RT/F$）总有一定偏差，大多低于理论值，使用时间长，电极老化，偏差较大。因此，需对电极的斜率进行补偿使测量标准化。

③ 温度补偿调节　电池电动势与溶液的温度成正比，因此在仪器中设置温度补偿器，使电极在不同条件下，产生相同的电势变化。温度补偿调节有手动和自动补偿两种，手动调节控制调整仪器放大器的反馈量。自动温度补偿在仪器中加一只温度电极，将温度电极浸置溶液中，改变放大器的增益达到自动补偿的目的。上述补偿只能补偿斜率项（$2.303RT/F$）。受温度影响的还有玻璃电极标准电势、参比电极电势、液体接界电势等，它们与温度并非严格的线性关系，因此，不管手动还是自动温度补偿，都不是很充分的。要想得到精密准确的测量结果，样品溶液与标准溶液应在相同的温度下测量。

（2）pHS-3D 型酸度计的测量步骤

① 插入电源，按下开关使仪器预热 30min。

② 将复合电极在蒸馏水中洗净，并用滤纸吸干，插入插座中。

③ 插入温度电极，测量缓冲溶液的温度，并将温度电极浸入溶液中（或者拔下温度电极，将温度补偿旋钮调节至该温度值）。

④ 将复合电极浸入 pH＝7 的缓冲溶液中，搅动后静置，调节定位旋钮，使仪器稳定显示该缓冲溶液在此温度下的 pH 值，如 pH＝7 的缓冲溶液在 20℃时 pH＝6.88（具体数值查仪器面板上的表格）。

⑤ 取出复合电极，用蒸馏水洗净，并用吸水纸吸干电极。将复合电极插入 pH＝4（pH＝9）的缓冲溶液中，搅动后静置，调节斜率旋钮使仪器稳定显示出该缓冲溶液在该温度下的 pH 值（具体数值查仪器面板上的表格，如 pH＝4 的缓冲溶液在 20℃时的 pH＝4）。

⑥ 重复步骤④⑤，使电极在两种缓冲溶液中稳定显示出相应数值，仪器标定即完成。

⑦ 将电极取出、洗净、吸干，浸入被测溶液中，搅动后静置，读取显示器上的数值，即为被测溶液的 pH 值（进行高精度测量时，测量和标定应在相同温度下进行）。

（3）注意事项

① 仪器标定校准次数取决于试样、电极性能及对测量精度的要求，高精度测试应及时标定，并使用新鲜配制的标准液，一般精度测试（≤±0.1pH）经一次标定可连续使用一周左右。在下列情况下必须重新标定：

a. 长期未用的电极和新换电极。

b. 测量浓酸（pH＜2）和浓碱（pH＞12）以后。

c. 测量含有氟化物的溶液和较浓的有机液以后。

d. 被测溶液温度与标定时温度相差过大时。

② 仪器使用已知 pH 值的标准缓冲液进行标定时，为了提高测量精密度，缓冲溶液的 pH 值要可靠，且其 pH 值愈接近被测值愈好。一般 pH 值的测定与标准液的 pH 值之间不超过 3，即测定酸性溶液使用 pH＝4 的缓冲溶液作斜率标定，测量碱性溶液时使用 pH＝9 缓冲液作斜率标定。

③ 新的或长期未使用的复合电极，使用前应在 3.3mol·L$^{-1}$ 的氯化钾溶液浸泡 8h，电极应避免长期浸在蒸馏水中，并防止和有机硅油接触。

④ 电极的玻璃球不能与硬物接触，任何破损和擦毛都会使电极失效。pH 电极长期使用会逐渐老化、响应慢、斜率偏低、读数不准，电极使用周期为 1～2 年。

⑤ 脱水性强的溶液如无水乙醇、浓硫酸会引起球泡玻璃膜表面失水、破坏电极的氢功能，强碱性溶液也会腐蚀玻璃膜而使电极失效，测量这些溶液应快操作，测定后立即用蒸馏水洗干净。

⑥ 玻璃球泡被污染或老化，可将电极用 0.1mol·L$^{-1}$ 稀盐酸浸泡，或将电极下端浸泡在 4％HF（氢氟酸）中 3～4s，用蒸馏水洗净，然后在氯化钾溶液中浸泡，使之复新。

玻璃球泡和液接界被污染，视被污染情况选用不同的清洗剂。如被无机金属氧化物污染，则用低于 1mol·L$^{-1}$ 的稀酸清洗；被有机油类污染，则选用弱碱性的稀洗涤剂；被树脂高分子污染，则选用稀乙醇或丙酮清洗；被颜料类物质污染，则选稀漂白液；被蛋白质血球沉淀物污染，则选用酸性酶溶液。

### 3.4.4 折射率的测定

#### 3.4.4.1 物质的折射率与物质浓度的关系

折射率是物质的重要物理常数之一，测定物质的折射率可以定量地求出该物质的浓度或纯度。许多纯的有机物质具有一定的折射率，如果纯的物质含有杂质，其折射率发生变化，偏离了纯物质的折射率，杂质越多，偏离越大。纯物质溶解在溶剂中折射率也发生变化，如蔗糖溶解在水中其浓度越大，折射率越大，所以通过测定蔗糖水溶液的折射率，也就可以定量地测出蔗糖水溶液的浓度，异丙醇溶解在环己烷中，浓度愈大，其折射率愈小。折射率的变化与溶液浓度、测试温度、溶剂、溶质的性质以及它们的折射率等因素有关，当其他条件固定时，一般情况下当溶质的折射率小于溶剂的折射率时，浓度越大，折射率愈小。反之亦然。

测定物质的折射率，可以测定物质的浓度，其方法如下：

① 制备一系列已知浓度的样品，分别测定各浓度的折射率。

② 以浓度 $c$ 与折射率 $n_D^t$ 作图，得一工作曲线。

③ 测未知浓度样品的折射率，在工作曲线上可以查得待测样品的浓度。用折射率测定样品的浓度所需试样量少，操作简单方便，读数准确。

通过测定物质的折射率，还可以算出某些物质的摩尔折射度，反映极性分子的偶极矩，从而有助于研究物质的分子结构。

实验室常用的阿贝（Abbe）折光仪，它既可以测定液体的折射率，也可以测定固体物质的折射率，同时可以测定蔗糖溶液的浓度。其外形结构如图 3-4-11 所示。

#### 3.4.4.2 阿贝折光仪的结构原理

当一束单色光从介质Ⅰ进入介质Ⅱ（两种介质的密度不同）时，光线在通过介质时改变了方向，这一现象称为光的折射，如图 3-4-12 所示。

根据折射率定律入射角 $i$ 和折射角 $r$ 的关系为

$$\frac{\sin i}{\sin r}=\frac{n_{\text{II}}}{n_{\text{I}}}=n_{\text{I,II}} \tag{3-4-17}$$

式中，$n_{\text{I}}$、$n_{\text{II}}$ 分别为介质 I 和介质 II 的折射率；$n_{\text{I,II}}$ 为介质 II 对介质 I 的折射率。

若介质 I 为真空，因规定 $n=1.00000$，故 $n_{\text{I,II}}=n_{\text{II}}$ 为绝对折射率。但介质 I 通常为空气，空气的绝对折射率为 1.00029，这样得到的折射率称为常用折射率，也可称为对空气的相对折射率。同一种物质的两种折射率表示法之间的关系为：

绝对折射率＝常用折射率×1.00029

由式（3-4-17）可知，当 $n_{\text{I}}<n_{\text{II}}$ 时，折射角 $r$ 则恒小于入射角 $i$。当入射角增大到 90° 时，折射角也相应增大到 $r_c$，$r_c$ 称为临界角。此时介质 II 中从 $Oy$ 到 $OA$ 之间有光线通过为明亮区，而 $OA$ 到 $Ox$ 之间无光线通过为暗区，

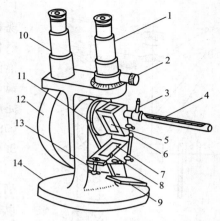

图 3-4-11　阿贝折光仪外形结构

1—测量望远镜；2—消失散手柄；3—恒温水入口；4—温度计；5—测量棱镜；6—铰链；7—辅助棱镜；8—加液槽；9—反射镜；10—读数望远镜；11—转轴；12—刻度表盘罩；13—闭合旋钮；14—底座

临界角 $r_c$ 决定了半明半暗分界线的位置。当入射角增大到 90° 时，式（3-4-17）可改写为

$$n_{\text{I}}=n_{\text{II}}\sin r_c \tag{3-4-18}$$

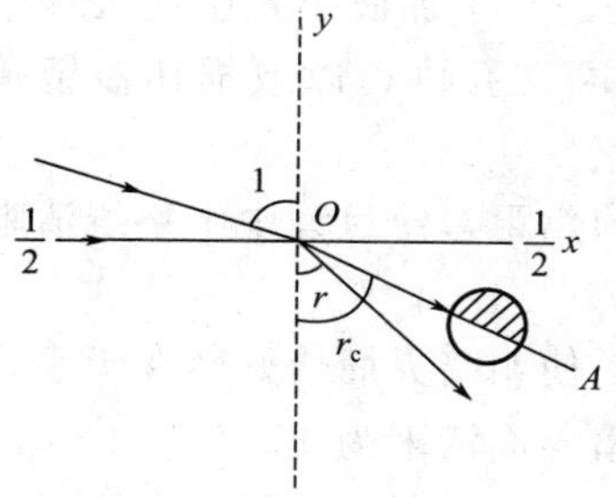

因而在固定的一种介质中，临界折射角 $r_c$ 的大小与被测物质的折射率是简单的函数关系，阿贝折光仪就是根据这个原理设计的。图 3-4-13 是阿贝折光仪光学系统的示意图。

它的主要部分是由两块折射率为 1.75 的玻璃直角棱镜构成的。辅助棱镜的斜面是粗糙的毛玻璃，测量棱镜是光学平面镜。两者有 0.1～0.15mm 的厚度空隙，用于装待测液体，并使液体展开成一薄层。当光线经过反光镜反射至辅助棱镜的粗糙表面时，发生漫散射，以各种角度透过待测液体，因而从各个方向进入测量棱镜而发生折射。其折射角都落在临

图 3-4-12　光的折射

界角 $r_c$ 之内，因为棱镜的折射率大于待测液体的折射率，因此入射角从 0°～90° 的光线都通过测量棱镜发生折射。具有临界角 $r_c$ 的光线从测量棱镜出来反射到目镜上，此时若将目镜十字线调节到适当位置，则会看到目镜上呈半明半暗状态。折射光都应落在临界角 $r_c$ 内，成为亮区，其他为暗区，构成了明暗分界线。

由式（3-4-18）可知，若棱镜的折射率 $n_{\text{棱}}$ 为已知，只要测定待测液的临界角 $r_c$，就能求得待测液体的折射率 $n_{\text{液}}$。事实上测定 $r_c$ 很不方便，当折射光从棱镜出来进入空气又产生折射时，折射角为 $r'_c$。$n_{\text{液}}$ 与 $r'_c$ 间有如下关系：

$$n_{\text{液}}=\sin\beta\sqrt{n_{\text{棱}}^2-\sin^2 r'_c}-\cos\beta\sin r'_c \tag{3-4-19}$$

式中，$\beta$ 为常数；$n_{\text{棱}}=1.75$。测出 $r'_c$ 即可求出 $n_{\text{液}}$。由于设计折光仪时已经把读数 $r'_c$ 换算成 $n_{\text{液}}$ 值，只要找到明暗分界线使其与目镜中的十字线吻合，就可从标尺上直接读出液体的折射率，阿贝折光仪除标有 1.300～1.700 折射率数值外，在标尺旁边还标有 20℃ 糖溶液的百分浓度的读数值，可以直接测定糖溶液的浓度。

在指定条件下，液体的折射率因所用单色光波长不同而不同。若用普通白光作光源（波

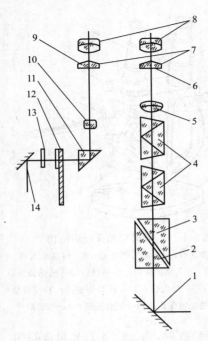

图 3-4-13 阿贝折光仪光学系统
1—反光镜；2—辅助棱镜；3—测量棱镜；
4—消失散棱镜；5,10—物镜；6—分划板；
7,8—目镜；9—分划板；11—转向棱镜；
12—照明度盘；13—毛玻璃；14—小反光镜

长 400～700nm），由于发生色散而在明暗分界线处呈现彩色光带，使明暗交界不清楚，故在阿贝折光仪中还装有两个各有三块棱镜组成的阿密西（Amici）棱镜作为消色棱镜（又称补偿棱镜）。通过调节消色棱镜，使折射棱镜出来的色散光线消失，使明暗分界线完全清楚，这是所测得的液体折射率相当于钠光 D 线（589nm）所测得的折射率 $n_D$。

### 3.4.4.3 阿贝折光仪的使用方法

将阿贝折光仪放在光亮处，但避免阳光直接曝晒。用超级恒温槽将恒温水通入棱镜夹套内，其温度以折光仪上温度计读数为准。

扭开测量棱镜和辅助棱镜的闭合旋钮，并转动镜筒，使辅助棱镜斜面向上，若测量棱镜和辅助棱镜表面不清洁，可滴几滴丙酮，用擦镜纸顺单一方向轻擦镜面（不能来回擦）。

用滴定管滴入 2～3 滴待测液体于辅助棱镜的毛玻璃面上（滴管切勿触及镜面），合上棱镜，扭紧闭合旋钮。若液体样品易挥发，动作要迅速，或将两棱镜闭合，从两棱镜和缝处的一个加液小孔中注入样品（特别注意不能使滴管折断在孔内，以致损伤棱镜镜面）。

转动镜筒使之垂直，调节反射光进入棱镜，同时调节目镜的焦距，使目镜中十字线清晰明亮。再调节读数螺旋，使目镜中呈半明半暗状态。

调节消失散棱镜至目镜中彩色光带消失，再调节读数螺旋，使明暗界面恰好落在十字线的交叉处。若此时又出现微色，必须重调消色散棱镜，直到明暗界面清晰为止。

从望远镜中读出标尺的数值即 $n_D$，同时记下温度，则 $n_D$ 为该温度下待测液体的折射率。每测一个样品需重测 3 次，3 次误差不超过 0.0002，然后取平均值。

测试完后，在棱镜面上滴几滴丙酮，并用擦镜纸擦干。最后用两层擦镜纸夹在两镜面间，以防镜面拔坏。

对有腐蚀性的液体如强酸、强碱以及氟化物，不能使用阿贝折光仪测定。

### 3.4.4.4 阿贝折光仪的校正

折光仪的标尺零点有时会发生移动，因而在使用阿贝折光仪前需用标准物质校正至零点。

折光仪出厂时附有已知折射率的"玻块"、一小瓶 α-溴化萘。滴一滴 α-溴化萘在玻块的光面上，然后把玻块的光面附在测量棱镜上，不需合上辅助棱镜，但要打开测量棱镜背的小窗，使光线从小窗口射入就可以进行测定。如果测得的值与玻块的折射率有差异，此差值为校正值，也可用钟表螺丝刀旋动镜筒上的校正螺丝刀进行，使测量值与玻块的折射率相等。

这种校正零点的方法，也是使用该仪器测定固体折射率的方法，只需被测固体代替玻块进行测定。

在实验室中一般用纯水作标准物质（$n_D^{25} = 1.3325$）来校正零点。在精密测量中，需在所测量的范围内用几种不同折射率的标准物质进行校正，考察标尺刻度间距离是否正确，把一系列校正值画成校正曲线，以供测量对照校正。

### 3.4.4.5　温度和压力对折射率的影响

液体的折射率随温度的变化而变化，多数液态的有机化合物温度每增高 1℃ 时，其折射率下降 $(3.5\sim5.5)\times10^{-4}$。纯水的折射率在 $15\sim30℃$，温度每增高 1℃，其折射率下降 $1\times10^{-4}$。若测量时要求准确度为 $\pm1\times10^{-4}$，测定温度应控制在 $t℃\pm0.1℃$，此时阿贝折光仪需要由超级恒温槽配套使用。

压力对折射率有影响，但很不明显，只有在很精密的测量中，才考虑压力的影响。

### 3.4.4.6　阿贝折光仪的保养

仪器应放置在干燥、空气流通的室内，防止受潮后光学零件发霉。仪器使用完毕后要做好清洁工作，并将仪器放入箱内，箱内放有干燥剂硅胶。

经常保持仪器清洁，严禁用油手或汗水触及光学零件。如光学零件表面有灰尘，可用高级麂皮或脱脂棉轻擦后，再用洗耳球吹去。如光学零件表面有油垢，可用脱脂棉蘸少许汽油轻擦后再用二甲苯或乙醚擦干净。

仪器应避免强烈振动或撞击，以防止光学零件损伤而影响精度。

## 3.4.5　旋光度的测定

许多物质具有旋光性，如石英晶体、酒石酸晶体、蔗糖、葡萄糖、果糖的溶液等。当平面偏振光线通过具有旋光性的物质时，它们可将偏振光的振动面旋转某一角度，使偏振光的振动面向左旋的物质称左旋物质，向右旋的物质称为右旋物质。因此通过测定物质旋光度的方向和大小，可以鉴定物质。

### 3.4.5.1　旋光度与物质浓度的关系

旋光物质的旋光度，除了取决于旋光物质的本性外，还与测定温度、光经过物质的厚度、光源的波长等因素有关，若被测物质是溶液，当光源波长、温度、厚度恒定时，其旋光度与溶液的浓度成正比。

（1）测定旋光物质的浓度

先将已知浓度的样品按一定比例稀释成若干不同浓度的试样，分别测出其旋光度。然后以浓度为横坐标，旋光度为纵轴，绘成 $c$-$\alpha$ 曲线。然后取来未知浓度的样品测其旋光度，根据旋光度 $c$-$\alpha$ 曲线，查出该样品的浓度。

（2）根据物质的比旋光度测出物质的浓度

物质的旋光度由于实验条件的不同有很大的差异，所以提出了物质的比旋光度。规定以钠光 D 线作为光源，温度为 20℃，样品管长为 10cm，浓度为每立方厘米中含有 1g 旋光物质，此时所产生的旋光度，即为该物质的比旋光度，通过常用符号 $[\alpha]_t^D$ 表示。D 表示光源，$t$ 表示温度。

$$[\alpha]_t^D=\frac{10\alpha}{Lc} \tag{3-4-20}$$

比旋光度是度量旋光物质旋光能力的一个常数。

根据被测物质的比旋光度，可以测出该物质的浓度，其方法如下：

① 从手册上查出被测物质的比旋光度 $[\alpha]_t^D$；

② 选择一定厚度（最好 10cm）的旋光管；

③ 在 20℃ 时测出未知浓度样品的旋光度，代入式（3-4-20）即可测出浓度 $c$。

测定旋光度的仪器通常使用旋光仪。

### 3. 4. 5. 2 旋光仪的构造和测试原理

普通光发出的光称为自然光，其光波在垂直于传播方向的一切方向上振动，如果借助于某种方法，从这种自然聚集体中挑选出只在平面内的方向上振动的光线，这种光线称为偏振光。尼科尔（Nicol）棱镜就是根据这一原理设计的。旋光仪的主体是两块尼科尔棱镜，尼科尔棱镜是将方解石沿一对角面剖成两块直角棱镜，再由加拿大树脂沿剖面黏合起来，如图 3-4-14 所示。

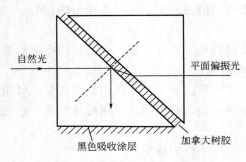

图 3-4-14 尼科尔棱镜的偏振原理

当光线进入棱镜后，分解为两束相互垂直的偏振光，一束折射率为 1.658 的寻常光，一束折射率为 1.486 的非寻常光，这两束光线到达方解石与加拿大树脂黏合面上时，折射率为 1.658 的一束光线就被全反射到棱镜的底面上（因加拿大树脂的折射率为 1.550）。若底面是黑色涂层，则折射率为 1.658 的寻常光将吸收，折射率为 1.486 的非寻常光则通过树脂而不产生全反射现象，就获得了一束单一的平面偏振光。用于产生偏振光的棱镜称为起偏镜，从起偏镜出来的偏振光仅限于在一个平面上振动。假如再有一个尼科尔棱镜，其透射面与起偏镜的透射面平行，则起偏镜出来的一束光线也必能通过第二个棱镜，第二个棱镜称为检偏镜。若起偏镜与检偏镜的两个透射面相互垂直，则由起偏镜出来的光线完全不能通过检偏镜。如果起偏镜和检偏镜的两个透射面的夹角（$\theta$ 角）在 0°～90°之间，则由起偏镜出来光线部分透光检偏镜，如图 3-4-15 所示。一束振幅为 $E$ 的 $OA$ 方向的平面偏振光，可以分解成互相垂直的两个分量，其振幅分别为 $E\cos\theta$ 和 $E\sin\theta$。但只有与 $OB$ 重合的具有振幅为 $E\cos\theta$ 的偏振光才能透过检偏镜，透过检偏镜的振幅为 $OB = E\cos\theta$，由于光的强度 $I$ 正比于光的振幅的平方，因此：

$$I = OB^2 = E^2\cos^2\theta = I_0\cos^2\theta \qquad (3\text{-}4\text{-}21)$$

式中，$I$ 为透过检偏镜的光强度；$I_0$ 为透过起偏镜的光强度。当 $\theta = 0°$ 时，$E\cos\theta = E$，此时透过检偏镜的光最强。当 $\theta = 90°$ 时，$E\cos\theta = 0$，此时没有光透过检偏镜，光最弱。旋光仪就是利用透过光的强弱来测定旋光物质的旋光度。

旋光仪的结构示意如图 3-4-16 所示。

图中，S 为钠光源，$N_1$ 为起偏镜，$N_2$ 为一块石英片，$N_3$ 为检偏镜，P 为旋光管（盛放待测溶液），A 为目镜的视野，$N_3$ 上附有刻度盘，当旋转 $N_3$ 时，刻度盘随同转动，其旋转的角度可以从刻度盘上读出。

若转动 $N_3$ 的透射面与 $N_1$ 的透射面相互垂直，则在目镜中观察到视野呈黑暗。若在旋光管中盛一待测溶液，由于待测溶液具有旋光性，必须将 $N_3$ 相应旋转一定的角度 $\alpha$，目镜中才会又呈黑暗，$\alpha$ 即为该物质的旋光度。但人们的视力对鉴别二次全黑相同的误差较大（可差 4°～6°），因此设计了一种三分视野或二分视野，以提高人们观察的精确度。

为此，在 $N_1$ 后放一块狭长的石英片 $N_2$，其位置恰巧在 $N_1$ 中部。石英片具有旋光性，

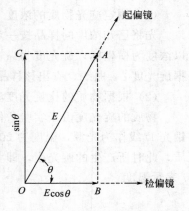

图 3-4-15 偏振光强度

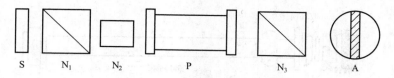

图 3-4-16 旋光仪光学系统

偏振光经 $N_2$ 后偏转了一定角度 $\alpha$，在 $N_2$ 后观察的视野如图 3-4-17(a)所示。$OA$ 是经 $N_1$ 后的振动方向，$OA'$ 是经 $N_1$ 后再经 $N_2$ 后的振动方向，此时左右两侧的亮度相同，而与中间不同，$\alpha$ 角称为半阴角。如果旋转 $N_3$ 的位置使其透射面 $OB$ 与 $OA'$ 垂直，则经过石英片 $N_2$ 的偏振光不能透过 $N_3$。目镜视野中出现中部黑暗而左右两侧较亮，如图 3-4-17(b)所示。若旋转 $N_3$ 使 $OB$ 与 $OA$ 垂直，则目镜视野中部较亮而两侧黑暗，如图 3-4-17(c)所示。如调节 $N_3$ 使 $OB$ 的位置恰巧在图 3-4-17(c)和(b)的情况之间，则可以是视野三部分阴暗相同，如图 3-4-17(d)所示。此时 $OB$ 恰好垂直于半荫角的角平分线 $OP$。由于人们视野对选择明暗相

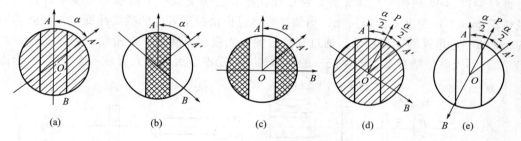

图 3-4-17 旋光仪的测量原理

同的三分视野易于判断，因此在测定时先在 P 管中盛无旋光性的蒸馏水，转动 $N_3$，调节三分视野明暗度相同，此时的读数作为仪器的零点。当 P 管中盛具有旋光性的溶液后，由于 $OA$ 和 $OA'$ 的振动方向都被转动过某一角度，只要相应地把检偏镜 $N_3$ 转动某一角度，才能使三分视野的明暗度相同，所得读数与零点之差即为被测溶液的旋光度。测定时若需将检偏镜 $N_3$ 顺时针方向转某一角度，使三分视野明暗相同，则被测物质为右旋。反之则为左旋，常在角度前加负号表示。

若调节检偏镜 $N_3$ 使 $OB$ 与 $OP$ 重合，如图 3-4-17(e)所示，则三分视野的明暗也应相同，但是 $OA$ 与 $OA'$ 在 $OB$ 上的光强度比 $OB$ 垂直 $OP$ 时大，三分视野特别亮。由于人们的眼睛对弱亮度变化比较灵敏，调节亮度相等的位置更为精确。所以总是选取 $OB$ 与 $OP$ 垂直的情况作为旋光度的标准。

### 3.4.5.3 旋光度的测定

（1）旋光仪的零点校正

把旋光管一端（见图 3-4-18）的管盖旋开（注意盖内玻片，以防跌碎），洗净旋光管，用蒸馏水充满，使液体在管口形成一凸出液面，然后沿管口将玻片轻轻推入盖好（旋光管内不能有气泡，以免观察时视野模糊），旋紧管盖，用干净纱布擦干旋光管外面及玻片外面的水渍。把旋光管放入旋光仪中，打开电源，预热仪器数分钟。旋转刻度盘直至三分视野中明暗相等为止，以此为零点。

（2）旋光度的测定

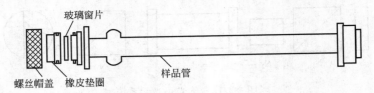

图 3-4-18　旋光管的构造

　　把具有旋光性的待测溶液装入旋光管，按上法进行测定，记下测得的旋光数据。

### 3.4.5.4　自动指示旋光仪结构及测试原理

　　目前，国内生产的旋光仪，其三部分视野检测及检偏镜角度的调整，采用光电检测器，通过电子放大及机械反馈系统自动进行，最后数字显示其三分视野。这种仪器具有体积小、灵敏度高、读数方便、减少人为观察三分视野明暗度相等时产生的误差，对低旋光度样品的观察也能运用。

　　WZZ-2 型自动数字显示旋光仪，其结构原理如图 3-4-19 所示。

　　该仪器以 20W 的钠光灯作光源，由小孔光栅和物镜组成一个简单的光源平行管，平行光经偏振镜（Ⅰ）变为平面偏振光，当偏振光经过由法拉第效应的磁旋线圈时，其振动面产生 50Hz 的一定角度的往复摆动。通过样品后偏振光振动面旋转一个角度，光线经过偏振镜（Ⅱ）投射到光电倍增管上，产生交变的电讯号，经功率放大器放大后显示读数。仪器示值平

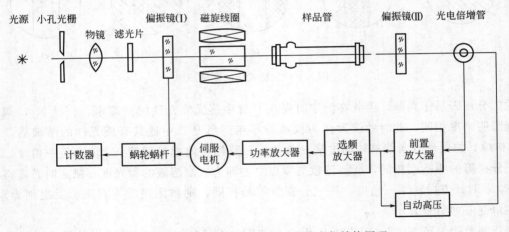

图 3-4-19　WZZ-2 型自动数字显示旋光仪结构原理

衡后，伺服电机通过蜗轮蜗杆将偏振镜（Ⅰ）反向转过一个角度，补偿了样品的旋光度，仪器回到光学零点。

### 3.4.5.5　影响旋光度测定因素

　　（1）溶剂的影响

　　旋光物质的旋光度主要取决于物质本身的构型。另外，与光线透过物质的厚度、测量时所用光的波长和温度有关。被测物质是溶液，则影响因素还包括物质的浓度，溶剂也可能有一定的影响，因此旋光物质的旋光度，在不同的条件下，测定结果往往不一样。由于旋光度与溶剂有关，故测定比旋光度 $[\alpha]_D^t$ 值时，应说明使用什么溶剂，如不特别指明，一般溶剂为水。

　　（2）温度的影响

　　温度升高会使旋光管长度增加，但降低了液体的密度。温度变化还可能引起分子间缔合

或离解，使分子本身旋光度改变，一般来说，温度效应的表达式如下：

$$[\alpha]_t^\lambda = [\alpha]_{20}^D + Z(t-20) \qquad (3\text{-}4\text{-}22)$$

式中，$Z$ 为温度系数；$t$ 为测定时的温度。

各种物质的 $Z$ 值不相同，一般均在 $-0.01/℃ \sim -0.04/℃$ 之间。因此测定时必须恒温，在旋光管上装有恒温夹套，与超级恒温槽配套使用。

（3）浓度和旋光管长度对比旋光度的影响

在固定的实验条件下，通常旋光物质的旋光度与旋光物质的浓度成正比，因此视比旋光度为一常数。但是旋光度和溶液浓度之间并非严格地呈线性关系，所以旋光物质的比旋光度严格地说并非常数，在给出 $[\alpha]_t^\lambda$ 值时，必须说明测量浓度，在精密的测定中比旋光度和浓度之间的关系一般可采用拜奥特（Biot）提出的三个方程式之一表示：

$$[\alpha]_t^\lambda = A + Bq \qquad (3\text{-}4\text{-}23)$$

$$[\alpha]_t^\lambda = A + Bq + Cq^2 \qquad (3\text{-}4\text{-}24)$$

$$[\alpha]_t^\lambda = A + \frac{Bq}{C+q} \qquad (3\text{-}4\text{-}25)$$

式中，$q$ 为溶液的百分浓度；$A$、$B$、$C$ 为常数。式（3-4-23）代表一条直线，式（3-4-24）为一抛物线，式（3-4-25）为双曲线。常数 $A$、$B$、$C$ 可从不同浓度的几次测量中加以确定。

旋光度与旋光管的长度成正比。旋光管一般有 10cm、20cm、22cm 三种长度。使用 10cm 长旋光管计算比旋光度比较方便，但对旋光能力较弱或者较稀的溶液，为了提高准确度，降低读数的相对误差，可用 20cm 或 22cm 的旋光管。

## 3.4.6 吸光度的测定

在电磁波谱中紫外-可见波长为 $4 \sim 800nm$，$4 \sim 200nm$ 为远紫外区，又称真空紫外区，要测定这一区域的仪器的光路系统必须抽真空，防止潮湿空气、氧气、氯气及二氧化碳等对这一段电磁波产生吸收而干扰，波长 $200 \sim 400nm$ 为近紫外区，玻璃对 300nm 以下的电磁波辐射产生强烈吸收，故采用石英比色皿。波长 $400 \sim 800nm$ 称可见光区。本节主要介绍紫外光栅分光光度计，其波长范围在 $220 \sim 800nm$。

### 3.4.6.1 吸光度与浓度的关系

当溶液中的物质在光的照射激发下，物质中的原子和分子所含的能量以多种方式和光相互作用，而产生对光的吸收效应，物质对光的吸收具有选择性，不同的物质具有各自的吸收光带，所以色散后的光谱通过某一物质时，某些波长会被吸收。在一定波长下，溶液中某一物质的波长与光能量减弱的程度有一定的比例关系，符合比色原理，根据朗伯-比耳（Lambert-Beer）定律：溶液的吸光度与吸光物质浓度及吸光层厚度成正比。即

$$A = \lg \frac{I_0}{I} = Kcl \qquad (3\text{-}4\text{-}26)$$

### 3.4.6.2 溶液浓度的测定

① 吸收曲线的测定 以被测样品在不同波长下测定吸光度 $A$，以吸光度 $A$ 对波长 $\lambda$ 作图，图中最大吸收峰波长，即为该样品的特征吸收峰波长。

② 工作曲线的测定 配制一系列已知浓度的样品，分别在特征吸收峰的波长下，测定吸光值，以 $A\text{-}c$ 作图，得到该样品的工作曲线。

③ 以未知浓度的样品在特征吸收峰的波长下，测定吸光值。测得的吸光度值对照工作

曲线，求得样品的浓度。

测定吸光度值的仪器，使用分光光度计。国产的分光光度计种类、型号较多，实验室常用的有 72 型、721 型、722 型、752 型等。752 型为紫外光栅分光光度计，既可测定波长 200～400nm 的近紫外区，又可测定波长 400～800nm 的可见光区。

### 3.4.6.3 752 型紫外光栅分光光度计的结构原理

752 型紫外光栅分光光度计由光源室、单色器、样品室、光电管暗盒、电子系统及数字显示器等部件组成，仪器的工作原理方框图如图 3-4-20 所示。

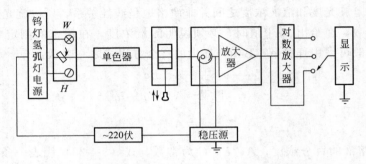

图 3-4-20 752 型紫外光栅分光光度计工作原理

仪器内部光路如图 3-4-21 所示。

从钨灯或氢灯发出的连续辐射经滤光片选择聚光镜聚光后投向单色器入射狭缝，此狭缝正好处于聚光镜及单色器内准直镜的焦平面上，因此进入单色器的复合光通过平面反射镜反射及准直镜准直变成平行光射向色散元件光栅，光栅将入射的复合光通过衍射作用形成按照一定顺序均匀排列的连续单色光谱，此时单色光谱重新回到准直镜上，由于仪器出射狭缝设

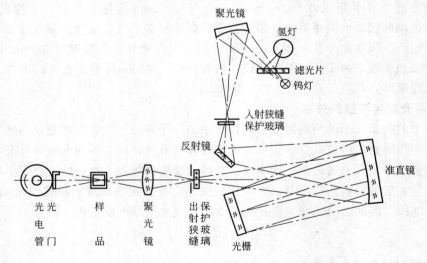

图 3-4-21 752 型紫外光栅分光光度计光学系统

置在准直镜的焦面上，这样，从光栅色散出来的光谱经准直镜后利用聚光原理成像在出射狭缝上，出射狭缝选出指定带宽的单色光通过聚光镜落在试样室被测样品中心，样品吸收后透射的光经光门射向光电管阴极面。根据光电效应原理，会产生一股微弱的光电流。此光电流经微电流放大器的电流放大，送到数字显示器显示，测出 $I\%$ 值，另外，微电流放大器放大

的电流，通过对数放大器以实现对数转换，使数字显示器显示 $A$ 值。根据朗伯-比耳定律，样品浓度与吸光度正比，则可根据不同的需要，直接测出被测样品的浓度 $c$ 值。

### 3.4.6.4　752型紫外光栅分光光度计的操作步骤

752型紫外光栅分光光度计的面板如图 3-4-22 所示。

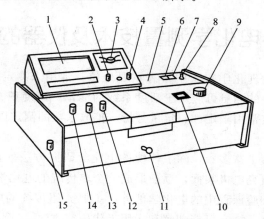

图 3-4-22　752型紫外光栅分光光度计

1—数字显示器；2—吸光度调节旋钮；3—选择开关；4—浓度旋钮；5—光源室；
6—电源开关；7—氢灯电源开关；8—氢灯触发按钮；9—波长手轮；10—波长刻度窗；
11—试样架拉手；12—100%$T$旋钮；13—0%$T$旋钮；14—灵敏度旋钮；15—干燥器

① 将灵敏旋钮调至"1"挡（放大倍数最小）。

② 按电源开关，钨灯点亮，若测试不需紫外部分，仪器预热即可使用。若需用紫外部分，则按"氢灯"开关，氢灯电源接通，再按氢灯触发按钮，氢灯点亮，仪器预热 30min（仪器背后有一只钨灯开关，如不需用钨灯时，可将其关闭）。

③ 选择开关置于"$T$"。

④ 打开试样室盖，调节 0%旋钮，使数字显示为"000.0"。

⑤ 将波长置于所需测的波长。

⑥ 将装有参比溶液和被测溶液的比色皿置于比色皿架中。

⑦ 盖上样品室盖，将参比溶液比色皿置于光路，调节透光率"100"旋钮，使数字显示为 100.0%（$T$）。如果显示不到 100.0%（$T$），则可适当增加灵敏度的挡数（同时应重复操作"4"，调整仪器的 000.0）。此时将被测溶液置于光路数字显示值为透光率。

⑧ 若不需测透光率，仪器显示 100.0%（$T$）后，即将选择开关置于"4"，旋动吸光度旋钮，使数字显示为"000.0"。然后将被测溶液置于光路，数字显示值即为溶液的吸光度。

⑨ 浓度 $c$ 的测量。将选择开关由"$A$"旋至"$C$"，将已知标定浓度的溶液置于光路，调节浓度旋钮使数字显示为标定值，将被测溶液置于光路，即可显示出相应的浓度值。

### 3.4.6.5　操作注意事项

① 测定波长在 360nm 以上时，可用玻璃比色皿；测定波长在 360nm 以下时，需用石英比色皿。比色皿外部要用吸水纸吸干，不能用手触摸光面的表面。

② 每套仪器配套的比色皿不能与其他仪器的比色皿单个调换。因损坏需增补时，应经校正后才可使用。

③ 开启关闭样品室盖时，需轻轻地操作，防止损坏光门开关。

④ 不测量时，应使样品室盖处于开启状态，否则会使光电管疲劳，数字显示不稳定。

⑤ 加大幅度调整波长时，需等数分钟才能工作，因为光能量变化急剧，使光电管受光后响应缓慢，需移光响应平衡时间。

⑥ 保持仪器洁净，干燥。

# 3.5　电化学测量技术及仪器的使用

电化学测量技术在物理化学实验中占有重要地位，常用来测定电解质溶液的热力学函数。在平衡条件下，电势的测量可应用于活度系数的测量、溶度积、pH 值等的测定。在非平衡条件下，电势的测定常用于定性、定量分析、扩散系数的测定以及电极反应动力学与机理的研究等。

电化学测量技术内容丰富多彩，除了传统的电化学研究方法外，目前利用光、电、声、磁、辐射等实验技术来研究电极表面，逐渐形成一个非传统的电化学研究方法的新领域。

作为基础物理化学实验课程中的电化学部分，主要介绍传统的电化学测量与研究方法。只有掌握了这些基本方法，才有可能理解和运用近代研究方法。

## 3.5.1　电导测量及仪器

### 3.5.1.1　电导及电导率

电解质电导是熔融盐和碱的一种性质，也是盐、酸和碱水溶液的一种性质。电导这个物理化学参量不仅反映了电解质溶液中离子存在的状态及运动的信息，而且由于稀溶液中电导与离子浓度之间的简单线性关系，而被广泛用于分析化学与化学动力学过程的测试。

电导是电阻的倒数，因此电导值的测量，实际上是通过电阻值的测量再换算的。溶液电导测定，由于离子在电极上会发生放电，产生极化。因而测量电导时要使用频率足够高的交流电，以防止电解产物的产生。所用的电极镀铂黑减少超电势，并且用零点法使电导的最后读数是在零电流时计取的。这也是超电势为零的位置。

对于化学工作者来说，更感兴趣的量是电导率：

$$\kappa = G\frac{l}{A}$$ (3-5-1)

式中，$l$ 为测定电解质溶液时两电极间的距离，m；$A$ 为电极面积，$m^2$；$G$ 为电导，S；$\kappa$ 为电导率，指面积为 $1m^2$、两电极相距 1m 时，溶液的电导，$S \cdot m^{-1}$。

电解质溶液的摩尔电导率 $\Lambda_m$ 是指把含有 1mol 的电解质溶液置于相距为 1m 的两个电极之间的电导。若溶液浓度为 $c$（$mol \cdot L^{-1}$），则含有 1mol 电解质溶液的体积为 $10^{-3} m^3$。摩尔电导率的单位为 $S \cdot m^2 \cdot mol^{-1}$。

$$\Lambda_m = \kappa\frac{10^{-3}}{c}$$ (3-5-2)

若用同一仪器依次测定一系列液体的电导，由于电极面积（$A$）与电极间距离（$l$）保持不变，则相对电导就等于相对电导率。

### 3.5.1.2　电导测量仪器

（1）平衡电桥法

测定电解质溶液电导时，可用交流电桥法，其简单原理如图 3-5-1 所示。

将待测溶液装入具有两个固定的镀有铂黑的铂电极的电导池中，电导池内溶液电阻为：

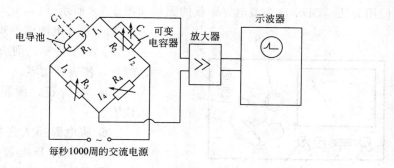

图 3-5-1  交流电桥装置示意

$$R_x = \frac{R_2}{R_1}R_3 \tag{3-5-3}$$

（2）DDS-11A 型电导率仪

测量电解质溶液的电导率时，目前广泛使用 DDS-11A 型电导率仪（见图 3-5-2），它的测量范围广，操作简便，当配上适当的组合单元后，可达到自动记录的目的。

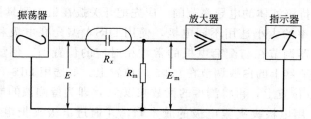

图 3-5-2  DDS-11A 型电导率仪测量装置

① 测量原理  由图 3-5-2 可知

$$E_m = \frac{ER_m}{R_m + R_x} = \frac{ER_m}{R_m + Q/\kappa} \tag{3-5-4}$$

由式（3-5-4）可知，当 $E$、$R_m$ 和 $Q$ 均为常数时，电导率 $\kappa$ 的变化必将引起 $E_m$ 作相应变化，所以测量 $E_m$ 的大小，也就测得液体电导率的数值。

② 测量范围

a. 测量范围  $0\sim10^5\,\mu S \cdot cm^{-1}$，分 12 个量程。

b. 配套电极  DJS-1 型光亮电极；DJS-1 型铂黑电极；DJS-10 型铂黑电极。

c. 量程范围与配套电极列于表 3-5-1 中。

表 3-5-1  量程范围及配套电极

| 量  程 | 电导率/$\mu S \cdot cm^{-1}$ | 测量频率 | 配套电极 |
|---|---|---|---|
| 1 | $0\sim0.1$ | 低  周 | DJS-1 型光亮电极 |
| 2 | $0\sim0.3$ | 低  周 | DJS-1 型光亮电极 |
| 3 | $0\sim1$ | 低  周 | DJS-1 型光亮电极 |
| 4 | $0\sim3$ | 低  周 | DJS-1 型光亮电极 |
| 5 | $0\sim10$ | 低  周 | DJS-1 型光亮电极 |
| 6 | $0\sim30$ | 低  周 | DJS-1 型铂黑电极 |
| 7 | $0\sim10^2$ | 低  周 | DJS-1 型铂黑电极 |
| 8 | $0\sim3\times10^2$ | 低  周 | DJS-1 型铂黑电极 |
| 9 | $0\sim10^3$ | 高  周 | DJS-1 型铂黑电极 |
| 10 | $0\sim3\times10^3$ | 高  周 | DJS-1 型铂黑电极 |
| 11 | $0\sim10^4$ | 高  周 | DJS-1 型铂黑电极 |
| 12 | $0\sim10^5$ | 高  周 | DJS-10 型铂黑电极 |

③ 使用方法　DDS-11A 型电导率仪的面板如图 3-5-3 所示。

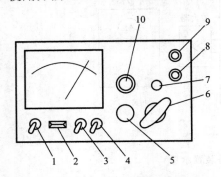

图 3-5-3　DDS-11A 型电导率仪面板
1—电源开关；2—氖泡；3—高周、低周开关；
4—校正测量开关；5—校正调节器；
6—量程选择开关；7—电容补偿调节器；8—电极插口；
9—10mV 输出插口；10—电极常数调节器

a. 未开电源前，观察表头指针是否指在零，如不指零，则应调整表头上的调零螺丝，使表针指零。

b. 将校正、测量开关拨在"校正"位置。

c. 将电源插头先插妥在仪器插座上，再接电源。打开电源开关，并预热几分钟，待指针完全稳定下来为止。调节校正调节器，使电表满度指示。

d. 根据液体电导率的大小选用低周或高周，将开关指向所选择频率（参见表 3-5-1）。

e. 将量程选择开关拨到所需要的测量范围。如预先不知道待测液体的电导率范围，应先把开关拨在最大测量挡，然后逐挡下调。

f. 根据液体电导率的大小选用不同电极，使用 DJS-1 型光亮电极和 DJS-1 型铂黑电极时，把电极常数调节器调节在与配套电极的常数相对应的位置上。例如，配套电极常数为 0.95，则电极常数调节器上的白线调节在 0.95 的位置上。如选用 DJS-10 型铂黑电极，这时应把调节器调在 0.95 位置上，再将测得的读数乘以 10，即为待测液的电导率。

g. 电极使用时，用电极夹夹紧电极的胶木帽，并通过电极夹把电极固定在电极杆上，将电极插头插入电极插口内。旋紧插口上的紧固螺丝，再将电极浸入待测溶液中。

h. 将校正、测量开关拨在"校正"；调节校正调节器使指示在满刻度。

i. 将校正、测量开关拨向测量，这时指示读数乘以量程开关的倍率，即为待测液的实际电导率。例如，量程开关放在 $0\sim10^3\mu S\cdot cm^{-1}$ 挡，电表指示为 0.5h，则被测液电导率为 $0.5\times10^3\mu S\cdot cm^{-1}=500\mu S\cdot cm^{-1}$。

j. 用量程开关指向黑点时，读表头上刻度 $0\sim1\mu S\cdot cm^{-1}$ 的数；量程开关指向红点时，读表头上刻度为 $0\sim3\mu S\cdot cm^{-1}$ 的数值。

当用 $0\sim0.1\mu S\cdot cm^{-1}$ 或 $0\sim0.3\mu S\cdot cm^{-1}$ 这两挡测量纯水时，在电极未浸入溶液前，调节电容补偿器，使电表指示为最小值（此最小值是电极铂片间的漏电阻，由于此漏电阻的存在，使调节电容补偿器时电表指针不能达到零点），然后开始测量。

④ 注意事项

a. 电极的引线不能潮湿，否则测不准。

b. 高纯水被盛入容器后要迅速测量，否则空气中 $CO_2$ 溶入水中，引起电导率的很快增加。

c. 盛待测溶液的容器需排除离子的沾污。

d. 每测一份样品后，用蒸馏水冲洗，用吸水纸吸干时，切忌擦及铂黑。以免铂黑脱落，引起电极常数的改变。可将待测液淋洗三次后再进行测定。

（3）DDS-11A（$T$）数字电导率仪

DDS-11A（$T$）数字电导率仪采用相敏检波技术和纯水电导率温度补偿技术，仪器特别适用于纯水、超纯水电导率的测量。仪器面板如图 3-5-4 所示。

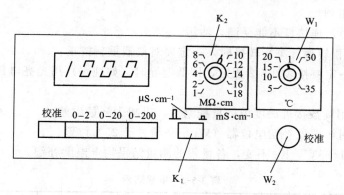

图 3-5-4　DDS-11A（$T$）数字电导率仪面板

$K_1$—μS·cm$^{-1}$、mS·cm$^{-1}$量程转换开关；$K_2$—纯水补偿转换开关；

$W_1$—温度补偿电位器；$W_2$—调节仪器满度（电极常数）电位器

① 主要技术性能

测量范围　0～2S·cm$^{-1}$

精确度　±1%（F·s）

温度补偿范围　1～18MΩ·cm 纯水

② 仪器的使用

a. 接通电源，预热 30min。

b. 将温度补偿电位器（$W_1$）旋钮刻度线对准 25℃，按下"校正"键，调节"校正"电位器（$W_2$），使显值与所配用电极常数相同。例如，电极常数为 1.08，调节仪器数显为 1.080；电极常数为 0.86，调节仪器数显为 0.860；若电极常数为 0.01、0.1 或 10 的电极，必须将电极上所标常数值除以标称值。如电极上所标常数为 10.5，则调节仪器数显为 1.050。即

$$\frac{10.5（电极常数值）}{10（电极常数标称值）}=1.05 \tag{3-5-5}$$

调节"校正"电位器时，电极需浸入待测溶液。

c. 测定时，按下相应的量程键，仪器读数即为被测溶液的电导率值。

若电极常数标称值不是 1，则所测的读数应与标称值相乘，所得结果才是被测溶液的电导率值。

如电极常数标称值是 0.1，测定时，数显值为 1.85μS·cm$^{-1}$，则此溶液实际电导率值是：

$$1.85×0.1=0.185μS·cm^{-1}$$

电极常数标称值是 10，测定时，数显值为 284μS·cm$^{-1}$，则此溶液实际电导率值是：

$$284×10=2840μS·cm^{-1}=2.84mS·cm^{-1}$$

d. 温度补偿的使用

（a）根据所测纯水纯度（MΩ·cm），将纯水补偿转换开关（$K_2$）置于相应挡位，温度补偿置于 25℃。

（b）按下校正键，调节校正旋钮，按电极常数调节仪器数显值。

（c）按下相应量程，调节温度补偿器（$W_1$）至纯水实际温度值，仪器数显值即换算成 25℃时纯水的电导率值。

第 3 章　物理化学实验仪器及使用方法segment>

③ 使用注意事项

a. 电极的引线、连接杆不能受潮，沾污。

b. 在 $K_1$（量程转换开关）转换时，一定要对仪器重新校正。

c. 电极选用一定要按表 3-5-2 规定，即低电导时（如纯水）用光亮电极，高电导时用铂黑电极。

d. 应尽量选用读数接近满度值的量程测量，以减少测量误差。

e. 校正仪器时，温度补偿电位器（$W_1$）必须置于 25℃ 位置。

f. （$W_1$）置于 25℃，$K_2$ 不变，各量程的测量结果均未温度补偿。

表 3-5-2　电极选用

| 量　程 | 开关($K_1$) | 测量范围/$\mu S \cdot cm^{-1}$ | 采用电极 |
|---|---|---|---|
| 0～2 | | 0～2 | $J=0.01$ 或 0.1 电极 |
| 0～20 | $\mu S \cdot cm^{-1}$ | 0～20 | $J=1$ 光亮电极 |
| 0～200 | | 0～200 | DJS-1 铂黑电极 |
| 0～2 | | 0～2000 | DJS-1 铂黑电极 |
| 0～20 | $mS \cdot cm^{-1}$ | 0～20000 | DJS-1 铂黑电极 |
| 0～20 | | 0～$2\times10^5$ | DJS-10 铂黑电极 |
| 0～200 | | 0～$2\times10^6$ | DJS-10 铂黑电极 |

### 3.5.2　原电池电动势的测量

原电池电动势是指当外电流为 0 时两电极间的电势差。而有外电流时，这两极间的电势差称为电池电压。

$$U=E-IR \tag{3-5-6}$$

因此，电池电动势的测量必须在可逆条件下进行，否则所得电动势没有热力学价值。所谓可逆条件，即电池反应是可逆的，测量时电池几乎没有电流通过。电池反应可逆，就是两个电极反应的正、逆速率相等，电极电势是该反应的平衡电势，它的数值与参与平衡的电极反应的各溶液活度之间的关系完全由该反应的能斯特方程决定。为此目的，测量装置中安排了一个方向相反而数值与待测电动势几乎相等的外加电动势来对消待测电动势，这种测定电动势的方法称为对消法。

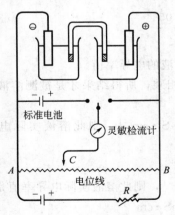

图 3-5-5　对消法测电动势的基本电路

#### 3.5.2.1　测量基本原理

对消法测电动势线路如图 3-5-5 所示。图中整个 $AB$ 线的电势差可以使它等于标准电池的电势差，这个通过"校准"的步骤来实现，标准电池的负端与 $A$ 相连（即与工作电池呈对消状态），而正端串联一个检流计，通过并联直达 $B$ 端。调节可调电阻，使检流计指零，这就是无电流通过，这时 $AB$ 线上的电势差就等于标准电池电势差。

测未知电池时，负极与 $A$ 相连接，而正极通过检流计连到探针 $C$ 上，将探针 $C$ 在电阻线 $AB$ 上来回滑动，直到找出使检流计电流为零的位置。这时，

$$E_x=AC/AB（通过 AB 的电势差）\tag{3-5-7}$$

126

#### 3.5.2.2 液体接界电势与盐桥

（1）液体接界电势

当原电池含有两种电解质界面时，便产生一种称为液体接界电势的电动势，它干扰电池电动势的测定。

消除液体接界电势的办法常用"盐桥"。盐桥是在玻璃管中灌注盐桥溶液，把管插入两个互相不接触的溶液，使其导通。

（2）盐桥溶液

盐桥溶液中含有高浓度的盐溶液，甚至是饱和溶液，当饱和的盐溶液与另一种较稀溶液相接界时，主要是盐桥溶液向稀溶液扩散，因此减小了液接电势。

盐桥溶液中盐的选择必须考虑盐溶液中正、负离子的迁移速率都接近于 0.5 为好，通常采用氯化钾溶液。

盐桥溶液还要不与两端电池溶液发生反应，如果实验中使用硝酸银溶液，则盐桥液就不能用氯化钾溶液，而选择硝酸铵溶液较为合适，因为硝酸铵中正、负离子的迁移速率比较接近。

盐桥溶液中常加入琼脂作为胶凝剂。由于琼脂含有高蛋白，所以盐桥溶液需新鲜配制。

#### 3.5.2.3 电极与电极制备

原电池是由两个"半电池"组成的，每一个半电池中有一个电极和相应的溶液组成。原电池的电动势则是组成此电池的两个半电池的电极电势的代数和。电极电势的测量是通过被测电极与参比电极组成电池，测此电池的电动势，然后根据参比电极的电势求出被测电极的电极电势，因此在测量电动势的过程中需注意参比电极的选择。

（1）第一类电极

第一类电极包括气体电极、金属电极。

① 氢电极 是氢气与其离子组成的电极，把镀有铂黑的铂片浸入 $a_{H^+}=1$ 的溶液中，并以 $p_{H_2}=100kPa$ 的干燥氢气不断冲击到铂电极上，就构成了标准氢电极。其结构如图 3-5-6 所示。

$$Pt \mid H_2(p=100kPa) \mid H^+(a_{H^+}=1)$$

标准氢电极是国际上一致规定电极电势为零的电势标准。任何电极都可以与标准氢电极组成电池，但是氢电极对氢气纯度要求高，操作比较复杂，氢离子活度必须十分精确，而且氢电极十分敏感，受外界干扰大，用起来十分不方便。

② 金属电极 其结构简单，只要将金属浸入含有该金属离子的溶液中就构成了半电池。如银电极就属于金属电极。

$$Ag \mid Ag^+(a)$$

电极反应：
$$Ag \rightleftharpoons Ag^+ + e^-$$

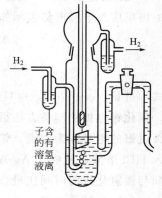

图 3-5-6 氢电极

银电极的制备可以购买商品银电极（或银棒）。首先将银电极表面用丙酮溶液洗去油污，或用细砂纸打磨光亮，然后用蒸馏水冲洗干净，按图 3-5-7 接好线路，在电流密度为 $3\sim5m \cdot A^{-2}$ 时，镀 30min，得到银白色紧密银层的镀银电极，用蒸馏水冲洗干净，即可作为银电极使用。

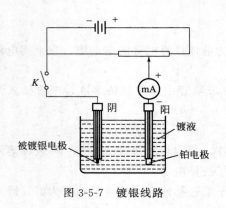

图 3-5-7　镀银线路

（2）第二类电极

甘汞电极、银-氯化银电极等参比电极属于第二类电极。

① 甘汞电极　实验室中常用的参比电极。其构造形状很多，有单液接、双液接两种。其构造如图 3-4-8 所示。

不管哪一种形状，在玻璃容器的底部皆装入少量的汞，然后装汞和甘汞的糊状物，再注入氯化钾溶液，将作为导体的铂丝插入，即构成甘汞电极（见图 3-4-8）。甘汞电极表示形式如下：

$$Hg(l)\,|\,Hg_2Cl_2(s)\,|\,HCl(a)$$

电极反应为：

$$Hg_2Cl_2(s)+2e^-\longrightarrow 2Hg(l)+2Cl^-(a_{Cl^-})$$

$$\varphi_{甘汞}=\varphi_{甘汞}^{\ominus}-\frac{RT}{F}\ln a_{Cl^-} \tag{3-5-8}$$

从式中可见，$\varphi_{甘汞}$ 仅与温度和氯离子活度 $a_{Cl^-}$ 有关，即与氯化钾溶液浓度有关。甘汞电极有 $0.1\,mol\cdot L^{-1}$、$1.0\,mol\cdot L^{-1}$ 和饱和氯化钾甘汞电极等。其中以饱和式甘汞电极最为常用（使用时电极内溶液中应保留少许氯化钾固体晶体，以保证溶液的饱和）。不同甘汞电极的电极电势与温度的关系见表 3-5-3。

表 3-5-3　不同浓度的氯化钾溶液 $\varphi_{甘汞}$ 与温度的关系

| 氯化钾溶液浓度 $/mol\cdot L^{-1}$ | 电极电势 $\varphi_{甘汞}/V(t℃)$ |
| --- | --- |
| 饱和 | $0.2412-7.6\times10^{-4}(t-25)$ |
| 1.0 | $0.2801-2.4\times10^{-4}(t-25)$ |
| 0.1 | $0.3337-7.0\times10^{-5}(t-25)$ |

甘汞电极具有装置简单、可逆性高、制作方便、电势稳定等优点，常作为参比电极应用。

② 银-氯化银电极　实验室中另一种常用的参比电极是属于金属-微溶盐-负离子型电极，其电极反应及电极电势表示如下：

$$AgCl(s)+e^-\longrightarrow Ag(s)+Cl^-(a_{Cl^-})$$

$$\varphi_{Cl^-|AgCl|Ag}=\varphi_{Cl^-|AgCl|Ag}^{\ominus}-\frac{RT}{F}\ln a_{Cl^-} \tag{3-5-9}$$

从式中可见，$\varphi_{Cl^-|AgCl|Ag}$ 也只与温度和溶液中的氯离子活度有关。

氯化银电极的制备方法很多，较简单的方法是将银丝在镀银溶液中镀上一层纯银后，再将镀过银的电极作为阳极，铂丝作为阴极，在 $1\,mol\cdot L^{-1}$ 盐酸中电镀一层 AgCl。把此电极浸入 HCl 溶液，就成了 Ag-AgCl 电极。制备 Ag-AgCl 电极时，在相同的电流密度下，镀银时间与镀氯化银的时间比最合适是控制在 3∶1。

（3）氧化还原电极

将惰性电极插入含有两种不同价态的离子溶液中也能构成电极，如醌氢醌（$Q\,|\,H_2Q$）电极。

$$C_6H_4O_2(Q)+2H^++2e^-\longrightarrow C_6H_4(OH)_2(H_2Q)$$

其电极电势

$$\varphi = \varphi_{Q|H_2Q}^{\ominus} - \frac{RT}{2F}\ln\frac{a_{H_2Q}}{a_Q a_{H^+}^2} \qquad (3\text{-}5\text{-}10)$$

醌（Q）、氢醌（$H_2Q$）在溶液中浓度很小，而且相等，即

$$a_{H_2Q} = a_Q$$

$$\varphi = \varphi_{Q|H_2Q}^{\ominus} - \frac{RT}{F}\ln a_{H^+} \qquad (3\text{-}5\text{-}11)$$

（4）旋转圆盘电极

旋转圆盘电极 RDE（rotating disk electrode）的结构如图 3-5-8 所示。把电极材料加工成圆盘后，用黏合剂将它封入高聚物（例如聚四氟乙烯）圆柱体的中心，圆柱体底面与研究电极表面在同一平面内，精密加工抛光。研究电极与圆柱中心轴垂直，处于轴对称位置。电极用电机直接耦合或传动机构带动使电极无振动地绕轴旋转，从而使电极下的溶液产生流动，缩短电极过程达到稳定状态的时间，在电极上建立均匀而稳定的表面扩散层。电极上的电流分布也比较均匀稳定。

圆盘电极的旋转，引起了溶液中的对流扩散，加强了电活性物质的传质，使电流密度比静止的电极提高了 1~2 个数量级，所以用 RDE 研究电极动力学，可以提高相同数量级的速度范围。

对于 25℃水溶液中，计算可得扩散电流密度为：

$$i_d = -0.62nFD^{2/3}\nu^{-1/6}\omega^{1/2}\ (c_b - c^s) \qquad (3\text{-}5\text{-}12)$$

极限扩散电流密度为：

$$(i_d)_{lim} = -0.62nFD^{2/3}\nu^{-1/6}\omega^{1/2}c_b \qquad (3\text{-}5\text{-}13)$$

式中，$F$ 为法拉第常数；$D$ 为扩散系数；$\nu$ 为溶液的动力黏度系数（即黏度系数/密度）；$\omega$ 为圆盘电极旋转角速度；$n$ 为电极反应的电子得失数；$c_b$、$c^s$ 分别表示反应物（或产物）的溶液浓度和电极表面浓度。

从计算式可以看出，旋转圆盘电极的应用较广，它可以测得扩散系数 $D$、电极反应得失电子数 $n$、电化学过程的速率常数和交换电流密度等动力学参数。

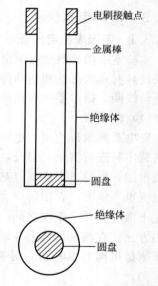

图 3-5-8　旋转圆盘电极结构

电刷接触点
金属棒
绝缘体
圆盘
绝缘体
圆盘

### 3.5.2.4　标准电池

标准电池是电化学实验中基本校验仪器之一，在 20℃时电池电动势为 1.0186V，其构造如图 3-5-9 所示。电池由一 H 形管构成，负极为含镉（Cd）12.5% 的镉汞齐，正极为汞和硫酸亚汞的糊状物，两极之间盛以 $CdSO_4$ 的饱和溶液，管的顶端加以密封。电池反应如下：

负极：
$$Cd（汞齐）\longrightarrow Cd^{2+} + 2e^-$$

$$Cd^{2+} + SO_4^{2-} + \frac{8}{3}H_2O \longrightarrow CdSO_4 \cdot \frac{8}{3}H_2O(s)$$

正极：
$$Hg_2SO_4(s) + 2e^- \longrightarrow 2Hg(l) + SO_4^{2-}$$

总反应：$Cd（汞齐）+ Hg_2SO_4 + \frac{8}{3}H_2O \longrightarrow 2Hg（l）+ CdSO_4 \cdot \frac{8}{3}H_2O(s)$

标准电池的电动势很稳定，重现性好，用作电池的各物质均极纯，并按规定配方工艺制作的电动势值基本一致。

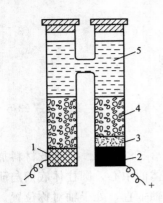

图 3-5-9　惠斯顿标准电池

1—含 Cd12.5％的镉汞齐；2—汞；

3—硫酸亚汞糊状物；4—硫酸镉晶体；

5—硫酸镉饱和溶液

标准电池经检定后，给出 20℃下的电动势值，其温度系数很小。但实际测量时温度为 $t$℃时，其电动势按下式进行校正。

$$E_t = E_{20} - 4.06 \times 10^{-5} \times (t-20) - 9.5 \times 10^{-7} \times (t-20)^2$$

使用标准电池时，注意以下几个方面：

① 使用温度为 4～40℃；

② 正负极不能接错；

③ 不能振荡，不能倒置，拿取要平稳；

④ 不能用万用表直接测量标准电池；

⑤ 标准电池只是校验仪器，不能作为电源使用，测量时间必须短暂，间歇按键，以免电流过大，损坏电池；

⑥ 规定时间，必须经常进行计量校正。

### 3.5.3　常用电气仪表

#### 3.5.3.1　电流表和电压表

实验室中用于测量直流电路中电流和电压的仪表主要是磁电系仪表。磁电系仪表的结构特点是具有永久磁铁和活动的线圈。对于磁电系仪表来说，磁路系统是固定的，而活动部分是活动线圈、指示器（如指针）、转轴（或振丝、悬丝）等。

（1）电流表

磁电系测量机构用作电流表时，只要被测电流不超过它所能容许的电流值，就可以直接与负载串联进行测量。但是，磁电系测量机构所允许的电流往往是很微小的，因为动圈本身导线很细，电流过大会因过热使动圈绝缘烧坏。同时引入测量机构的电流必须经过游丝，因此电流也不能大，否则游丝会因过热而变质。磁电系测量机构可以直接测量的电流范围一般在几十微安到几十毫安之间。如果要用它来测量较大的电流，就必须扩大量限，主要采用分流的方法。在测量机构上并联一个分流电阻 $R_{fL}$，如图 3-5-10 所示。有了分流电阻，通过磁电系测量机构上的电流 $I_f$ 是被测电流 $I$ 的一部分，两者有密切的关系。设 $R_c$ 为测量机构内阻，则

$$I_c R_c = \frac{R_{fL} \times R_c}{R_{fL} + R_c} \times I \tag{3-5-14}$$

$$I_c = \frac{R_{fL}}{R_{fL} + R_c} \times I \tag{3-5-15}$$

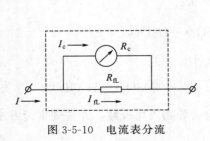

图 3-5-10　电流表分流

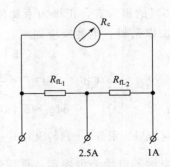

图 3-5-11　两个量限的电流表测量电路

130

由于 $R_{fL}$ 和 $R_c$ 为常数，所以 $I_c$ 与 $I$ 之间存在一定的比例关系，在电流表刻度时，考虑了上述关系，便可直接读出被测电流 $I$。

在一个仪表中采用大小不同的分流电阻，便可制成多量限电流表。图 3-5-11 就是具有两个量限的电流表的内部电路，分流电阻 $R_{fL_1}$、$R_{fL_2}$ 的大小，可以通过计算确定。

（2）电压表

磁电系测量机构用来测量电压时，将测量机构并联在电路中被测电压的两个端点之间，图 3-5-12 是测量 $a$、$b$ 两点间电压的接线图。$U_c=I_cR_c$，根据仪表指针偏转可以直接确定 $a$、$b$ 两点间的电压 $U$。由于磁电系测量机构仅能通过极微小的电流，所以它只能测量很低的电压。为了能测量较高的电压，又不使测量机构内超过容许的电流值，可以在测量机构上串联一个电阻 $R_{fL}$ 的办法，如图 3-5-13 所示。$R_{fL}$ 附加电阻，这时 $I_c$ 为：

$$I_c=\frac{R_{fL}+R_c}{U} \tag{3-5-16}$$

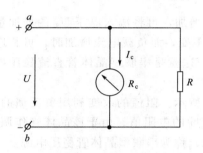

图 3-5-12　测量电压接线图

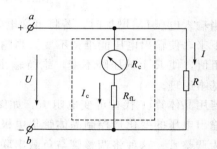

图 3-5-13　电压表的附加电阻

只要附加电阻 $R_{fL}$ 恒定不变，$I_c$ 与被测两点间电压大小相关。电压表串联了几个不同附加电阻，就可以制成多量限的电压表，内部接线图如图 3-5-14 所示。

用电压表测量电压时，内阻愈大，则对被测电路影响愈小。电压表各量限的内阻与相应电压量的比值为一常数，通常在电压表铭牌上标明，单位"欧姆/伏特"，它是电压表的一个重要参数。例如量限 100V 的电压表，内阻为 200000Ω，则该电压表内阻参数可表示为 2000Ω/V。

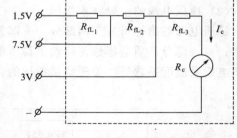

图 3-5-14　多量限电压表测量电路

（3）使用注意事项

① 使用电流表和电压表时，量程选择要合适。电流表与电路串联，电压表与电路并联，不可接错。

② 在直流电路中，应特别注意电流表与电压表的正、负极的接法。在直流电流表与直流电压表的接线柱旁都有"＋"和"－"符号。电流从电源正极到负极，电流表串联在电路中应当从电流表的"＋"极到"－"极。直流电压表也应当根据这个原则接线。

### 3.5.3.2　直流稳压电源

化学实验中，大多数仪器和仪表常采用直流电源，它通常是用整流器把交流电交换而成的。由于交流电网 220V 往往不稳定，低时只有 180V，高时可达 240V，因而整流后直流电压也不稳定。同时由于整流滤波设备存在内阻，当负载电流变化时，输出电压也会变化。因而为了得到一稳定的输出电压，实验室中直流电源一般采用直流稳压。

（1）直流稳压电源的原理

常采用串联负反馈电路的稳压电源。电路中，将一个可变电阻 $R$ 和 $R_{fz}$ 串联，通过改变 $R$ 两端的压降来实现稳压的目的，如图 3-5-15(a)所示。

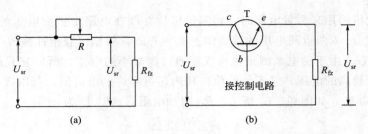

图 3-5-15　最简单的稳压方法

当输入电压 $U_{sr}$ 增加时，若将可变电阻 $R$ 的阻值增加，可将输入电压 $U_{sr}$ 的增加量全部承担下来，使输出电压能维持不变。当输入电压 $U_{sr}$ 不变，而负载电流增加时，可相应减小 $R$ 的阻值，使 $R$ 上的压降不变，维持输出电压不变。这就是串联型晶体管直流稳压电源稳压的基本原理。

若用晶体管 T 代替可变电阻 $R$，如图 3-5-15(b)所示。阻值的改变利用负反馈的原理，即以输出电压的变化量控制晶体管集电极与发射极之间的电阻值。由于该晶体管作调整用，故称为调整管。这种将调整管与负载串联的稳压电源，称为串联型晶体管稳压电源。

稳压电源一般都由变压器、整流滤波、调整元件、比较放大、基准电源和取样电阻六个主要部分组成，如图 3-5-16 所示。其工作过程是当输出电压 $U_{sc}$ 发生变化时，通过电阻分压器"取信号"与基准电源比较，放大器将误差信号放大，送到调整管基极，调整其电压，以达到稳定输出电压的目的。

（2）稳压电源的主要技术指标

稳压电源的指标可分为两部分：一部分是特性指标，如输出电流、输出电压及电压调节范围；另一部分是质量指标，反映了稳压电源的优劣，包括稳定度、等效电阻（输出电阻）、纹波电压及温度系数等。关于质量指标的含义如下。

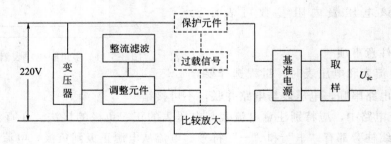

图 3-5-16　串联型稳压电源工作流程

① 由于输入电压变化而引起输出电压变化的程度用稳定度指标来表示，常用两种量度表示。

a. 稳压系数 $S$　当负载不变时，输出电压的相对变化量与输入电压的相对变化量之比，即

$$S=\frac{\left(\dfrac{\Delta U_{sc}}{U_{sc}}\right)}{\left(\dfrac{\Delta U_{sr}}{U_{sr}}\right)}=\frac{\Delta U_{sc}}{\Delta U_{sr}}\times\frac{U_{sc}}{U_{sr}} \tag{3-5-17}$$

$S$ 值的大小反映了稳压电源克服输入电压变化的能力，通常 $S$ 为 $10^{-2}\sim10^{-4}$。

b. 电压调整率　当输入电网电压波动为 $\pm10\%$ 时，输出电压量的相对变化量 $\dfrac{\Delta U_{sc}}{U_{sc}}$ 的一般值为 $\mid\dfrac{\Delta U_{sc}}{U_{sc}}\mid\leqslant1\%$、$0.1\%$，甚至 $0.01\%$。

② 由于负载变化而引起输出电压的变化，常用以下两种量度表示。

a. 等效内阻 $r_{n}$（输出电阻）。它表示输出电压不变时，由于负载电流变化 $\Delta I_{fz}$ 引起输出电压变化 $U_{sc}$，则

$$r_{n}=-\frac{\Delta U_{sc}}{\Delta I_{fz}}\ (\Omega) \tag{3-5-18}$$

b. 电流调整率　用负载电流 $I_{fz}$ 从零变到最大时输出电压的相对变化 $\dfrac{\Delta U_{sc}}{U_{sc}}$ 来表示。

③ 最大纹波电压　是 $50\,Hz$ 或 $100\,Hz$ 的交流分量，通常用有效值或峰值表示。

④ 温度系数　即使输入电压和负载电流都不变，由于环境温度的变化，也会引起输出电压的漂移，一般用温度系数 $K_{T}$ 表示。

$$K_{T}=\frac{\Delta U_{sc}}{T}\mid^{\Delta U_{sr}=0}_{\Delta I_{fz}=0}\ (V/℃) \tag{3-5-19}$$

### 3.5.3.3　电子电势差计

化学实验中常用到各种型号的记录仪。记录仪一般属于自动平衡测量电路。自动平衡测量电路主要是指各种自动平衡桥式测量电路和自动补偿式测量电路。其共同特点是：被测电参量总是被测量电路中一个能自动跟随的可变标准电参量所平衡或补偿，从这个标准电参量跟随的位置（机械直线移位），即能测知此被测电参量的数值，加上附加的机械机构，进行自动记录。记录仪也称作电子电势差计。

（1）电子电势差计的基本原理

电子电势差计以补偿法（或叫零值法）作为测量的基本原理。补偿就是以已知量与被测量通过某种方式进行抵消（或叫平衡）的意思。比如说，用天平称量物体的质量，就是把已知的砝码放在杠杆的一端，而把被测物放在杠杆的另一端，如果被测物的质量与砝码质量相等，那么天平将处在平衡的位置，此时，天平的指针将指在零，也就是砝码的质量抵消了被测物的质量。

电子电势差计以热电偶作为变送器，用来自动测量、记录和控制温度。热电偶产生的电势很小（$0.001\sim60\,mV$ 之间），测量系统就是用来补偿这些微小电势的装置。

图 3-5-17 是电子电势差计的滑线电阻上提供一个标准参考电压，热电偶与电势差计反向串接后输到放大器，如果热电偶电动势未被标准参考电压补偿，则就产生一个失衡

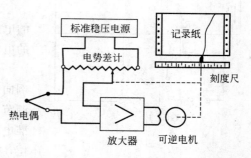

图 3-5-17　电子电势差计工作原理

电压信号，并被放大器放大。放大器的输出驱动可逆电机旋转，其旋转方向决定于失衡电压的极性。电机转轴通过一组线轮，同步地带动电势差计上的滑动触点和显示记录系统的记录笔。当滑动触点滑到使标准参考电压与热电偶电动势补偿时，失衡电压随即消失，可逆电机停止转动，滑动触点停止移动，这个标准参考电压值，被同步移动的记录笔在记录纸上记录下来。由于记录纸是被另一组同步电机系统带动的，其速度恒定。记录纸的横坐标就成了时间轴，纵坐标是以 mV 为单位的电压轴，因此电子电势差计可以把温度（或电压）随时间变化的曲线自动地描记下来。

（2）使用注意事项

① 电子电势差计有 5mV 与 10mV 等几种类型，因此应根据需要选择合适的。如果被测电参量超过仪器的量程，可以外接电阻，扩大其测量范围。

② 按照仪表背面接线端板规定位置接线，注意"相"、"中"线位置不可接错，标"220V"为相线端，"0"为中线端。输入信号屏蔽线接"P"端，注意良好接地。

③ 选择适当的记录纸走速。

④ 加墨水。取下墨水瓶，拔下墨水瓶塑料盖，用针筒吸取墨水，注入墨水瓶。在加墨水时不要取下和笔尖连通的塑料管，加完墨水后，用洗耳球在塑料吹气口加压，把墨水从笔尖压出一小滴。如果吹不出，可能笔尖堵塞。卸下笔尖，浸泡在乙醇中，用细金属丝疏通。

⑤ 灵敏度与阻尼调整。灵敏度太高，仪表指针产生抖动；灵敏度太低，在相当大的区域内记录笔都能停下来（用手拨动记录笔架感到无力），可调节放大器上灵敏度电势器来调整灵敏度。用手轻轻拨动记录笔架使之移动几毫米，然后徐徐放开，数十秒后记下线条，反向再作一次，两次记录线之间距离不超过 0.5mm 即可。

阻尼调整不当，有过阻尼现象，则记录笔行动过于缓慢（尤其在接近平衡位置时）；欠阻尼则摇动次数增加，甚至停不下来，这时可以拨动阻尼电势器进行调节。

⑥ 在运转过程中，如果出现记录笔运走不匀，有跳跃现象，则应该用丙酮洗涤滑线电阻铜杆，必要时可用细砂纸轻擦。

### 3.5.3.4　直流电势差计

电势差计是一种用比较法进行测量的校量仪器。

（1）直流电势差计的工作原理

① 原理线路　直流电势差计原理线路如图 3-5-18 所示。通常电阻 $R_n$、$R_a$、转换开关及相应接线端都装在仪器内部，标准电池 $E_a$、调节电阻 $R$、工作电源和检流计 $G$ 是辅助部分，它们可以装在仪器内部，也可外附。

由工作电源 $E$、调节电阻 $R$、电阻 $R_n$、$R_a$ 组成的电路称为工作电路。在补偿时，通过电阻 $R_a$ 及 $R_n$ 的电流 $I$，称为电势差计的工作电流。

标准电池是用来校准工作电流的。当把开关 K 倒向位置"1"时，检流计 $G$ 接到标准电池 $E_a$ 一边，调节电阻 $R$，使通过检流计的电流为零，这时表示标准电压 $E_n$ 的电势和固定电阻 $R_n$ 上的电压降相互补偿，故 $E_n = IR$。由于 $E_a$、$R_n$ 都是正确已知的，因此相应的工作电流为：

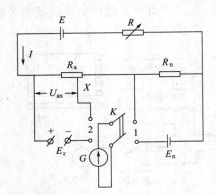

图 3-5-18　直流电势差计原理线路

$$I = \frac{E_n}{R_n} \tag{3-5-20}$$

然后将开关 K 扳向位置"2"，这时检流计 G 接到被测电势一边，调节 $R_a$ 上滑动触头 $x$，使检流计再次指零，由于滑动触头 $x$ 位置的变化并不影响工作电路中的电阻大小，所以工作电流 $I$ 是保持不变的，这样就是使被测电势 $E_x$ 与已知标准电阻 $R_a$ 段 $ax$ 上电压 $U_{ax}$ 相补偿（故也称 $U_{ax}$ 为补偿电压），所以有

$$E_x = U_{ax}$$

$$E_x = IR_{ax} = \frac{E_n}{R_n} \times R_{ax} \tag{3-5-21}$$

式中，$R_{ax}$ 为 $R_a$ 的 $ax$ 段电阻值。

由于标准电池 $E_n$ 的电动势是稳定的，因而选用一定大小的 $R_n$ 就使得工作电流有一定的额定值。在这种情况下，电阻 $R_a$ 上的分度可用电压来标明，从而可直接读出被测电动势 $E_x$ 的大小。

② 测量步骤 在用电势差计测量电势的过程中，其测量步骤必须分为两步。

a. 调节工作电流。开关 K 接到标准电池 $E_n$ 一方，调节电阻 $R$ 来调节工作电流，使检流计偏转为零。

b. 测量被测电势。开关 K 接到 $E_x$ 一方，这时只能调节标准电阻 $R_a$ 上的滑动触头 $x$，以使检流计指零，读出被测量的大小。切不可再去变动调节电阻 $R$ 的位置，以免引起工作电流的改变。

③ 测量特点

a. 电势差计达到平衡时，不从被测对象中取用电流，因此在被测电源的内部就没有电压降，测得结果是被测电源的电动势，而不是端电压。

b. 准确度高。电势差计测量的准确度取决于标准电池和电阻的准确度，而这二者都可以做得很准确。所以检流计的灵敏度很高时，则用电势差计测量的准确度是很高的。

（2）怎样看电势差计的线路

前面介绍了电势差计的原理线路，实际的电势差计线路较为复杂，对于高精度的电势差计更是如此。为了能看懂有关电势差计的线路，必须在直流电势差计的原理线路上熟悉它的三个组成部分。

① 工作电流回路 它一般由工作电源、工作电流调节变阻器 $R$、校准工作电流的固定电阻 $R_n$ 和测量未知电压 $E_x$ 时所用的可调电阻 $R_a$ 所组成。

② 校准工作电流回路 它由标准电池 $E_n$、双刀双掷开关 K、检流计 G 和校准工作电流的固定电阻 $R_n$ 组成。

③ 测量回路 它包括测定电势 $E$、双刀双掷开关 K、检流计 G 和可调电阻 $R_a$ 的一部分或全部（视被测电势 $E_x$ 的大小而定）。

为了能掌握电势差计的线路，必须记住电势差计上述三个组成部分中所包含的特有元件，在看任一回路时，都不要混入其他回路的特有元件。只要遵循这一点再反复多次查看，就能看懂要了解的线路。

（3）UJ25 型直流电势差计的简单介绍

UJ25 型属于高阻电势差计。这种电势差计适用于测量内阻较大的电源电动势，以及较大的电阻上的电压降等。由于工作电流小，线路电阻大，故在测量过程中工作电流变化很

小，故需用高灵敏度的检流计。

UJ25 型电势差计面板如图 3-5-19 所示。面板上有 13 个端钮，供接"电池"、"标准电池"、"电计"、"未知"、"屏蔽"之用。左下方有"标准"（N）、"未知"（$X_1$、$X_2$）、"断"转换开关。"粗"、"细"、"短路"为电计按钮。右下方是"粗"、"中"、"细"、"微"四个调节工作电流的旋钮。其上方是两个（A、B）标准电动势温度补偿旋钮。左面 6 个大旋钮，下方有一个小窗孔，被测电动势值由此示出。使用方法如下。

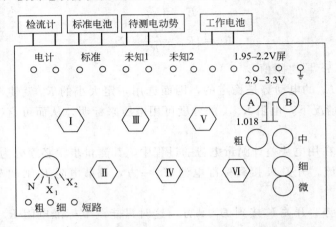

图 3-5-19　UJ25 型电势差计测量电动势面板

① 在使用前，应将（N、$X_1$、$X_2$）转换开关放在断的位置，并将下方三个电计按钮全部松开，然后依次接上工作电源、标准电池、检流计以及被测电池。

② 温度校正标准电池电动势值。镉汞标准电池的温度校正公式为：

$$E_t = E_0 - 4.06 \times 10^{-5}(t-20) - 9.5 \times 10^{-7}(t-20)^2 \tag{3-5-22}$$

式中，$E_t$ 为 $t$℃时标准电池电动势；$t$ 为环境温度,℃；$E_0$ 为标准电池 20℃时的电动势；调节温度补偿旋钮（A、B），使数值为校正后的标准电池电势值。

③ 将（N、$X_1$、$X_2$）转换开关放在"N"（标准）位置上，按"粗"电计按钮，旋动"粗"、"中""细"、"微"旋钮，调节工作电流，使检流计示零，然后再按"细"电计按钮，重复上述操作。注意按电计按钮时，不能长时间按住不放，需按紧松交替进行，防止被测电池、标准电池长时间有电流通过。

④ 将（N、$X_1$、$X_2$）转换开关放在"$X_1$"或"$X_2$"（未知）的位置，调节各大旋钮，使电计在按"粗"时检流计示零，再按"细"电计按钮，直至调节至检流计示零。读下大旋钮下方小孔示数，即为被测电池的电动势值。

（4）直流电势差计的使用注意事项

① 选择合适的电势差计。若测量内阻比较低的电动势（如热电偶电势），宜选用低阻电势差计，同时相应地选用外临界电阻较小的检流计。若测量的是内阻较大的电池电动势，则选用高阻电势差计，同时应选用外临界电阻较大的检流计。

② 工作电源要有足够容量，以保证工作电流恒定不变。

③ 接线时应注意极性与所标符号一致，不可接错，否则在测量时，会使标准电池和检流计受到损坏。

④ 对被测电势应先确定极性及估计其电势的大约数值，才可以用电势差计进行测量。

⑤ 在变动调节旋钮时，应在断开按钮的前提下进行。否则会使标准电池逐渐损坏，影

响测量结果的准确性。

# 3.6 热分析实验技术及仪器的使用

顾名思义，热分析是一种以热进行分析的方法。确切的定义为：在程序控制温度下，测量物质的物理性质随温度变化的函数关系的一类技术称为热分析，根据所测物理性质不同，热分析技术的分类见表 3-6-1。

**表 3-6-1  热分析技术分类**

| 物理性质 | 技术名称 | 简 称 | 物理性质 | 技术名称 | 简 称 |
|---|---|---|---|---|---|
| 质 量 | 热重法<br>导数热重法<br>逸出气检测法<br>逸出气分析法 | TG<br>DTG<br>EGD<br>EGA | 机械特性 | 机械热分析<br>动态热<br>机械热 | TMA |
|  |  |  | 声学特性 | 热发声法<br>热传声法 |  |
| 温 度 | 差热分析 | DTA | 光学特性 | 热光学法 |  |
| 焓 | 差示扫描量热法① | DSC | 电学特性 | 热电学法 |  |
| 尺 度 | 热膨胀法 | TD | 磁学特性 | 热磁学法 |  |

① DSC 分类：功率补偿 DSC 和热流 DSC。

热分析技术的使用目前已相当广泛，它是多种学科共同使用的一种技术。本节主要结合物理化学基础实验简单介绍 DTA、DSC、TG、DTG 等基本原理和技术。

## 3.6.1  差热分析法（DTA）

### 3.6.1.1  DTA 的基本原理

物质在物理变化和化学变化过程中往往伴随着热效应，放热或吸热现象反映了物质热焓发生了变化。而差热分析法就是利用这一特点测量试样和参比物之间温度差对温度或时间的函数关系。差热分析可以获得两条曲线，一条是温度曲线，另一条为温差曲线。差热分析的原理如图 3-6-1 所示。将试样和参比物分别放入坩埚，置于炉中程序升温，改变试样和参比物的温度。若参比物和试样的热容相同，试样又无热效应时，则二者的温差近似为 0，此时得到一条平滑的基线。随着温度的增加，试样产生了热效应，而参比物未产生热效应，二者之间产生了温差，在 DTA 曲线中表现为峰，温差越大，峰也越大，温差变化次数多，峰的数目也多。峰顶向上的峰称放热峰，峰顶向下的峰称吸热峰。

图 3-6-2 是典型的 DTA 曲线，图中表示出四种类型的转变：a 为二级转变，这是水平基线的改变；b 为吸热峰，系由试样的熔融或熔化转变引起的；c 为吸热峰，是由试样的分解或裂解反应引起的；d 为放热峰，这是由于试样结晶相变的结果。

### 3.6.1.2  DTA 的仪器结构

DTA 分析仪种类繁多，但一般由下面几个部分组成：温度程序控制单元、可控硅加热单元、差热放大单元、记录仪和电炉五部分组合而成。图 3-6-3 是典型 DTA 装置的方框图。

（1）温度程序控制单元和可控硅加热单元

温度控制系统由程序信号发生器、微伏放大器、PID 调节器、可控硅触发器和可控硅执行元件五部分组成，如图 3-6-4 所示。

程序信号发生器按给定的程序方式（升温、恒温、降温、循环），给出毫伏信号。如温控热电偶的热电势与程序信号发生器给出的毫伏值有差别时，说明炉温偏离给定值。此时，以偏差值经微伏放大器放大，送入 PID 调节器。再经可控硅触发器导通可控硅执行元件，调整电炉的加热电流，从而使偏差消除，达到使炉温按一定速度上升、下降或恒定的目的。

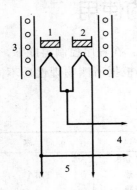

图 3-6-1　差热分析的原理

1—试样；2—参比物；
3—炉丝；
4—温度 $T_s$；5—温差 $\Delta T$

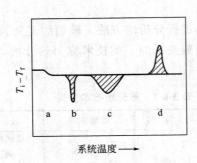

图 3-6-2　典型的 DTA 曲线

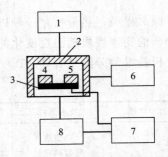

图 3-6-3　典型 DTA 装置线路

1—气氛控制；2—炉子；
3—温度感敏器；4—样品；
5—参比物；6—炉腔程序控温；
7—记录仪；8—微伏放大器

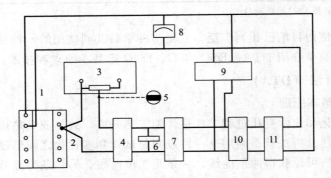

图 3-6-4　温度程序系统线路

1—电炉；2—温控热电偶；3—程序信号发生器；4—微伏放大器；
5—TD-I 电机；6—偏差指示；7—PID 调节；8—电炉指示；
9—炉压反馈电路；10—可控硅触发器；11—可控硅执行元件

（2）差热信号放大单元

差热信号放大器用于放大温差电势，由于记录仪量程为毫伏级，而差热分析中温差信号很小，一般只有几微伏到几十微伏，因此差热信号在输入记录仪前必须经放大，其原理如图 3-6-5 所示。

将差热信号（$\Delta T$）通过斜率调整电路送入由微伏放大器和 5G23 集成电路组成的高增益放大电路，然后经过转换开关送至双笔记录仪，由蓝笔记录差热曲线。

在进行差热分析的过程中，如果升温时试样没有热效应，则温差热电势始终为零，差热曲线为一直线，称为基线。然而由于两个热电偶的热电势和热容量以及坩埚形状、位置等不可能完全对称，在温度变化时仍有不对称电势产生。此电势随温度的升高而变化，造成基线不直。可以用斜率调整线路，选择适当的抽头加以调整，消除不对称电势。斜率调整的方法是将差热放大量程选择开关置于 $100\mu V$，程序升温选择"升温"。升温速率采用 10℃ ·

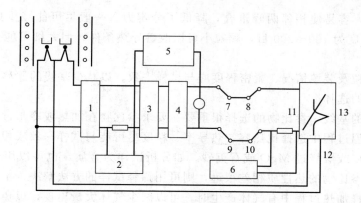

图 3-6-5　差热信号放大器线路
1—斜率调整电路；2—调零电路；3—微伏放大器；4—5G23 集成电路；5—量程转换电路；
6—基线位移电路；7～10—DTA；11—蓝笔；12—红笔；13—记录仪

$min^{-1}$，用移位旋钮使蓝笔处于记录纸中线附近，走纸速度选择 300mm·h$^{-1}$，这时蓝笔所画出的应该是一条直线（坩埚中未放样品和参比物）。在升温过程中如果基线偏离原来的位置，则主要是由于热电偶不对称电势引起基线漂移。待炉温升到 750℃时，（视仪器使用的极限温度而定，如国产的 CRY-1 型差热分析仪的极限温度为 800℃），通过斜率调整旋钮校正到原来位置，基线向右倾斜，旋钮向左调；基线向左倾斜，旋钮向右调，调到基线位置。此外，基线漂移还和样品杆的位置、坩埚位置、坩埚的几何尺寸等因素有关。

　　由于电路元件的特性不可能完全一致，当放大器没有输入信号电压时，输出电压应为零。事实上仍有相当数量的输出电压，这称为初始偏差。此偏差可用调零电路加以消除，其方法是将差热放大器单元量程选择开关置于"短路"位置，转动调零旋钮，使差热指示电表在零位置。如果仪器连续使用，一般不需要每次都调零。

### 3.6.1.3　实验操作条件

　　差热分析操作简单，但在实际工作中往往发现同一试样在不同仪器上测量，或不同的人在同一仪器上测量，所得到的差热曲线结果有差异。峰的最高温度、形状、面积和峰值大小都会发生一定变化。其主要原因是因为热量与许多因素有关，传热情况比较复杂所造成的。一般来说，一是仪器，二是样品。虽然影响因素很多，但只要严格控制操作条件，仍可获得较好的重现性。

　　（1）气氛和压力的选择

　　气氛和压力可以影响样品化学反应和物理变化的平衡温度、峰形。因此，必须根据样品的性质选择适当的气氛和压力，有的样品易氧化，可以通入 $N_2$、Ne 等惰性气体保护。

　　（2）升温速率的影响和选择

　　升温速率不仅影响峰温的位置，而且影响峰面积的大小。一般来说，在较快的升温速率下峰面积变大，峰变尖锐。但是快的升温速率使试样分解偏离平衡条件的程度也大，因而易使基线漂移。更主要的可能导致相邻两个峰重叠，分辨力下降。较慢的升温速率，基线漂移小，使系统接近平衡条件，得到宽而浅的峰，也能使相邻两峰更好地分离，因而分辨力高。但测定时间长，需要仪器的灵敏度高。一般情况下选择 8～12℃·min$^{-1}$ 为宜。

　　（3）试样的处理及用量

试样用量大,容易使相邻两峰重叠,降低了分辨力。一般尽可能减少用量,最多大至 mg。样品的颗粒度为 100～200 目,颗粒小可以改善导热条件,但太细可能会破坏样品的结晶度。

参比物的颗粒及装填情况、紧密程度应与试样一致,以减少基线的漂移。

(4) 参比物的选择

要获得平稳的基线,参比物的选择很重要。要求参比物在加热或冷却过程中不发生任何变化,在整个升温过程中选择比热容、热导率、粒度尽可能与试样一致或相近。

常用 $\alpha$-$Al_2O_3$ 或煅烧过 MgO 或石英砂。如分析试样为金属,也可以用金属镍粉作参比物。如果试样与参比物的热性质相差很远,则可用稀释试样的方法解决,主要是减少反应剧烈程度;如果试样加热过程中有气体产生时,可以减少气体大量出现,以免使试样冲出。选择的稀释剂不能与试样有任何化学反应或催化反应,常用的稀释剂有 SiC、铁粉、$Fe_2O_3$、玻璃珠、$Al_2O_3$ 等。

(5) 纸速的选择

在相同的实验条件下,同一试样若走纸速度快,峰的面积大,但峰的形状平坦,误差小。若走纸速度慢,峰面积小。因此,要根据不同样品选择适当的走纸速度。

不同条件的选择都会影响差热曲线,除上述外还有许多因素,诸如样品管的材料、大小和形状;热电偶的材质,以及热电偶插在试样和参比物中的位置等。市售的差热仪,以上因素都已固定,但自己装配的差热仪就要考虑这些因素。

### 3. 6. 1. 4　DTA 曲线转折点温度和面积的测量

(1) DTA 曲线转折点温度的确定

如图 3-6-6 所示,可以有下列几种方法:①曲线偏离基线点 $T_a$;②曲线的峰值温度 $T_p$;③曲线陡峭部分的切线与基线的交点 $T_{e,o}$(外推始点),其中 $T_{e,o}$ 最为接近热力学的平衡温度。

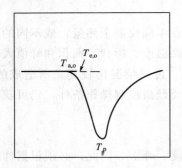

图 3-6-6　DTA 转变温度

(2) DTA 峰面积的确定

一般有三种测量方法:①市售差热分析仪附有积分仪,可以直接读数或自动记录下差热峰的面积;②如果试样差热峰的对称性好,可作等腰三角形处理,用峰高乘以半峰宽(峰高 1/2 处的宽度)的方法求面积;③剪纸称量法,若记录纸质量较高,厚薄均匀,可将差热峰剪下来,在分析天平上称其质量,其数值可以代表峰面积。

## 3. 6. 2　差示扫描量热法 (DSC)

在差热分析测量试样的过程中,当试样发生热效应(熔化、分解、相变等)时,由于试样内的热传导,试样的实际温度已不是程序升温所控制的温度(如在升温时)。由于试样的放热或吸热,促使温度升高或降低,因而进行热量的定量测定是困难的。要获得比较正确的热效应,可采用差示扫描量热法。

### 3. 6. 2. 1　DSC 的基本原理

DSC 和 DTA 的仪器装置相似,所不同的是在试样和参比物的容器下装有二组补偿电热丝,如图 3-6-7 所示。

当试样在加热过程中由于热效应与参比物之间出现 $\Delta T$ 时,通过差热放大电路和差动热

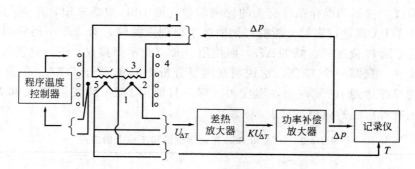

图 3-6-7 功率补偿式 DSC 原理

1—温差热电偶；2—补偿电热丝；3—坩埚；4—电炉；5—控温热电偶

量补偿放大器，使流入补偿电热丝的电流发生变化。当试样吸热时，补偿放大使试样一边的电流增大；当试样放热时，补偿放大则使参比物一边的电流增大，直至两边热量平衡。始终保持 $\Delta T=0$。换句话说，试样在热反应时发生热量变化，由于及时输入电功率而得到补偿。所以实际记录的是试样和参比物下面两只电热补偿的热功率之差，随时间 $t$ 的变化（dH/dt-$t$）。如果升温速率恒定，记录的也就是热功率之差随温度 $T$ 的变化（dH/dt-$T$），见图 3-6-8。其峰面积 $S$ 就是热效应数值：

$$\Delta H = \int \frac{\mathrm{d}H}{\mathrm{d}t}\mathrm{d}t \qquad (3\text{-}6\text{-}1)$$

如果事先用已知相变热的试样标定仪器常数，那待测样品的峰面积 $S$ 乘仪器常数就可得到 $\Delta H$ 的绝对值。仪器常数的标定，可利用测定锡、铅、钢等纯金属的熔化，从其熔化热的文献值即可得到仪器常数。

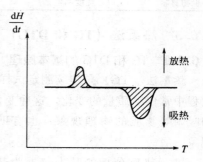

图 3-6-8 差动 DSC 曲线

### 3.6.2.2 DSC 的仪器结构

CDR-1 型差动热分析仪（又称差示扫描量热仪），既可做 DTA，也可做 DSC。其结构与 CRY-1 型差热分析仪结构相似，只增加了差动热补偿单元，其余装置皆相同。其仪器的操作也与 CRY-1 型差热分析仪基本一样，但需注意以下两点。

① 将"差动"、"差热"开关置于"差动"位置，微伏放大器量程开关置于 $\pm100\mu\mathrm{V}$ 处（不论热量补偿的量程选择在哪一挡，在差动测量操作时，微伏放大器量程都放在 $\pm100\mu\mathrm{V}$ 挡）。

② 将热补偿放大单元量程开关放在适当位置。如果无法估计确切的量程，则可放在量程较大的位置，先预做一次。

不论是差热分析仪还是差示扫描仪在使用时，首先确定测量温度，选择何种坩埚，500℃以下用铝坩埚，500℃以上用氧化铝坩埚，还可根据需要选择镍、铂等坩埚。被测的样品如在升温过程中能产生大量气体，或能引起爆炸，或具有腐蚀性的都不能用。

### 3.6.2.3 DTA 和 DSC 应用讨论

DTA 曲线是以 $\Delta T$ 为纵坐标，时间 $t$ 或温度 $T$ 为横坐标，吸热反应峰向下，放热反应峰向上的曲线。DSC 曲线是以 dH/dt 为纵坐标，时间 $t$ 或温度 $T$ 为横坐标。但它们共同的特点是峰的位置、形状和峰的数目与物质的性质有关；故可以定性地用来鉴定物质；而峰面积的大小与反应热焓有关，即 $\Delta H = KS$，式中，$K$ 为仪器常数，$S$ 为峰面积。对 DTA 曲线来说，是与温度、仪器和操作条件有关的比例常数。而 DSC 曲线来说，$K$ 是与温度无关的比例常数。用 DTA 仪进行定量分析时，如曲线中出现重叠峰，对每个不同峰面积计算总的 $\Delta H$ 时，采用不同 $K$ 值计算各峰的 $\Delta H$。而使用 DSC（差示扫描仪）进行定量分析时，由于 $K$ 不随温度变化，只需一个 $K$ 值。这说明在定量分析中 DSC 优于 DTA。但是，目前 DSC 仪测定的温度只能达到 700℃ 左右，温度再高时，只能用 DTA 装置。DTA 和 DSC 在化学领域和工业上有着广泛的应用，见表 3-6-2。

**表 3-6-2　DTA 和 DSC 在化学领域和工业上的应用**

| 材　　料 | 研究的类型 | 材　　料 | 研究的类型 |
|---|---|---|---|
| 催化剂 | 相组成,分解反应,催化剂鉴定 | 金属和非金属氧化物 | 反应热 |
| 聚合材料 | 相图,玻璃化转变,降解,熔化和结晶 | 煤和褐煤 | 聚合热 |
| 脂和油 | 固相反应 | 木材和有关物质 | 升华热 |
| 润滑脂 | 反应动力学 | 天然产物 | 转变热 |
| 配位化合物 | 脱水反应 | 有机物 | 脱溶剂化反应 |
| 碳水化合物 | 辐射损伤 | 黏土和矿物 | 脱溶剂化反应 |
| 氨基酸和蛋白质 | 催化剂 | 金和合金 | 固-气反应 |
| 金属盐水合物 | 吸附热 | 铁磁性材料 | 居里点测定 |
| 土壤 | 固化点测定 | 生物材料 | 热稳定性 |
| 液晶材料 | 转变热 | | 氧化稳定性 |
| 生物材料 | 纯度测定 | | 玻璃化温度 |

## 3.6.3　热重法（TG 和 DTG）

### 3.6.3.1　TG 和 DTG 的基本原理

热重法（TG）是连续测定试样受热反应而产生质量变化的一种方法。许多物质在加热过程中常伴随质量的变化，这种变化过程有助于研究晶体性质的变化，如熔化、蒸发、升华和吸附等物质的物理现象；也有助于研究物质的脱水、解离、氧化、还原等物质的化学现象。

进行热重分析的基本仪器为热天平。热天平一般包括天平、炉子、程序控温系统、记录系统等几个部分。有的热天平还配有通入气氛或真空装置。典型的热天平简单示意如图 3-6-9 所示。除热天平外，还有弹簧秤。目前国内还生产 TG、DTG 联用的示差天平。

通常热重分析法分为两大类：静态法和动态法。静态法是等压质量变化的测定，是指一物质的挥发性产物在恒定分压下，物质平衡与温度 $T$ 的函数关系。以失重为纵坐标，温度 $T$ 为横坐标作等压质量变化曲线。等温质量变化的测定是指一物质在恒温下，物质质量变化与时间 $t$ 的依赖关系，以质量变化为纵坐标，以时间为横坐标，获得等温质量变化曲线。动态法是在程序升温的情况下，测量物质的质量变化对时间的函数关系。

以质量的变化数值对时间 $t$ 或温度 $T$ 作图，得热重曲线（TG 曲线），如图 3-6-10（a）所示的曲线。若以物质的质量变化速率 $\dfrac{dm}{dt}$ 对温度 $T$ 作图，即得微分热重曲线（DTG 曲线），如图 3-6-10（b）所示的曲线。DTG 曲线上的峰代替 TG 曲线上的阶梯，峰面积正比于试样质量。DTG 曲线可以微分 TG 曲线得到，也可以用适当的仪器直接测得，DTG 曲线比 TG 曲线优越，它提高了 TG 曲线的分辨力。

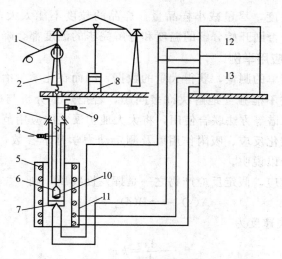

图 3-6-9　热天平原理

1—机械减码；2—吊挂系统；3—密封圈；4—出气口；5—加热丝；

6—样品盘；7—热电偶；8—光学读数；9—进气口；10—样品；

11—罐装电阻炉；12—温度读数表；13—温控加热单元

### 3.6.3.2　热重分析法的仪器结构和操作

（1）JRT-1 型简易热天平的结构

热天平由万分之一精度的减码天平、管式电阻炉、气路装置、温度控制单元和温度读数装置等主要部件组成，其结构原理如图 3-6-9 所示。

（2）仪器操作

① 调整天平空载平衡点。

② 将坩埚放在天平秤盘上称量，记下质量数值，然后装上样品称量。

③ 将加热电炉降至最低位置，取下石英玻璃管，把天平大秤盘内的坩埚和样品移至铂金小秤盘内。

④ 安装好石英玻璃管，并使玻璃管对准炉膛，将炉子升起，并拧紧固定螺丝。

⑤ 开冷却水，并根据实验需要通入一定的气氛。

⑥ 按照实验所要求的升温速率升温。

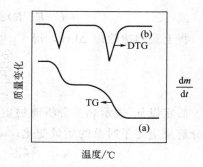

图 3-6-10　TG 曲线和 DTG 曲线

⑦ 在升温过程中，定时记录质量变化值和温度变化值。

⑧ 实验结束后，切断电炉电源，当温度指示低于 100℃时再切断冷却水。

（3）影响热重分析的因素

热重分析的实验结果受到许多因素的影响，基本可分两类：一是仪器因素，包括升温速率、炉内气氛、炉子的几何形状、坩埚的材料等；二是样品因素，包括样品的质量、粒度、装样的紧密程度、样品的导热性等。

在 TG 的测定中，升温速率增大会使样品分解温度明显升高。如升温太快，试样来不及达到平衡，会使反应各阶段分不开。合适的升温速率为 $5\sim10℃\cdot min^{-1}$。

样品在升温过程中，往往会有吸热或放热现象，这样使温度偏离线性程序升温，从而改变了 TG 曲线的位置。样品量越大，这种影响越大。对于受热产生气体的样品，样品量越大，气体越不易扩散。再则，样品量大时，样品内温度也大，将影响 TG 曲线位置。总之实

143

验时应根据天平的灵敏度，尽量减小样品量。样品的粒度不能太大，否则将影响热量的传递；粒度也不能太小，否则开始分解的温度和分解完毕的温度都会降低。

### 3.6.3.3　热重分析的应用举例

热重分析可以用简单的测量，获得大量的数据，因而在化学、冶金、地质和生物学等方面有着广泛应用。但它不能独立地解决许多问题，若把热重分析与磁性质、红外光谱、质谱、X 衍射、穆斯鲍尔谱等方法联合使用，将大大地扩展它的应用范围。在化学上还可以用来研究热化学反应、催化反应、吸附作用以及测定动力学基本参数，进而研究反应机理等。现以反应活化能为例予以说明。

某一固体热分解反应，假定反应产物之一是挥发性物质，则

$$A(s) \longrightarrow B(s) + C(g)$$

反应物质 A 的消失速度为

$$-\frac{dx}{dt} = kx^n \tag{3-6-2}$$

式中，$x$ 为 $t$ 时 A 的浓度，$mol \cdot L^{-1}$；$k$ 为速率常数；$n$ 为反应级数。

将阿仑尼乌斯（Arrhenius）方程 $k = Ae^{-E_a/RT}$ 代入式（3-6-2），则得

$$Ae^{-E_a/RT} = -\frac{dx}{dt}\frac{1}{x^n} \tag{3-6-3}$$

式中，$A$ 为频率因子；$E_a$ 为活化能；$T$ 为热力学温度；$R$ 为气体常数。

对式（3-6-3）的对数形式微分，然后积分，得

$$-E_a(dT/RT^2) = d\ln(-dx/dt) - nd\ln x \tag{3-6-4}$$

或

$$(-E_a/R)\Delta(1/T) = \Delta\ln(-dx/dt) - n\Delta\ln x \tag{3-6-5}$$

将上式两边除以 $\Delta\ln x$，得

$$\frac{-\dfrac{E_a}{R}\Delta\left(\dfrac{1}{T}\right)}{\Delta\ln x} = \frac{\Delta\ln\left(-\dfrac{dx}{dt}\right)}{\Delta\ln x} - n \tag{3-6-6}$$

假定以 $n_0$ 表示热重分析前物质 A 的物质的量；$n_t$ 是时间 $t$ 时 A 的物质的量；$m_c$ 是热重分解反应终了时总的质量变化；$m$ 是时间 $t$ 的质量变化，根据物质的量和质量的关系：

$$-dn_t/dt = (-n_0/m_c)(dm/dt) \tag{3-6-7}$$

$$m_r = m_c - m \tag{3-6-8}$$

将式（3-6-7）和式（3-6-8）代入式（3-6-6），得：

$$-\frac{\dfrac{E_a}{2.303R}\Delta\left(\dfrac{1}{T}\right)}{\Delta\ln m_r} = \frac{\Delta\lg\left(\dfrac{dm}{dt}\right)}{\Delta\lg m_r} - n \tag{3-6-9}$$

式中，$\Delta\left(\dfrac{1}{T}\right)$ 为 TG 曲线上所取点之间 $1/T$ 之差；$m_r$ 为 TG 曲线上所取点之间失重差值；$dm/dt$ 为 TG 曲线上所取各点的切线斜率。

如果也以 $\Delta\lg(dm/dt)/\Delta\lg m_r$-$\Delta(1/T)/\Delta\lg m_r$ 作图，由直线斜率可得活化能 $E_a$，由截距可确定反应级数。

上述方法是 Freeman 和 Carroll 研究 $CaC_2O_4 \cdot H_2O$ 热分解反应提出来的，目前已有许多分解反应根据此法研究。最好是将 TG 法和 DTA 法并用。

# 3.7 气相色谱实验技术及仪器的使用

色谱法是近代分析化学领域中的一种分离分析方法。色谱法的基本原理是使混合物中各组分在两相间进行分配，其中一相是不动的，称为固定相；另一相是推动混合物经过固定相的气体或液体，称为流动相。当流动相携带混合物经过固定相时，即与固定相发生相互作用。由于各组分的结构性质（溶解度、极性、蒸气压、吸附能力）不同，这种相互作用便有强弱的差异。

因此，在同一推动力作用下不同组分在固定相中的滞留时间不同，从而按先后不同的次序从装有固定相的柱中流出，再经检测和记录便可作出定性或定量分析。

气相色谱法是色谱法中的一类。气相色谱的特点是以气体作为流动相，而固定相可以是固体或液体。如固定相为固体，称为气固色谱；如固定相为液体，则称为气液色谱。近几十年来，由于理论和技术日臻完善，气相色谱法有了迅速的发展。同时由于气相色谱法具有高选择性、高效能、高灵敏度、分析速度快和样品用量少等特点，它在科学研究和生产实际中的应用甚广。近 20 年来，气相色谱法在物理化学中的应用越来越多，已发展成为一种物化色谱法的专门研究方法。概括起来，物化色谱法的内容有下述几类。

① 各种热力学参数，如潜热、沸点、蒸气压、相变点、气体第二维利系数、分配系数、活度系数、熵变和熵变、吸附热等的测定。

② 动力学和传质参数如反应速率常数、反应活化能、频率因子、脱附活化能、扩散系数等的测定以及反应机理研究等。

③ 吸附剂、催化剂的宏观性质、吸附性能的研究如测定比表面、孔径分布、吸附等温线等，以及催化剂活性中心性质和反应性能的研究。

## 3.7.1 气相色谱仪的工作流程

气相色谱仪的气路一般有单柱单气路和双柱双气路两种。单柱单气路流程如图 3-7-1 所

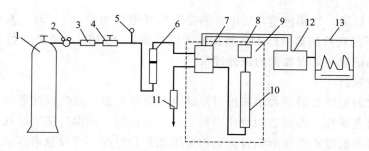

图 3-7-1 气相色谱仪单气路流程

1—高压气瓶（载气源）；2—减压阀；3—净化器；4—稳压阀；5—压力表；
6—转子流量计；7—检测器；8—气化室；9—色谱恒温室；10—色谱柱；
11—皂膜流量计；12—检测器桥路；13—记录仪

示。双柱双气路与单柱单气路的不同之处是，载气经压力表和稳压阀后分成两路，分别经微调阀、流速计、气化室和色谱柱，最后进入检测器。双柱双气路的优点是可补偿、变温和高温条件下固定相流失而产生的不稳定，减少由于载气流速不稳定对检测器产生的噪声，因此特别适合程序升温和痕量分析。

气相色谱仪主要由下述几部分组成。

（1）流动相

气相色谱的流动相即为载气，其作用是携带样品通过色谱柱和检测器，最后放空。载气一般装于高压钢瓶，经减压、净化、稳压稳流和流速调节后进入色谱柱。载气种类主要有氢、氮、氦、氩和二氧化碳等气体，可根据检测器、色谱柱及分析要求选用相应载气。

（2）进样系统

进样系统的作用是将气体或液体（若样品为固体，可配成溶液）样品定量快速地送进流动相，从而被流动相带入色谱柱进行分离。气体样品可用微量注射器或由六通阀定量进样。液体样品则采用微量注射器将其注入气化器内，样品瞬间完成气化并被载汽带入色谱柱。

（3）固定相及色谱柱

气相色谱的固定相可按其在色谱条件下的物理状态分为固体固定相和液体固定相两大类，由此构成气固吸附色谱和气液分配色谱。气固吸附色谱的固定相是固体吸附剂，如活性炭、硅胶、氧化铝、分子筛和有机聚合高分子微球。气液分配色谱的固定相是高沸点的化合物，它可直接涂布于柱管内壁或可先涂布于惰性载体表面后再装入柱管，称为固定液。固定液有甘油、硅油、液体石蜡和聚酯类物质。固定相的作用是将混合物中各组分分离，在色谱技术中起决定性的作用。

固定相和柱管组成色谱柱。柱管通常用不锈钢或玻璃制成。将固体吸附剂或涂布有固定液的颗粒载体均匀而紧密地填装于柱管内而成的色谱柱称为填充柱。将固定液直接涂布于细长的毛细管内壁上而成的色谱柱称为开管柱（柱管中心是空的）。填充柱方便，允许样品量大。开管柱渗透性好，传质阻力小，分离效能高，分析速度快，但允许样品量很小。对于易受金属表面影响而发生催化、分解的样品，应采用玻璃柱管。

（4）检测器及记录仪

气相色谱检测器用于检测柱后流出物成分和浓度的变化，并以电压信号或电流信号输入记录仪。记录仪的作用是将信号放大并在纸上记录下色谱图，有的记录仪可同时打印出数据。

检测器种类较多，气相色谱常用的检测器有热导池检测器（TCD）、氢火焰离子化检测器（FID）、电子捕获检测器（ECD）和火焰光度检测器（FPD）。新型的色谱仪检测器后一般都接有能自动记录与处理数据的微处理机。

（5）温度控制器

现代色谱仪的温度控制器大都采用可控硅电子线路控温，此类温控器控温精度较高。温度控制器用于对色谱柱、检测器和汽化器等处的温度控制。柱温直接影响柱的分离选择性和柱效，而检测器的温度则直接影响检测器的灵敏度和稳定性，所以色谱仪必须有足够的控温精度。控温方式有恒温和程序升温两种。

## 3.7.2　气相色谱法的基本原理

气相色谱法是一种以气体为流动相，采用冲洗法的柱色谱分离技术。由于样品中各组色谱柱中的吸附能力或溶解度不同，或者说各组分在色谱柱中流动相和固定相的分配系数且在两相中的吸附或溶解平衡常数不同，它们经过色谱柱后就被分离出来。

对于气固色谱，组分的分配系数 $K$ 为

$$K = \frac{单位面积吸附表面吸附组分的量}{单位体积流动相中组分的量} \qquad (3\text{-}7\text{-}1)$$

对于气液色谱，组分的分配系数 $K$ 为

$$K = \frac{\text{单位体积固定液中组分的量}}{\text{单位体积流动相中组分的量}} \qquad (3\text{-}7\text{-}2)$$

在一定条件下，每个组分对于某一对固定相和流动相的分配系数一定，这是由其自身性质决定的。如两组分的 $K$ 值相差越小，它们在色谱柱中就越难分离；如它们的 $K$ 值相差越大，则分离效果越好。相对而言，$K$ 值小的组分在色谱柱中滞留的时间短，而 $K$ 值大的组分则滞留时间长。分配系数 $K$ 值的差异是分离的依据，而 $K$ 值差异的大小是分离效果的决定因素。

在气固色谱的分离过程中，载气以一定流速携带着样品流入色谱柱，各组分在柱中的固定相和流动相间反复多次进行着吸附-解吸分配过程。由于各组分的分配系数 $K$ 值不同，$K$ 值大的组分被固定相吸附较强而随载气流移动的速度较慢，$K$ 值小的组分被固定相吸附较弱而随载气流移动速度较快。经过一定长度的色谱柱后，样品中各组分便被分离开来，依次流出色谱柱并被检测器检测，由记录仪记录下色谱图。

在气液色谱的分离过程中，载气将样品带入色谱柱后，各组分便开始在固定液和流动相间反复多次进行着溶解-解析分配过程。由于各组分的分配系数 $K$ 值不同，$K$ 值大的组分在固定液中的溶解度大而随载气流移动的速度慢，$K$ 值小的组分在固定液中溶解度小而随载气流移动的速度快。当经过足够长的色谱柱后，各组分彼此分离并依次流出色谱柱，随后被检测和记录下来。

在色谱柱内，各组分的吸附-脱附或溶解-解析的分配过程往往进行成千上万次，所以即使各组分的 $K$ 值相差微小，经足够次数的分配过程后终能彼此分离。

### 3.7.3　定性分析和定量分析

#### 3.7.3.1　色谱流出曲线及有关术语

色谱定性分析和定量分析是根据色谱流出曲线图中反映出的各色谱峰的保留值和相对峰面积或峰高数据来实现的。典型的色谱流出曲线见图 3-7-2。图中每一个色谱峰对应于一个组分。在一定的色谱条件下，峰的位置与对应的组分的性质有关，而峰面积或峰高与对应组分的质量或浓度有关。

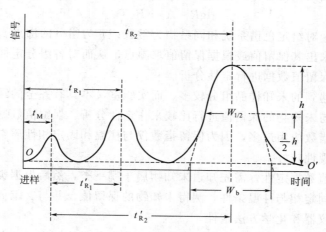

图 3-7-2　色谱流出曲线

① 基线　在实验条件下，当只有纯流动相通过检测器时所得到的信号-时间曲线（见图

3-7-2 中 $OO'$ 线）。

　　② 死时间（$t_M$）　从进样开始到非滞留组分色谱峰顶的时间。

　　③ 保留时间（$t_R$）　从进样开始到组分色谱峰顶的时间。

　　④ 调整保留时间（$t'_R$）　$t'_R = t_R - t_M$。

　　⑤ 峰高（$h$）　色谱峰顶到基线的垂直距离。

　　⑥ 峰宽（$W_b$）　也称基线宽度。从峰两侧拐点作切线，两切线与基线的截距。

　　⑦ 半峰宽（$W_{1/2}$）　色谱峰高一半处的宽度。

### 3.7.3.2　定性分析

　　通过色谱方法确定被分析组分为何物质即为色谱定性分析。对一个样品作色谱定性分析前，如能预先知道其可能含有的组分，则可有针对性地选择固定相。如样品组分复杂，则宜在分析前对样品作适当的处理。

　　气相色谱定性分析通常采用下述方法。

　　(1) 与已知纯物质对照进行定性分析

　　保留值是表示组分通过色谱柱时被固定相保留在色谱柱内的程度。表示组分在柱内停留的时间称为保留时间。表示将组分洗脱出色谱柱所需载气的体积称为保留体积。在一定的色谱条件下，每个化合物都有其确定的保留值，可将保留值作为化合物的定性指标。在相同的色谱条件下，如样品中未知组分的保留值与纯物质的保留值一致，即可确定该组分为何物质，这是主要的定性方法，常用于对组成简单的样品的定性分析。

　　(2) 利用保留值经验规律进行定性分析

　　实验结果表明，在一定的温度下，同系物的保留值的对数与组分分子中的碳原子数间有线性关系：

$$\lg R = A_1 + B_1 n \tag{3-7-3}$$

　　式中，$R$ 为保留值；$A_1$、$B_1$ 对给定色谱系统和同系物是常数；$n$ 为分子中碳原子数。当知道了某一同系物中几个物质的保留值后，就可以由式（3-7-3）作出 $\lg R$-$n$ 关系图，根据未知物的 $R$ 值从图中找出 $n$，从而对其定性。

　　此外，同系物或同族化合物的保留值的对数与其沸点呈线性关系：

$$\lg R = A_2 + B_2 T \tag{3-7-4}$$

　　式中，$A_2$ 和 $B_2$ 对给定色谱系统和同系物为常数；$T$ 为组分的沸点。根据这个规律，可按同族化合物沸点求出其保留值或根据保留值求沸点，从而对各组分定性。

　　(3) 利用文献保留值数据进行定性分析

　　如实际工作中遇到的未知样品组分较多，而实验室又不具有齐全的纯物质时，常可用已知物的文献保留值与未知物的保留值进行比较来作定性分析。保留值数据有相对保留值和保留指数。其中保留指数应用最多，因为保留指数仅与柱温和固定相性质有关，与其他色谱条件无关，其实验重现性较好。

　　利用文献保留值数据定性，需先知道未知物属于哪一类，然后根据类别查找文献中规定分离该类物质所需固定相与柱温条件，测得未知物的保留值，并与文献值对照。

　　(4) 利用其他仪器和化学方法定性

　　现代色谱仪备有样品收集系统，可以很方便地收集色谱柱分离出的各组分，然后再用其他仪器或化学方法定性。其中色质联用最有效。色谱分离后的组分进入质谱仪检测，可以得到有关组分的元素组成、分子量和分子碎片的结构等信息。

### 3. 7. 3. 3 定量分析

在一定的色谱操作条件下，通过检测器的组分 $i$ 的质量（$m_i$）或浓度（$c_i$）与检测器上产生的信号（色谱图上表现为峰高 $h_i$ 或峰面积 $A_i$）呈正比关系：

$$m_i = f_i A_i \quad （\text{或} \ m_i = f_i h_i）\tag{3-7-5}$$

在实际定量分析工作中，除了需要一张各组分获得良好分离的色谱图外，还需要准确测定峰高或峰面积，准确求出定量校正因子和正确选用定量计算方法。

（1）峰高的测量

从色谱图的基线到峰顶点的垂直距离即为峰高。如基线漂移，则由峰的起点到终点作校正线，峰顶点到校正线的垂直距离则为峰高，如图 3-7-3(a)所示。峰高很少受相邻峰部分交叠的影响，因此它测量的准确度高于峰面积测量的准确度，在痕量定量分析中多采用峰高。

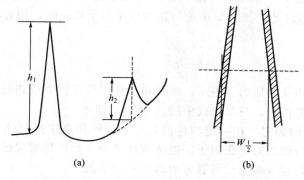

图 3-7-3 峰高(a)和半峰宽(b)的测量

（2）峰面积的测量

① 峰高乘半峰宽法 当色谱为对称峰时，可视其为一个等腰三角形，峰面积为

$$A = h W_{1/2} \tag{3-7-6}$$

半峰宽 $W_{1/2}$ 的测量如图 3-7-3（b）所示。

② 峰高乘保留时间法 对于同系物，组分保留时间 $t_R$ 近似地认为与半峰宽 $W_{1/2}$ 呈正比，即有

$$A = h b t_R \tag{3-7-7}$$

式中，比例常数 $b$ 在定量分析计算时可消去。该法对于测量窄峰及交叠峰比半峰宽法误差要小。

③ 剪纸称重法 对于不对称或分离不完全的色谱峰，如记录纸厚薄均匀，可将峰剪下称量，用峰质量进行定量计算。

④ 求积仪法 求积仪是手工测量峰面积的仪器。该法测量准确度取决于求积仪的精度和操作者的熟练程度。

⑤ 数字积分仪和计算机 能自动测量峰面积，自动处理数据并打印出定量分析结果。

（3）定量校正因子

实验表明，等量的同种物质在不同的检测器上有不同的响应信号，而等量的不同物质在同一检测器上产生的响应信号大小也不一样。为了对样品中各组分进行定量计算，就必须对响应值进行校正，即引入定量校正因子。

① 定量校正因子的表示方法

　　a. 绝对校正因子（$f_i$）。绝对校正因子指某组分 $i$ 通过检测器的量与检测器对该组分的响应信号之比

$$f_i = m_i / A_i \qquad (3\text{-}7\text{-}8)$$

　　绝对校正因子 $f_i$ 随色谱操作条件而变，因此，其应用受到一定限制，故在定量分析工作中常采用相对校正因子或相对响应值。

　　b. 相对校正因子（$f_i'$）　相对校正因子是组分 $i$ 与基准物 s 的绝对校正因子之比

$$f_i'(m) = \frac{f_i}{f_s} = \frac{A_s m_i}{A_i m_s} \qquad (3\text{-}7\text{-}9)$$

　　式中，$f_i'(m)$ 为相对质量校正因子；$f_s$ 为基准物 s 的绝对校正因子；$A_s$、$m_s$ 分别为基准物的峰面积和通过检测器的质量。

　　c. 相对响应值（$S_i'$）　　相对响应值又称相对应答值、相对灵敏度等，是指组分 $i$ 其等质量的基准物 s 响应值之比。当计量单位与相对校正因子相同时，相对响应值与相对校正因子的关系如下：

$$S_i'(m) = \frac{1}{f_i'(m)} \qquad (3\text{-}7\text{-}10)$$

　　如物质的量用体积或物质的量表示，则有相对体积校正因子或相对摩尔校正因子。峰高亦可作定量校正因子的依据，只要将式中的 $A$ 换成 $h$ 即可。

　　② 定量校正因子的测定　在一定的色谱条件下，单独测定待测纯组分，从测定量与响应信号就可求得该组分的绝对校正因子。将待测纯组分和标准物配成已知比例的混合试样进行测定，由二者的混合量及响应信号就可求得相对校正因子。

　　定量校正因子的测定条件最好与分析样品时的测定条件相近。

　　对于同一种检测器，相对校正因子在不同的实验室具有通用性，因此一般情况下可以从手册上查到。

　　(4) 分析计算方法

　　常用的色谱定量分析计算方法有以下几种。

　　① 归一化法　如样品中各组分能完全分离且色谱图上相应的各峰均可测量，同时又知道了各组分的定量校正因子，就可用归一化法求出组分 $i$ 的含量 $w_i$，使用相对质量校正因子，计算公式为

$$
\begin{aligned}
w_i &= \frac{m_i}{m_1 + m_2 + \cdots + m_n} \times 100\% \\
&= \frac{A_i f_i'(m)}{A_1 f_1'(m) + A_2 f_2'(m) + \cdots + A_n f_n'(m)} \times 100\%
\end{aligned} \qquad (3\text{-}7\text{-}11)
$$

　　如各组分相对校正因子相近，可近似由下式求 $p_i$。

$$w_i = \frac{A_i}{\sum\limits_{i=1}^{n} A_i} \times 100\% \qquad (3\text{-}7\text{-}12)$$

　　归一化法不必定量进样，分离条件在一定范围内变化时对定量结果准确度影响较小，计算也较简单，可用于多组分混合物的常规分析。

　　② 内标法　当样品中所有组分不能在色谱图上全部出峰或仅需分析样品中某几个组分时，可采用内标法。该法选择一种样品中不包含的纯物质加入待分析的样品中，该纯物质即为内标物。要求内标物在同样的色谱条件下出峰，并且在色谱图上的位置最好处于几个待测组分中间。测定它们的峰面积和相对质量校正因子即可由下式求出欲测组分的含量。

$$w_i = \frac{A_i f_i'(m)}{A_s f_s'(m)} \times \frac{m_s}{m} \times 100\% \qquad (3\text{-}7\text{-}13)$$

式中，$m_s$ 为内标物的质量；$m$ 为样品质量，$A_s$、$f_s'(m)$ 分别为内标物的峰面积和相对质量校正因子。

若内标物就是测定相对质量校正因子的基准物，即 $f_s'(m)=1$，得

$$w_i = \frac{A_i f_i'(m)}{A_s} \times \frac{m_s}{m} \times 100\% \qquad (3\text{-}7\text{-}14)$$

内标法要求准确称量较费时，在常规分析中不方便。但该法准确性较好，科研工作中普遍采用。

③ 外标法　如欲测定样品中组分 $i$ 的含量，可用纯 $i$ 配成已知浓度的标准样，在同样的色谱条件下，准确定量进样分析标准样和样品。根据组分量与相应峰面积或峰高呈线性关系，则在标样和未知样进样量相等时，可由下式计算组分 $i$ 的含量。

$$w_i = \frac{A_i}{A_{is}} \times w_{is} \qquad (3\text{-}7\text{-}15)$$

式中，$w_{is}$ 为标样中组分 $i$ 的含量；$A_{is}$ 为标样中组分 $i$ 的峰面积。

在应用上也可用纯组分配制一系列不同浓度的标准样并定量进样分析，绘制出组分含量与峰面积（或峰高）的关系曲线。在相同的操作条件下测定未知样，根据组分的峰面积（或峰高）就可从曲线上求出其含量。

此法较方便，只要待测组分能分离出峰就行。但该法对色谱条件稳定性及进样精度要求严格，否则会影响定量分析的准确度。

## 3.7.4　操作技术

（1）载气的选择和净化

气相色谱常用载气有氢气和氮气。使用热导池检测器时，优先选用热导率大的氢气，除非要分析氢气时才选用氮气。使用其他检测器时一般选用氮气。氦气虽有其独特的优点，但因国内气源缺，成本高，一般很少应用。特殊用途需要时用氩气或二氧化碳气体。

不同的检测器、各种色谱柱和不同的分析对象，对载气纯度要求不同，净化方法亦有差异。载气在进入色谱仪前经过净化，净化的目的是去水、去氧和去总烃。

去水剂一般选用硅胶和 5A 分子筛，使用前均需在合适温度下活化，然后装入净化管并串联使用。除氧剂常用活性铜催化剂或 105 钯催化剂。而除总烃采用 5A 分子筛是较好的方法。

各类净化剂均应在失效前及时活化或更换。

（2）载体选择

市售载体在使用前应过筛，以除去过细的颗粒和粉末。否则，填充入柱后，会使柱的阻力过高，造成柱内流量不均匀。一般选用的载体颗粒为 60～80 目（见表 3-7-1）。采用短柱，可选用 80～100 目。对球形载体，可选用 80～100 目或更细（100～120 目）。

（3）固定液的选择

实际工作中遇到的样品千变万化，样品中组分的性质可能相似，也可能差异很大，因此固定液的选择尚无严格规律可循。一般按"相似性原则"选择。所谓相似性原则，就是使所选择的固定液与组分间有某些相似性，如官能团、化学键、极性等，使两者之间的作用力增大，从而有较大的分配系数，实现良好的分离。

表 3-7-1　常用的载体及应用范围

| 样　品 | 选用硅藻土载体 | 固　定　液 | 备　注 |
|---|---|---|---|
| 非极性 | 未经处理载体 | 非极性 | |
| 极性 | 酸、碱洗或经硅烷化处 | 非极性 | 样品为酸性时,选用酸洗载体;碱性时,选用碱洗载体 |
| 极性及非极性 | 硅烷化载体 | 极性或非极性,含量＜5％（质量分数） | |
| 极性及非极性 | 酸洗载体 | 弱极性 | |
| 极性及非极性 | 硅烷化载体 | 弱极性,含量＜5％（质量分数） | |
| 极性及非极性 | 酸洗载体 | 极性 | |
| 化学稳定性低者 | 硅烷化载体 | 极性 | 对化学活性和极性持强的样品,可选用聚四氟乙烯等特殊载体 |

① 对非极性组分，一般选用非极性固定液。此时，分子间作用力为色散力，无特殊选择性，组分的分配系数大小主要由它们的蒸气压决定。分离次序将按沸点增加的次序。

② 对中等极性组分，一般选用中等极性固定液。当分子结构决定了组分与固定液分子间的作用力大小，而组分沸点有较大差别，这时基本上按沸点顺序分离。若组分沸点近似，而组分与固定液分子间的作用力有足够的差别，此时按作用力顺序出峰，作用力小的先出峰。

③ 对强极性组分，选用强极性固定液。对于能生成氢键的组分，选用氢键型固定液。此时分子间作用力起决定作用，组分按极性增加的次序出峰。同时含极性和非极性组分时，一般是非极性组分先出峰，除非它的沸点远高于极性组分。

（4）固定液配比的选择

固定液配比（固定液质量/载体质量）与样品性质有关。高配比有利于分离，但组分保留时间延长，谱带展宽，低配比有利于快速分析，谱带狭窄，但分离度下降，若要改进分离度，就得增加柱长。

对于高沸点化合物，最好使用低配比柱。因为高沸点化合物的分配系数大，保留时间长，谱带展宽严重。采用低配比柱可以使用较低柱温，这给多种固定液的选择创造了条件。对于气体或低沸点化合物，宜采用高配比柱，因为这些样品的分配系数小，只有通过增加固定液的量来增加分配比，以改进分离。若样品沸点范围宽，宜使用高配比柱，且在较高柱温下操作，或采用程序升温，载体比表面大，配比可高些；比表面小，配比应低些，以使固定液膜厚度合适。

合适的配比应在 3％～20％ 范围内通过试验确定。

（5）固定液的涂布

涂布固定液时要求做到：①均匀分布；②避免载体颗粒破碎；③避免结块。其目的是为了减少传质阻力，提高柱效。

涂布固定液时，选好合适的溶剂，按配比称取固定液，将其溶于溶剂中，若有不溶残渣应滤去，溶液量以正好能浸没载体为宜。再将按配比称量的载体慢慢倒入固定液溶液中，使所有颗粒润湿，最后用薄膜蒸发器使溶剂蒸发至干。

（6）柱的填装

填装一般采用泵抽法，在柱一端塞上少许玻璃棉，裹上数层纱布，将柱端插入真空泵抽气橡皮管，在柱另一端接上漏斗，在抽气情况下不断从漏斗上加入固定相，同时轻轻敲打柱管，以使填充均匀、紧密，防止形成空隙。当固定相加至不再下沉时，移去漏斗，在此柱端也塞上少许玻璃棉。两端玻璃棉不宜过多，以防对痕量组分的吸附。

（7）柱的老化

将柱接入色谱仪，但柱出口暂不与检测器相连，以防止老化过程从柱内带出的杂质污染检测器。填充固定相时接漏斗的柱端应作为载气入口柱端，否则固定相会在载气压力下，向填装松散的一端移动而产生空隙，使柱效下降。

在高于操作温度下，通入载气，将柱子加热数小时，甚至过夜，这一过程称为柱的老化。老化的目的是去除残余溶剂及固定液中的杂质，并使固定液膜在呈液体状态下更趋均匀。老化时升温宜缓慢，最好从室温升至老化温度在数小时内完成。老化完毕，将载气出口柱端与检测器连接。选定各项色谱条件，并待基线平直后即可进样分析。

（8）进样

色谱分析要求瞬间进样，操作方式常用注射器进样。对于气样，用 $0.25\sim10mL$ 医用注射器；对于液样，用 $0.5\sim50\mu L$ 微量注射器。进样量视样品浓度和固定液的量而定。一般气样为 $0.2\sim10mL$，液样为 $0.1\sim10\mu L$。

进样时应注意以下几点。

① 抽取气样时，应使气样袋或装气样的容器内的气体呈正压，此正压使注射器针芯推至刻度以上，然后拔出注射器，调节针芯至刻度处。进样时，应用食指给针芯一个横向的力，以防柱内压力将针芯顶出。

② 对于液体样品，气化室温度要足够高。汽化温度一般比柱温高 $30\sim70℃$，以保证样品瞬时汽化，使组分蒸气集中在最小的载气体积中，从而使谱带初始宽度压缩至最低限度。从理论上讲，气化温度高有利，但对某些热稳定性差的样品，应采用较低气化温度，并同时减少样品量。

③ 用微量注射器抽取液样时，应先在样品中抽提数次，然后慢慢上提至刻度，停留片刻再将其拿出，擦干针尖外的残留液样。注意切忌将针芯抽出针管外，否则无法再将其送入针管。

④ 应把注射器插到底，然后迅速推动针芯进样。进样速度过慢会使谱带初始宽度增加，妨碍良好的分离。

（9）柱温的选择

柱温对分离的影响比较复杂。降低柱温会增加传质阻力，分子扩散速度减小，固定相的选择性增加，使组分的分配系数增加，保留时间增加。增加柱温的影响正好与上述情况相反。

柱温一般选在样品中组分的平均沸点左右，或更低一些，然后根据分离结果再作进一步调整。对于高沸点（$300\sim400℃$）化合物，一般采用低配比固定液，柱温可选在 $200\sim250℃$。对沸点在 $200\sim300℃$ 之间的化合物，配比在 $5\%\sim10\%$ 之间，柱温可选在 $150\sim200℃$。对沸点在 $100\sim200℃$ 间的化合物，配比在 $10\%\sim15\%$，柱温可选在平均沸点的 2/3 左右。对气体或低沸点化合物，配比在 $10\%\sim25\%$，柱温可选在 $50℃$ 以下。

对于宽沸程的样品，一般采用程序升温。

（10）载气流速的选择

载气流速（一般用线速表示，即 $cm\cdot s^{-1}$）应通过试验来选择。一般先选择一个大致的流速，然后根据分离情况及保留时间的长短再作调整，直至满意。对于氢气，可选在 15～20cm·s⁻¹；对于氮气，可选在 10～12cm·s⁻¹。

求取线速度的方法是：选用空气（对热导池检测器）或甲烷（对氢火焰离子化检测器）作非滞留组分。在实验条件下注入一定体积的空气或甲烷，记下它们的死时间，以柱长除以死时间即求得线速。此线速为载气在柱内流动的平均速度。

（11）样品量

样品量的大小直接关系到谱带的初始线宽。谱带初始线宽越宽，说明分离越不理想。只要检测器灵敏度足够高，样品量越小越有利于获得良好分离。当样品量超过临界样品量时，峰形不再对称，分离情况变坏，影响了保留时间及定量计算的准确性。

（12）柱长

柱长增加 1 倍，分离度增加至 $\sqrt{2}$ 倍，即分离度随柱长的平方根的增加而增加。柱长一般为 0.5～6m。若柱长已较长，但分离结果仍不满意，需要从改进固定相上考虑。

# 第4章　物理化学实验常用数据

## 4.1　法定计量及单位表

表 4-1-1　国际制基本单位（SI）

| 量 | 名　称 | 国际符号 | 中文代号 |
|---|---|---|---|
| 长度 | 米 | m | 米 |
| 质量 | 千克(公斤) | kg | 千克(公斤) |
| 时间 | 秒 | s | 秒 |
| 电流 | 安培 | A | 安 |
| 热力学温度 | 开尔文 | K | 开 |
| 发光强度 | 坎德拉 | cd | 坎 |
| 物质的量 | 摩尔 | mol | 摩 |

表 4-1-2　具有专用名称的国际单位制导出单位

| 量 | 名　称 | 符　号 | 用 SI 制基本单位表示 |
|---|---|---|---|
| 力 | 牛顿 | N | $m \cdot kg \cdot s^{-2}$ |
| 压力、应力 | 帕斯卡 | Pa | $m^{-1} \cdot kg \cdot s^{-2}$ |
| 能、功、热量 | 焦耳 | J | $m^2 \cdot kg \cdot s^{-2}$ |
| 电量、电荷 | 库仑 | C | $s \cdot A$ |
| 功率 | 瓦特 | W | $m^2 \cdot kg \cdot s^{-3}$ |
| 电势、电压、电动势 | 伏特 | V | $m^2 \cdot kg \cdot s^{-3} \cdot A^{-1}$ |
| 电阻 | 欧姆 | Ω | $m^2 \cdot kg \cdot s^{-3} \cdot A^{-2}$ |
| 电导 | 西门子 | S | $m^{-2} \cdot kg^{-1} \cdot s^3 \cdot A^2$ |
| 电容 | 法拉 | F | $m^{-2} \cdot kg^{-1} \cdot s^4 \cdot A^2$ |
| 电感 | 亨利 | H | $m^2 \cdot kg \cdot s^{-2} \cdot A^{-2}$ |
| 频率 | 赫兹 | Hz | $S^{-1}$ |
| 表面张力 | 牛顿每米 | $N \cdot m^{-1}$ | $kg \cdot s^{-2}$ |
| (物质的量)浓度 | 摩尔每立方米 | $mol \cdot m^{-3}$ | |
| 热容、熵 | 焦耳每开尔文 | $J \cdot K^{-1}$ | $m^2 \cdot kg \cdot s^{-2} \cdot K^{-1}$ |
| 黏度 | 帕斯卡秒 | $Pa \cdot s$ | $m^{-1} \cdot kg \cdot s^{-1}$ |

表 4-1-3　压力单位换算

| 牛顿·米$^{-2}$ | 工程大气压 | 标准大气压 | 毫米汞柱 |
|---|---|---|---|
| 1 | $1.02 \times 10^{-5}$ | $0.99 \times 10^{-5}$ | 0.0075 |
| 98067 | 1 | 0.9678 | 735.6 |
| 101325 | 1.033 | 1 | 760 |
| 133.32 | 0.00035 | 0.0132 | 1 |

注：1牛顿·米$^{-2}$=1帕斯卡；1工程大气压=1千克力·厘米$^{-2}$；1巴=$10^5$牛顿·米$^{-2}$；1托=1毫米汞柱。

表 4-1-4　能量单位换算

| 项目 | 尔格 | 焦耳 | 千克力·米 | 千瓦·时 | 千克 | 升·大气压 |
|---|---|---|---|---|---|---|
| 尔格 | 1 | $10^{-7}$ | $0.102\times10^{-7}$ | $27.78\times10^{-15}$ | $23.9\times10^{-12}$ | $9.869\times10^{-10}$ |
| 焦耳 | $10^7$ | 1 | 0.102 | $277.8\times10^{-9}$ | $239\times10^{-6}$ | $9.869\times10^{-3}$ |
| 千克力·米 | $9.807\times10^7$ | 9.807 | 1 | $2.724\times10^{-5}$ | $2.342\times10^{-3}$ | $9.679\times10^{-2}$ |
| 千瓦·时 | $36\times10^{12}$ | $3.6\times10^6$ | $367.1\times10^3$ | 1 | 589.845 | $3.553\times10^4$ |
| 千克 | $41.87\times10^9$ | 4186.8 | 426.935 | $1.163\times10^{-3}$ | 1 | 41.29 |
| 升·大气压 | $1.0133\times10^9$ | 101.3 | 10.33 | $2.814\times10^{-5}$ | $2.4218\times10^{-2}$ | 1 |

注：1 尔格＝1 达因·厘米，1 焦耳＝1 牛顿·米＝1 瓦特·秒。

# 4.2　常用数据表

表 4-2-1　常用元素的相对原子质量

| 原子序 | 名称 | 符号 | 相对原子质量 | 原子序 | 名称 | 符号 | 相对原子质量 |
|---|---|---|---|---|---|---|---|
| 1 | 氢 | H | 1.0079 | 31 | 镓 | Ga | 69.72 |
| 2 | 氦 | He | 4.00260 | 32 | 锗 | Ge | 72.59 |
| 3 | 锂 | Li | 6.941 | 33 | 砷 | As | 74.9216 |
| 4 | 硼 | B | 10.81 | 34 | 硒 | Se | 8.96 |
| 5 | 碳 | C | 12.011 | 35 | 溴 | Br | 79.904 |
| 6 | 氮 | N | 14.0067 | 36 | 氪 | Kr | 83.80 |
| 7 | 氧 | O | 15.9994 | 37 | 锶 | Sr | 87.62 |
| 9 | 氟 | F | 18.99840 | 41 | 铌 | Nb | 2.9064 |
| 10 | 氖 | Ne | 20.179 | 42 | 钼 | Mo | 95.94 |
| 11 | 钠 | Na | 22.98977 | 45 | 铑 | Rh | 102.9055 |
| 12 | 镁 | Mg | 24.305 | 47 | 银 | Ag | 107.868 |
| 13 | 铝 | Al | 26.98154 | 48 | 镉 | Cd | 112.41 |
| 14 | 硅 | Si | 28.0855 | 50 | 锡 | Sn | 118.69 |
| 15 | 磷 | P | 30.97376 | 51 | 锑 | Sb | 121.75 |
| 16 | 硫 | S | 32.06 | 52 | 碲 | Te | 127.60 |
| 17 | 氯 | Cl | 35.453 | 53 | 碘 | I | 126.9045 |
| 18 | 氩 | Ar | 39.948 | 54 | 氙 | Xe | 131.30 |
| 19 | 钾 | K | 39.098 | 56 | 钡 | Ba | 137.33 |
| 20 | 钙 | Ca | 40.08 | 57 | 镧 | La | 138.9055 |
| 22 | 钛 | Ti | 47.90 | 73 | 钽 | Ta | 180.9479 |
| 23 | 钒 | V | 50.9415 | 74 | 钨 | W | 183.85 |
| 24 | 铬 | Cr | 51.996 | 77 | 铱 | Ir | 192.22 |
| 25 | 锰 | Mn | 54.9380 | 78 | 铂 | Pt | 195.09 |
| 26 | 铁 | Fe | 55.847 | 79 | 金 | Au | 196.9665 |
| 27 | 钴 | Co | 58.9332 | 80 | 汞 | Hg | 200.59 |
| 28 | 镍 | Ni | 58.70 | 82 | 铅 | Pb | 207.2 |
| 29 | 铜 | Cu | 63.546 | 88 | 镭 | Ra | 226.0254 |
| 30 | 锌 | Zn | 65.38 | 92 | 铀 | U | 238.029 |

表 4-2-2 常用物理化学常数

| 常数 | 符号 | 量值 | SI 单位制 |
|---|---|---|---|
| 普朗克常数 | $h$ | 6.626196 | $10^{-34}$焦·秒 |
| 阿伏伽德罗常数 | $L$ | 6.022169 | $10^{23}$摩$^{-1}$ |
| 法拉第常数 | $F$ | 96487 | 库·摩$^{-1}$ |
| 玻尔半径 | $d_0$ | 5.2917715 | $10^{-11}$米 |
| 理想气体标准态体积 | $V_0$ | 22.4136 | $\times 10^{-3}$米$^3$·大气压·摩$^{-1}$ |
| 气体常数 | $R$ | 8.31434 | 焦·摩$^{-1}$·开$^{-1}$ |
| 玻耳兹曼常数 | $k$ | 1.380622 | $10^{-23}$焦·开$^{-1}$ |
| 真空中光速 | $c$ | 2.9979250 | $10^8$米·秒$^{-1}$ |
| 电子电荷 | $e$ | 1.6021917 | $10^{-19}$库 |
| 电子静止质量 | $m_e$ | 9.109558 | $10^{-31}$千克 |

表 4-2-3 水的密度/$g \cdot mL^{-1}$

| 温度/℃ | 密度 | 温度/℃ | 密度 |
|---|---|---|---|
| 0 | 0.99987 | 26 | 0.99681 |
| 1 | 0.99993 | 27 | 0.99654 |
| 2 | 0.99997 | 28 | 0.99626 |
| 3 | 0.99999 | 29 | 0.99597 |
| 4 | 1.00000 | 30 | 0.99567 |
| 5 | 0.99999 | 31 | 0.99537 |
| 6 | 0.99997 | 32 | 0.99505 |
| 7 | 0.99993 | 33 | 0.99473 |
| 8 | 0.99988 | 34 | 0.99440 |
| 9 | 0.99981 | 35 | 0.99406 |
| 10 | 0.99973 | 36 | 0.99371 |
| 11 | 0.99963 | 37 | 0.99336 |
| 12 | 0.99952 | 38 | 0.99299 |
| 13 | 0.99940 | 39 | 0.99262 |
| 14 | 0.99927 | 40 | 0.99224 |
| 15 | 0.99913 | 41 | 0.99186 |
| 16 | 0.99897 | 42 | 0.99147 |
| 17 | 0.99880 | 43 | 0.99107 |
| 18 | 0.99862 | 44 | 0.99066 |
| 19 | 0.99843 | 45 | 0.99025 |
| 20 | 0.99823 | 46 | 0.99982 |
| 21 | 0.99802 | 47 | 0.98940 |
| 22 | 0.99780 | 48 | 0.98896 |
| 23 | 0.99756 | 49 | 0.98852 |
| 24 | 0.99732 | 50 | 0.98807 |
| 25 | 0.99707 | | |

注：$1g \cdot mL^{-1} = 1kg \cdot L^{-1}$。

表 4-2-4　常用有机溶剂密度/g·mL⁻¹

| 温度/℃ | 乙醇 | 苯 | 甲苯 |
|---|---|---|---|
| 5 | 0.80207 | — | — |
| 6 | 0.80123 | — | — |
| 7 | 0.80039 | — | — |
| 8 | 0.79956 | — | — |
| 9 | 0.79872 | — | — |
| 10 | 0.79788 | 0.887 | 0.875 |
| 11 | 0.79704 | — | — |
| 12 | 0.79620 | — | — |
| 13 | 0.79535 | — | — |
| 14 | 0.79451 | — | — |
| 15 | 0.79367 | — | — |
| 16 | 0.79283 | 0.882 | 0.869 |
| 17 | 0.79198 | 0.882 | 0.867 |
| 18 | 0.79114 | 0.881 | 0.866 |
| 19 | 0.79029 | 0.881 | 0.865 |
| 20 | 0.78945 | 0.879 | 0.864 |
| 21 | 0.78860 | 0.879 | 0.863 |
| 22 | 0.78775 | 0.878 | 0.862 |
| 23 | 0.78691 | 0.877 | 0.861 |
| 24 | 0.78606 | 0.876 | 0.860 |
| 25 | 0.78552 | 0.875 | 0.859 |
| 26 | 0.78437 | — | — |
| 27 | 0.78352 | — | — |
| 28 | 0.78267 | — | — |
| 29 | 0.78182 | — | — |
| 30 | 0.78097 | 0.869 | 0.855 |

注：$1g·mL^{-1}=1kg·L^{-1}$。

表 4-2-5　水的绝对黏度/mPa·s

| 温度/℃ | 0 | 1 | 2 | 3 | 4 | 5 | 6 | 7 | 8 | 9 |
|---|---|---|---|---|---|---|---|---|---|---|
| 0 | 1.7921 | 1.7313 | 1.6728 | 1.6191 | 1.5674 | 1.5155 | 1.4728 | 1.4284 | 1.3860 | 1.3462 |
| 10 | 1.3077 | 1.2713 | 1.2363 | 1.2028 | 1.1709 | 1.1404 | 1.1111 | 1.0828 | 1.0559 | 1.0299 |
| 20 | 1.0050 | 0.9810 | 0.9589 | 0.9358 | 0.9142 | 0.8937 | 0.8737 | 0.8545 | 0.8360 | 0.8180 |
| 30 | 0.8007 | 0.7840 | 0.7679 | 0.7523 | 0.7371 | 0.7225 | 0.7085 | 0.6947 | 0.6814 | 0.6685 |
| 40 | 0.6560 | 0.6439 | 0.6321 | 0.6207 | 0.6097 | 0.5988 | 0.5883 | 0.5782 | 0.5683 | 0.5580 |
| 50 | 0.5494 | 0.5404 | 0.5315 | 0.5229 | 0.5146 | 0.5064 | 0.4985 | 0.4907 | 0.4832 | 0.4759 |

表 4-2-6　水的折射率 $n_D^t$

| 温度/℃ | 折射率 $n_D^t$ | 温度/℃ | 折射率 $n_D^t$ |
|---|---|---|---|
| 0 | 1.33395 | 22 | 1.33281 |
| 5 | 1.33388 | 23 | 1.33274 |
| 10 | 1.33368 | 24 | 1.33262 |
| 15 | 1.33337 | 25 | 1.33254 |
| 16 | 1.33330 | 26 | 1.33243 |
| 17 | 1.33323 | 27 | 1.33231 |
| 18 | 1.33316 | 28 | 1.33219 |
| 19 | 1.33308 | 29 | 1.33206 |
| 20 | 1.33300 | 30 | 1.33192 |
| 21 | 1.33292 | 35 | 1.33131 |

### 表 4-2-7 不同温度下氯化钾溶液的电导率/S·cm⁻¹

| 温度/℃ | 1mol·L⁻¹ | 0.1mol·L⁻¹ | 0.02mol·L⁻¹ | 0.01mol·L⁻¹ |
|---|---|---|---|---|
| 0 | 0.06541 | 0.00715 | 0.001521 | 0.000776 |
| 5 | 0.07414 | 0.00822 | 0.001752 | 0.000896 |
| 10 | 0.08319 | 0.00933 | 0.001994 | 0.001020 |
| 15 | 0.09252 | 0.01048 | 0.002243 | 0.001147 |
| 18 | 0.09822 | 0.01119 | 0.002397 | 0.001225 |
| 20 | 0.10207 | 0.01167 | 0.002501 | 0.001278 |
| 21 | 0.10400 | 0.01191 | 0.002553 | 0.001305 |
| 22 | 0.10594 | 0.01215 | 0.002606 | 0.001332 |
| 23 | 0.10789 | 0.01239 | 0.002659 | 0.001359 |
| 24 | 0.10984 | 0.01264 | 0.002712 | 0.001386 |
| 25 | 0.11180 | 0.01288 | 0.002765 | 0.001413 |
| 26 | 0.11377 | 0.01313 | 0.002819 | 0.001441 |
| 27 | 0.11574 | 0.01337 | 0.002873 | 0.001468 |
| 28 | | 0.01362 | 0.002927 | 0.001496 |
| 29 | | 0.01387 | 0.002981 | 0.001524 |
| 30 | | 0.01412 | 0.003036 | 0.001552 |
| 35 | | 0.01539 | 0.003312 | |

### 表 4-2-8 镍铬-镍硅热电偶热电势（分度号 EU-2）与温度换算

| t/℃ | 0 | 10 | 20 | 30 | 40 | 50 | 60 | 70 | 80 | 90 |
|---|---|---|---|---|---|---|---|---|---|---|
| | 热电势/mV | | | | | | | | | |
| | | −0.64 | −1.27 | −1.89 | −2.50 | −3.11 | | | | |
| 0 | 0 | 0.65 | 1.31 | 1.98 | 2.66 | 3.35 | 4.05 | 4.76 | 5.48 | 6.21 |
| 100 | 6.95 | 7.69 | 8.43 | 9.18 | 9.93 | 10.69 | 11.46 | 12.24 | 13.03 | 13.84 |
| 200 | 14.66 | 15.48 | 16.30 | 17.12 | 17.95 | 18.76 | 19.59 | 20.42 | 21.24 | 22.07 |
| 300 | 22.90 | 23.74 | 24.59 | 25.44 | 26.30 | 27.15 | 28.01 | 28.88 | 29.75 | 30.61 |
| 400 | 31.48 | 32.34 | 33.21 | 34.07 | 34.94 | 35.81 | 36.67 | 37.54 | 38.41 | 38.28 |
| 500 | 40.15 | 41.02 | 41.90 | 42.78 | 43.67 | 44.55 | 45.44 | 46.33 | 47.22 | 48.11 |
| 600 | 49.01 | 49.89 | 50.76 | 51.64 | 52.51 | 53.39 | 54.26 | 55.12 | 56.00 | 56.87 |
| 700 | 57.74 | 58.57 | 59.47 | 60.33 | 61.20 | 62.06 | 62.92 | 63.78 | 64.64 | 65.50 |
| 800 | 66.6 | | | | | | | | | |

注：参考端为 0℃。

### 表 4-2-9 镍铬-考铜热电偶热电势（分度号 EA-2）与温度换算

| t/℃ | 0 | 10 | 20 | 30 | 40 | 50 | 60 | 70 | 80 | 90 |
|---|---|---|---|---|---|---|---|---|---|---|
| | 热电势/mV | | | | | | | | | |
| | | −0.64 | −1.27 | −1.89 | −2.50 | −3.11 | | | | |
| 0 | 0 | 0.65 | 1.31 | 1.98 | 2.66 | 3.35 | 4.05 | 4.76 | 5.48 | 6.21 |
| 100 | 6.95 | 7.69 | 8.43 | 9.18 | 9.93 | 10.69 | 11.46 | 12.24 | 13.03 | 13.84 |
| 200 | 14.66 | 15.48 | 16.30 | 17.12 | 17.95 | 18.76 | 19.59 | 20.42 | 21.24 | 22.07 |
| 300 | 22.90 | 23.74 | 24.59 | 25.44 | 26.30 | 27.15 | 28.01 | 28.88 | 29.75 | 30.61 |
| 400 | 31.48 | 32.34 | 33.21 | 34.07 | 34.94 | 35.81 | 36.67 | 37.54 | 38.41 | 39.28 |
| 500 | 40.15 | 41.02 | 41.90 | 42.78 | 43.67 | 44.55 | 45.44 | 46.33 | 47.22 | 48.11 |
| 600 | 49.01 | 49.89 | 50.76 | 51.64 | 52.51 | 53.39 | 54.26 | 55.12 | 56.00 | 56.87 |
| 700 | 57.74 | 58.57 | 59.47 | 60.33 | 61.20 | 62.06 | 62.92 | 63.78 | 64.64 | 65.50 |
| 800 | 66.16 | | | | | | | | | |

表 4-2-10　**IPTS-90**（1990 年国际温标）**定义固定点**

| 序号 | 温度 | | 物质 | 状态 | $W_r(T_{90})$ |
|---|---|---|---|---|---|
| | $T_{90}/K$ | $t_{90}/℃$ | $a$ | $b$ | |
| 1 | 3～5 | −270.15～−268.15 | He | V | |
| 2 | 13.8033 | −259.346 | $e\text{-}H_2$ | T | 0.001 190 07 |
| 3 | 约 17 | 约−256.15 | $e\text{-}H_2$（或 He） | V（或 G） | |
| 4 | 约 20.3 | 约−252.85 | $e\text{-}H_2$（或 He） | V（或 G） | |
| 5 | 24.5561 | −248.5939 | Ne | T | 0.008 449 74 |
| 6 | 54.3584 | −218.7961 | $O_2$ | T | 0.091 718 04 |
| 7 | 83.8058 | −189.3442 | Ar | T | 0.215 859 75 |
| 8 | 234.3156 | −38.8344 | Hg | T | 0.844 142 11 |
| 9 | 273.16 | 0.01 | $H_2O$ | T | 1.000 000 00 |
| 10 | 302.9146 | 29.7646 | Ga | M | 1.118 138 89 |
| 11 | 429.7485 | 156.5985 | In | F | 1.609 801 85 |
| 12 | 505.078 | 231.928 | Sn | F | 1.892 797 68 |
| 13 | 692.677 | 419.527 | Zn | F | 2.568 917 30 |
| 14 | 933.473 | 660.323 | Al | F | 3.376 008 60 |
| 15 | 1234.93 | 961.78 | Ag | F | 4.286 420 53 |
| 16 | 1337.33 | 1064.18 | Au | F | |
| 17 | 1357.77 | 1084.62 | Cu | F | |

注：1. 除 $^3$He 外，其他物质均为自然同位素元素。$e\text{-}H_2$ 为正、仲分子态处于平衡浓度时的氢。

2. 对于这些不同状态的定义，以及有关复现这些不同状态的建议，可参阅"ITS-90 补充资料"。表中各符号的含义为：

$V$—蒸气压点；$T$—三相点，在此温度下，固、液和蒸气相呈平衡；$G$—气体温度计点；$M$，$F$—熔点和凝固点，在 100kPa 压力下固、液相的平衡温度。

表 4-2-11　**IPTS-68**（1968 年国际温标）**定义固定点**

| 定点名称 | 平衡态 | 国际实用温标给定值 | |
|---|---|---|---|
| | | $T_{68}/K$ | $t_{68}/℃$ |
| 平衡氢三相点 | 平衡氢固态、液态、气态间的平衡 | 13.81 | −259.34 |
| 平衡氢 17.042 点 | 在 33330.6Pa 压力下平衡氢液态、气态间的平衡 | 17.042 | −256.108 |
| 平衡氢沸点 | 平衡氢液态、气态间的平衡 | 20.28 | 252.87 |
| 氖沸点 | 氖液态、气态间的平衡 | 27.102 | −246.048 |
| 氧三相点 | 氧固态、液态、气态间的平衡 | 54.361 | −218.789 |
| 氧沸点 | 氧液态、气态间的平衡 | 90.188 | −182.962 |
| 水三相点 | 水固态、液态、气态间的平衡 | 273.16 | 0.01 |
| 水沸点 | 水液态、气态间的平衡 | 373.15 | 100 |
| 锌凝固点 | 锌固态、液态间的平衡 | 692.73 | 419.58 |
| 银凝固点 | 银固态、液态间的平衡 | 1135.08 | 961.93 |
| 金凝固点 | 金固态、液态间的平衡 | 1337.58 | 1064.43 |

表 4-2-12　**IPTS-68**（1968 年国际温标）**次级参考点**

| 次级参考点 | 平衡态 | 国际实用温标给定值 | |
|---|---|---|---|
| | | $T_{68}/K$ | $t_{68}/℃$ |
| 正常氢三相点 | 正常氢固态、液态、气态间的平衡 | 13.956 | −259.194 |
| 正常氢沸点 | 正常氢液态、气态间的平衡 | 20.397 | −252.754 |
| 氖三相点 | 氖固态、液态、气态间的平衡 | 24.555 | −248.596 |
| 氮三相点 | 氮固态、液态、气态间的平衡 | 63.148 | −210.002 |
| 氮沸点 | 氮液态、气态间的平衡 | 77.348 | −195.802 |
| 二氧化碳升华点 | 二氧化碳固态、气态间的平衡 | 194.674 | −78.476 |
| 汞凝固点 | 汞固态、液态间的平衡 | 234.288 | −38.862 |

| 次级参考点 | 平衡态 | 国际实用温标给定值 | |
|---|---|---|---|
| | | $T_{68}/K$ | $t_{68}/℃$ |
| 冰点 | 冰和空气饱和水的平衡 | 273.15 | 0 |
| 苯氧基苯三相点 | 苯氧基苯（二苯醚）固态、液态、气态间的平衡 | 300.02 | 26.87 |
| 苯甲酸三相点 | 苯甲酸固态、液态、气态间的平衡 | 395.53 | 122.37 |
| 铟凝固点 | 铟固态、液态间的平衡 | 429.784 | 156.634 |
| 铋凝固点 | 铋固态、液态间的平衡 | 544.592 | 271.442 |
| 镉凝固点 | 镉固态、液态间的平衡 | 594.258 | 321.108 |
| 铅凝固点 | 铅固态、液态间的平衡 | 600.652 | 327.502 |
| 汞凝固点 | 汞液态、气态间的平衡 | 629.81 | 356.66 |
| 硫沸点 | 硫液态、气态间的平衡 | 717.824 | 444.674 |
| 铜-铝合金易熔点 | 铜-铝合金易熔点固态、液态间的平衡 | 821.38 | 548.23 |
| 锑凝固点 | 锑固态、液态间的平衡 | 903.89 | 630.74 |
| 铝凝固点 | 铝固态、液态间的平衡 | 933.52 | 660.37 |
| 铜凝固点 | 铜固态、液态间的平衡 | 1357.6 | 1084.5 |
| 镍凝固点 | 镍固态、液态间的平衡 | 1728 | 1455 |
| 钴凝固点 | 钴固态、液态间的平衡 | 1767 | 1494 |
| 钯凝固点 | 钯固态、液态间的平衡 | 1827 | 1554 |
| 铂凝固点 | 铂固态、液态间的平衡 | 2045 | 1772 |
| 铑凝固点 | 铑固态、液态间的平衡 | 2236 | 1963 |
| 铱凝固点 | 铱固态、液态间的平衡 | 2720 | 2447 |
| 钨凝固点 | 钨固态、液态间的平衡 | 3660 | 3887 |

**表 4-2-13  气压计读数的温度校正值[①]**

| $t/℃$ | 压力观测值 $p_t$/mmHg | | | | | 压力观测值 $p_t$/kPa | | | | |
|---|---|---|---|---|---|---|---|---|---|---|
| | 740 | 750 | 760 | 770 | 780 | 96 | 98 | 100 | 101.325 | 103 |
| 1 | 0.12 | 0.12 | 0.12 | 0.13 | 0.13 | 0.016 | 0.016 | 0.016 | 0.017 | 0.017 |
| 2 | 0.24 | 0.24 | 0.25 | 0.25 | 0.25 | 0.031 | 0.032 | 0.033 | 0.033 | 0.034 |
| 3 | 0.36 | 0.37 | 0.37 | 0.38 | 0.38 | 0.047 | 0.048 | 0.049 | 0.050 | 0.050 |
| 4 | 0.48 | 0.49 | 0.50 | 0.50 | 0.51 | 0.063 | 0.064 | 0.065 | 0.066 | 0.067 |
| 5 | 0.60 | 0.61 | 0.62 | 0.63 | 0.64 | 0.078 | 0.080 | 0.082 | 0.083 | 0.084 |
| 6 | 0.72 | 0.73 | 0.74 | 0.75 | 0.76 | 0.094 | 0.096 | 0.098 | 0.099 | 0.101 |
| 7 | 0.85 | 0.86 | 0.87 | 0.88 | 0.89 | 0.110 | 0.112 | 0.114 | 0.116 | 0.118 |
| 8 | 0.97 | 0.98 | 0.99 | 1.00 | 1.02 | 0.125 | 0.128 | 0.131 | 0.132 | 0.134 |
| 9 | 1.09 | 1.10 | 1.12 | 1.13 | 1.15 | 0.141 | 0.144 | 0.147 | 0.149 | 0.151 |
| 10 | 1.21 | 1.22 | 1.24 | 1.26 | 1.27 | 0.157 | 0.160 | 0.163 | 0.165 | 0.168 |
| 11 | 1.33 | 1.35 | 1.36 | 1.38 | 1.40 | 0.172 | 0.176 | 0.179 | 0.182 | 0.185 |
| 12 | 1.45 | 1.47 | 1.49 | 1.51 | 1.53 | 0.188 | 0.192 | 0.196 | 0.198 | 0.202 |
| 13 | 1.57 | 1.59 | 1.61 | 1.63 | 1.65 | 0.203 | 0.208 | 0.212 | 0.215 | 0.218 |
| 14 | 1.69 | 1.71 | 1.73 | 1.76 | 1.78 | 0.219 | 0.224 | 0.228 | 0.231 | 0.235 |
| 15 | 1.81 | 1.83 | 1.86 | 1.88 | 1.91 | 0.235 | 0.240 | 0.244 | 0.248 | 0.252 |
| 16 | 1.93 | 1.96 | 1.98 | 2.01 | 2.03 | 0.250 | 0.255 | 0.261 | 0.264 | 0.268 |
| 17 | 2.05 | 2.08 | 2.10 | 2.13 | 2.16 | 0.266 | 0.271 | 0.277 | 0.281 | 0.285 |
| 18 | 2.17 | 2.20 | 2.23 | 2.26 | 2.29 | 0.281 | 0.287 | 0.293 | 0.297 | 0.302 |
| 19 | 2.29 | 2.32 | 2.35 | 2.38 | 2.41 | 0.297 | 0.303 | 0.309 | 0.313 | 0.319 |
| 20 | 2.41 | 2.44 | 2.47 | 2.51 | 2.54 | 0.313 | 0.319 | 0.326 | 0.330 | 0.335 |
| 21 | 2.53 | 2.56 | 2.60 | 2.63 | 2.67 | 0.328 | 0.335 | 0.342 | 0.346 | 0.352 |
| 22 | 2.65 | 2.69 | 2.72 | 2.76 | 2.79 | 0.344 | 0.351 | 0.358 | 0.363 | 0.369 |
| 23 | 2.77 | 2.81 | 2.84 | 2.88 | 2.92 | 0.359 | 0.367 | 0.374 | 0.379 | 0.385 |
| 24 | 2.89 | 2.93 | 2.97 | 3.01 | 3.05 | 0.375 | 0.383 | 0.390 | 0.396 | 0.402 |

续表

| t/℃ | 压力观测值 $p_t$/mmHg | | | | | 压力观测值 $p_t$/kPa | | | | |
|---|---|---|---|---|---|---|---|---|---|---|
| | 740 | 750 | 760 | 770 | 780 | 96 | 98 | 100 | 101.325 | 103 |
| 25 | 3.01 | 3.05 | 3.09 | 3.13 | 3.17 | 0.390 | 0.399 | 0.407 | 0.412 | 0.419 |
| 26 | 3.13 | 3.17 | 3.21 | 3.26 | 3.30 | 0.406 | 0.414 | 0.423 | 0.428 | 0.436 |
| 27 | 3.25 | 3.29 | 3.34 | 3.38 | 3.42 | 0.421 | 0.430 | 0.439 | 0.445 | 0.452 |
| 28 | 3.37 | 3.41 | 3.46 | 3.51 | 3.55 | 0.437 | 0.446 | 0.455 | 0.461 | 0.469 |
| 29 | 3.49 | 3.54 | 3.58 | 3.63 | 3.68 | 0.453 | 0.462 | 0.471 | 0.478 | 0.486 |
| 30 | 2.61 | 3.66 | 3.71 | 3.75 | 3.80 | 0.468 | 0.478 | 0.488 | 0.494 | 0.502 |
| 31 | 3.72 | 3.78 | 3.83 | 3.88 | 3.93 | 0.484 | 0.494 | 0.504 | 0.510 | 0.519 |
| 32 | 3.85 | 3.90 | 3.95 | 4.00 | 4.06 | 0.499 | 0.510 | 0.520 | 0.527 | 0.536 |
| 33 | 3.97 | 4.02 | 4.07 | 4.13 | 4.18 | 0.515 | 0.525 | 0.536 | 0.543 | 0.552 |
| 34 | 4.09 | 4.14 | 4.20 | 4.25 | 4.31 | 0.530 | 0.541 | 0.552 | 0.560 | 0.569 |
| 35 | 4.21 | 4.26 | 4.32 | 4.38 | 4.43 | 0.546 | 0.557 | 0.568 | 0.576 | 0.585 |
| 36 | 4.33 | 4.38 | 4.44 | 4.50 | 4.56 | 0.561 | 0.573 | 0.585 | 0.592 | 0.602 |
| 37 | 4.44 | 4.51 | 4.57 | 4.63 | 4.69 | 0.577 | 0.589 | 0.601 | 0.609 | 0.619 |
| 38 | 4.56 | 4.63 | 4.69 | 4.75 | 4.81 | 0.592 | 0.604 | 0.617 | 0.625 | 0.635 |

①以观测值减去校正值为0℃时的压力，校正值与观测值所用单位相同。

**表 4-2-14　换算到纬度 45℃ 的大气压力校正值①**

| 纬度 L | | 压力观测值 $p_L$/mmHg | | | | 压力观测值 $p_L$/kPa | | | | |
|---|---|---|---|---|---|---|---|---|---|---|
| | | 720 | 740 | 760 | 780 | 96 | 98 | 100 | 101.325 | 103 |
| 25 | 65 | 1.23 | 1.27 | 1.30 | 1.33 | 0.164 | 0.168 | 0.171 | 0.173 | 0.175 |
| 26 | 64 | 1.18 | 1.21 | 1.24 | 1.28 | 0.157 | 0.160 | 0.164 | 0.166 | 0.169 |
| 27 | 63 | 1.13 | 1.16 | 1.19 | 1.22 | 0.150 | 0.153 | 0.156 | 0.158 | 0.161 |
| 28 | 62 | 1.07 | 1.10 | 1.13 | 1.16 | 0.143 | 0.146 | 0.149 | 0.151 | 0.153 |
| 29 | 61 | 1.01 | 1.04 | 1.07 | 1.10 | 0.135 | 0.138 | 0.141 | 0.143 | 0.145 |
| 30 | 60 | 0.96 | 0.98 | 1.01 | 1.04 | 0.128 | 0.130 | 0.133 | 0.135 | 0.137 |
| 31 | 59 | 0.90 | 0.92 | 0.95 | 0.97 | 0.120 | 0.122 | 0.125 | 0.127 | 0.129 |
| 32 | 58 | 0.84 | 0.86 | 0.89 | 0.91 | 0.112 | 0.114 | 0.117 | 0.118 | 0.120 |
| 33 | 57 | 0.78 | 0.80 | 0.82 | 0.84 | 0.104 | 0.106 | 0.108 | 0.110 | 0.111 |
| 34 | 56 | 0.72 | 0.74 | 0.76 | 0.78 | 0.096 | 0.098 | 0.100 | 0.101 | 0.103 |
| 35 | 55 | 0.66 | 0.67 | 0.69 | 0.71 | 0.079 | 0.081 | 0.082 | 0.088 | 0.085 |
| 36 | 54 | 0.59 | 0.61 | 0.62 | 0.64 | 0.079 | 0.081 | 0.082 | 0.088 | 0.085 |
| 37 | 53 | 0.53 | 0.54 | 0.56 | 0.57 | 0.070 | 0.072 | 0.073 | 0.074 | 0.076 |
| 38 | 52 | 0.46 | 0.48 | 0.49 | 0.50 | 0.062 | 0.063 | 0.064 | 0.065 | 0.066 |
| 39 | 51 | 0.40 | 0.41 | 0.42 | 0.43 | 0.053 | 0.054 | 0.055 | 0.056 | 0.057 |
| 40 | 50 | 0.33 | 0.34 | 0.35 | 0.36 | 0.044 | 0.045 | 0.046 | 0.047 | 0.048 |
| 41 | 49 | 0.27 | 0.27 | 0.28 | 0.29 | 0.036 | 0.036 | 0.037 | 0.038 | 0.039 |
| 42 | 48 | 0.20 | 0.21 | 0.21 | 0.22 | 0.027 | 0.027 | 0.028 | 0.028 | 0.029 |
| 43 | 47 | 0.13 | 0.14 | 0.14 | 0.14 | 0.018 | 0.018 | 0.019 | 0.019 | 0.019 |
| 44 | 46 | 0.07 | 0.07 | 0.07 | 0.07 | 0.009 | 0.009 | 0.009 | 0.009 | 0.009 |
| 45 | 45 | 0.00 | 0.00 | 0.00 | 0.00 | 0.000 | 0.000 | 0.009 | 0.009 | 0.009 |

①在纬度低于45°的地方，应以观测值减去校正值；高于45°的地方则应加上校正值。校正值和观测值所用单位相同。

**表 4-2-15　测量点海拔高度换算到海平面的大气压力校正值**

| 海拔高度 H/m | 压力观测值 $p_H$/mmHg | | | | | 压力观测值 $p_H$/kPa | | | | |
|---|---|---|---|---|---|---|---|---|---|---|
| | 550 | 600 | 650 | 700 | 760 | 70 | 80 | 90 | 100 | 101.325 |
| 100 | | | | | 0.02 | | | | 0.003 | 0.003 |
| 200 | | | 0.04 | 0.05 | | | | | 0.006 | 0.006 |
| 400 | | | 0.09 | 0.09 | | | | | 0.012 | 0.013 |
| 600 | | 0.12 | 0.13 | 0.14 | | | | 0.017 | 0.019 | 0.019 |

| 海拔高度 h/m | 压力观测值 $p_L$/mmHg | | | | | 压力观测值 $p_L$/kPa | | | | |
|---|---|---|---|---|---|---|---|---|---|---|
| | 550 | 600 | 650 | 700 | 760 | 70 | 80 | 90 | 100 | 101.325 |
| 800 | | | 0.16 | 0.17 | 0.19 | | | 0.022 | 0.025 | 0.025 |
| 1000 | | | 0.20 | 0.22 | | | | 0.028 | 0.031 | |
| 1200 | | 0.22 | 0.24 | 0.26 | | | 0.030 | 0.033 | 0.037 | |
| 1400 | 0.24 | 0.26 | 0.28 | 0.30 | | | 0.035 | 0.039 | | |
| 1600 | 0.27 | 0.30 | 0.32 | 0.35 | | | 0.040 | 0.044 | | |
| 1800 | 0.31 | 0.33 | 0.36 | | | | 0.044 | 0.050 | | |
| 2000 | 0.34 | 0.37 | 0.40 | | | 0.043 | 0.049 | 0.056 | | |
| 2200 | 0.37 | 0.41 | 0.41 | | | 0.048 | 0.054 | 0.062 | | |
| 2400 | 0.41 | 0.44 | 0.48 | | | 0.052 | 0.059 | | | |
| 2600 | 0.44 | 0.48 | | | | 0.056 | 0.064 | | | |
| 2800 | 0.48 | 0.52 | | | | 0.060 | 0.069 | | | |
| 3000 | 0.51 | | | | | 0.065 | | | | |
| 3200 | 0.54 | | | | | 0.069 | | | | |

**表 4-2-16  不同温度下水的表面张力**

| $t$/℃ | $\gamma$/J·m$^{-2}$ | $t$/℃ | $\gamma$/J·m$^{-2}$ | $t$/℃ | $\gamma$/J·m$^{-2}$ | $t$/℃ | $\gamma$/J·m$^{-2}$ |
|---|---|---|---|---|---|---|---|
| 0 | 75.64 | 17 | 73.19 | 26 | 71.82 | 60 | 66.18 |
| 5 | 74.92 | 18 | 73.05 | 27 | 71.66 | 70 | 64.42 |
| 10 | 74.22 | 19 | 72.90 | 28 | 71.50 | 80 | 62.61 |
| 11 | 74.07 | 20 | 72.75 | 29 | 71.35 | 90 | 60.75 |
| 12 | 73.93 | 21 | 72.59 | 30 | 71.18 | 100 | 58.85 |
| 13 | 73.78 | 22 | 72.44 | 35 | 70.38 | 110 | 56.89 |
| 14 | 73.64 | 23 | 72.28 | 40 | 69.56 | 120 | 54.89 |
| 15 | 73.56 | 24 | 72.13 | 45 | 68.74 | 130 | 52.84 |
| 16 | 73.34 | 25 | 71.97 | 50 | 67.91 | | |

# 参 考 文 献

[1] 张玉军. 物理化学. 北京：化学工业出版社，2008.

[2] 孙尔康，徐维清，邱金恒. 物理化学实验. 南京：南京大学出版社，1998.

[3] 刘寿长. 物理化学实验. 郑州：河南科学技术出版社，1997.

[4] 罗澄源. 物理化学实验. 第4版. 北京：高等教育出版社，2004.

[5] 复旦大学. 物理化学实验. 北京：高等教育出版社，2004.

[6] 张春晔，赵谦. 物理化学实验. 第2版. 南京：南京大学出版社，2006.

[7] 金丽萍，邬时清，陈大勇. 物理化学实验. 第2版. 上海：华东理工大学出版社，2005.

[8] 潘湛昌. 物理化学实验. 北京：化学工业出版社，2008.